管理心理學
發揮人員團隊與組織績效

林仁和 著

五南圖書出版公司 印行

序

　　「管理心理學」是一門整合管理學與心理學的新學科，它的創立與發展有兩種說法：一是與管理學聯繫在一起的，我們稱之為「管理效率取向」，另一種則是與工業心理學聯繫在一起，稱為「組織優質化取向」。前者，是從提升管理效率要求為出發點，然後藉用心理學的觀念與技術運用，以便達到效率要求的目標。後者，則是以管理學為背景，整合心理學，特別是社會心理學的理論與實務，以達到績效最優質化的最終目的。兩者在創立開始的背景雖然不同，然而在發展的過程殊途同歸，最後整合為目前的管理心理學。在「管理學」的發展過程中，到底「心理學」扮演了什麼角色？管理學院的學生有必要修習「管理心理學」嗎？或者，管理工作者為何要重視這個議題？這是我們要澄清的課題。在伊索寓言中的「獵狗和兔子」故事，可能是一項好的解釋。

　　一隻兔子正在草地上悠閒地吃草。突然，它看到了一個以前從未見過的獵人，帶著他的獵狗正往這裡走來。兔子想：現在我有了一個新的對手，可得小心；那隻獵狗看起來要比我年輕很多，它可能跑得比我快。為了在追逐時擺脫這個傢伙，我要用心研究這裡的每一寸土地。有了這個想法以後，兔子就抓緊獵人不在附近巡邏時出去勘查地形。很快它就熟知了這裡每一處隱藏地點、每一處障礙、每一條荊棘中間的小路。過沒幾天，獵人發現了兔子，追逐開始了。兔子很快地跑過平地，翻過障礙，穿過樹叢，輕而易舉地逃走了。獵狗筋疲力竭，垂頭喪氣地回到獵人那裡。一個路過的牧羊人看到了追逐的整個過程，就批評獵狗說：你還有臉回到獵人那裡去！你應該為你自己的表現而感到羞愧，兔子個頭那麼小，年紀又比你大，卻還比你跑得快！獵狗回答說：你忘了一件事，我是為了我的晚餐而奔跑，而兔子則是為了性命。

　　你是否覺得有些人如同故事裡的兔子一樣，會積極主動工作？你是否

相信員工們也可以變得更加積極主動？你是否有過這樣的懷疑，有些員工明明可以更主動，但是他們偏不這麼做，因為他們覺得額外的努力將很難獲得承認？這對你的積極性是否有影響？現代化的企業組織裡往往擁有大量高學歷、聰明能幹、經驗豐富，但缺乏主動性的員工。筆者1987—1990年擔任美國成人復健中心(ARC)方案的東區行政管理部執行長，範圍包括東部12州與波多黎各屬地等42間療養機構，曾經和許多絕頂聰明的人共事過，他們準備好去完成所有組織需要完成的工作，但除非有人要求他們這麼做，否則難得會主動開始動手。主動性是個人心中燃燒的火焰，只要你有機會點燃它！實際經驗證實，員工們為了提高自己的技能，會情願把業餘時間投入學習，去進修與工作相關的知識。很多人的初始動機只是想知道，他們的努力是否會在其他地方獲得回報，他們內心是由對成功的渴望而驅動。許多人會驚喜地發現，他們最後的收穫與回饋比預料的都要多。

從心理學的觀點看：只有教育與訓練能夠讓員工認為事情是必要的，才能產生工作動力，以便達成企業組織的終極目標！「管理心理學——發揮人員團隊與組織績效」這本書，就是根據這項前提，為大專相關科系提供的教科書，同時也為實務工作者的參考工具書。主要內容規劃在基礎管理，人員管理，團隊管理，組織管理，以及發展管理等五項主題，總共13章論述與實務中完成，與讀者分享。

本書為授課老師提供包括：教學計畫，課程介紹Powerpoints，個案研究，以及考試測驗題庫等內容的「教師手冊」光碟。

林仁和

東海大學寓所

2014年五一勞動節

目　錄

Part 1

基礎管理篇

Chapter 1

管理心理學概述

01 管理心理學的背景

02 管理心理學的發展

03 管理心理學的挑戰

根據『管理心理學概述』的主題，本章提供下列三個相關主題：第一節「管理心理學的背景」，第二節「管理心理學的發展」以及第三節「管理心理學的挑戰」。

第一節討論「管理心理學的背景」，主要的議題包括以下四個項目：一、管理心理學的產生，二、管理心理學的領域，三、管理心理學的目標，以及四、管理心理學的掌握。

第二節討論「管理心理學的發展」，主要的議題包括以下三個項目：一、早期管理效率取向，二、霍桑試驗及其研究，以及三、組織優質化的發展。

第三節討論「管理心理學的挑戰」，主要的議題包括以下四個項目：一、技術和技能的改變，二、勞動人口變化與員工參與，三、虛擬管理的應用，以及四、管理心理學的專業化。

01
管理心理學的背景

　　回顧人類發展的歷史，由農業時代單純強調對「物」的管理，到工業時代重視對「人」的管理研究與實踐，這是一個劃時代的進步，這也是管理心理學存在的重要意義。在這個前提下，在激烈的社會競爭中，使人員、團隊與組織充滿了活力，促進企業組織的生存競爭與發展，這個重要轉折的關鍵就是讓人力資源以心理學方法發掘潛力與科學化的管理，而成就了現代管理思想中最先進的組成部分。正如一句管理學格言所說：「合適的人應放在合適的位置上。」

　　任何企業組織的關鍵資源是人，管理就是充分開發人的作用，並使其工作效率達到最佳程度。換言之，在企業管理領域，公司的成敗主要取決於能否充分發揮蘊藏在職員的最大潛能，使其有優異的表現。因此，在人員團隊與組織管理過程中，人的心理現象及其活動規律就非常值得研究，也促成了在二十世紀初形成並逐漸完備的管理心理學。我們將討論以下四項議題：

1. 管理心理學的產生
2. 管理心理學的領域
3. 管理心理學的目標
4. 管理心理學的掌握

一、管理心理學的產生

　　管理心理學是心理學科中工業與組織心理學的重要領域。它是研究組織或事業管理中的個人、團隊與組織中管理階層的心理現象及其活動規律的一門學科。在大幅激勵員工積極性，提升工作效率方面有重要的意義。

1. 早期背景

　　早在1902年，德國心理學家針對如何挑選和培養合格的工人，去適應他們所要掌握的機器問題，而提出了心理技術學，開始在企業生產管理中探討人的心理問題，這是管理心理學形成的理論基礎。同時期，美國工程師泰勒（Frederick Winslow Taylor, 1856—1915）對伯利恆鋼鐵廠（Bethlehem Steel）工人的工作進行了觀察研究。他使用一只碼錶，對一名工人的工作進行了細緻、精確的研究。分析工作中無效部分的情形並加以調整，使其工作生產效率提高了三倍，其他工人按照泰勒設計的標準化工作方法，也大大提高了生產效率。而這種設計的實際情況是：將工作分為基本的機械元素並進行分析，而後再將它們有效地加以組合。泰勒的這套管理方法，在工廠管理領域引發了一波極大的變革。

　　1910年，美國機械工程師協會（American Society of Mechanical Engineers, ASME）通過決議正式使用「科學管理」一詞。1911年，泰勒發表了《科學管理原理》（*The Principles of Scientific Management*）一書，對企業的管理理論和管理方法產生了巨大的影響，並為管理心理學的產生奠定了基礎，泰勒也因此被稱為科學管理之父。繼泰勒之後，美國麗蓮·吉爾布雷斯（Lillian Moller Gilbreth，1878—1972）於1912年發表了《管理心理學》（*The Psychology of Management*）一書。

　　1912年，心理學家雨果·蒙斯特伯格（Hugo Munsterberg，1863-1916）也發表了《心理學與工業效率》（*Psychology and Industrial Efficiency*）一書，在該書中，其管理心理學理論的重點是，他非常注重工人的智力與情感需求來分析工作，並且認為採用測試方式所選擇的工人，

對於工作效率有顯著改善。這兩本書的出版代表管理心理學的誕生，第一次世界大戰後，歐洲國家開始重視管理心理學的研究；英國成立了工業心理學研究所，加強對管理心理學的研究。

2. 霍桑試驗研究

霍桑試驗研究是管理心理學的新里程碑。1923－1932年美國哈佛大學心理學教授梅奧（George Elton Mayo）等人受芝加哥西部電器公司（Western Electric Company）的邀請，在霍桑（Hawthorne）工廠進行了長期的研究，得到一系列著名的研究成果，他們證明：工人的心理狀態和整個工作場所的氣氛，例如，人際關係、牆壁色彩、廠房照明、空氣調節等因素，對於生產效率有直接的影響。梅奧指出：疲勞並不會引起工人的不滿，而需求不能得到滿足才是引起不滿的真正原因；要激發工人的積極性，提高生產效率，只靠生產獎金是不夠的，還必須重視人性，及維持和諧的小團體關係。

3. 第二次世界大戰

第二次世界大戰後，管理心理學加速發展，由於現代科學技術不斷應用於生產以及生產規模的日益擴充，管理技術越來越精密，生產工作智慧化、集中化及專業化，在心理上給從事工作的人帶來了更多的問題，因此，很多國家都很重視管理心理學，並且拓展到諸多領域，其研究內容也不斷擴展。不論在資本主義國家或是在第三世界國家中，管理心理學都普遍地被關注。

二、管理心理學的領域

管理心理學主要研究企業管理中工作生產效率和經濟效益的個人心理、團體心理和組織心理。

1. 個人心理

在企業管理中，管理人員所關心的是：一個人工作的動機是什麼？有什麼樣的要求？有的人對現有工作非常滿意，並努力工作，而有的人對工作不滿意而垂頭喪氣。人們表現出來的活動模式，就是管理心理學的研究課題。管理心理學認為，只有了解個人活動才能預測團隊、團體活動，進而避免不好的活動。一般情況下，個人的活動模式是由於個人自身所處外部環境因素和內部因素綜合作用的產物，其中動機在人的活動中佔有主導地位。

美國心理學家馬斯洛（Abraham Maslow）提出著名的需要層次理論，他認為人的需要可以分為五個層次，即生存需要、安全需要、歸屬需要、尊重需要和自我實現需要。只有在較低層次的需求得到滿足後，人的需求才能向更高層次的發展，人才能真正實現自身的價值。這一理論被西方學者認為是企業管理的重要理論依據。當然在個人心理中，人的積極性的推動力量除了需要外，還包括意志、情感、興趣、理想、信念、集體觀與世界觀等。

2. 團體心理

團體是個人存在的基礎，團隊或組織會對個人產生極大的心理影響。管理心理學所指的團體，是指在工作環境下的團隊組織。它與個人一樣，也存在許多以團體為基礎的心理現象，團體的成員在心理上相互依附，彼此理解與共鳴。在工作過程中，各成員間透過相互交流而彼此影響，使成員體驗到所有的人同屬一個團隊的感受。團體存在的用處是：

首先，能夠滿足個人的安全感，並且使其免於孤獨的恐懼感。

其次，團體中的個人能與其他人保持聯繫，獲得友情、愛情和激情。

第三，個人在團體中能滿足自我確認感、自尊感與自信感，使個人在團體中，體會到自己是社會的一份子和自己在社會中應有的地位。

所以，高效率的企業團體，必須有積極的工作精神和服務精神，使成

員對企業有依賴感並形成一定的凝聚力。

3. 組織心理

組織心理的核心問題是領導心理。在企業中，領導者的所作所為是影響企業成敗的重要因素。西方管理心理學家長期以來一直在探求一種最佳的領導模式，以提高企業效益。他們認為，對企業領導者的認知、能力、個性、態度、意志等靜態心理結構的研究，可以促進管理實踐的發展。

1990年代以來，世界各國逐步形成了一套以電腦為中心的現代化管理方法，不僅提高了經營效率，而且促進了管理心理學研究方法的多樣化和企業管理的現代化。例如，美國道格拉斯飛機公司的全部生產管理工作利用電腦控制，只用八個年紀較大的婦女就可以掌管全公司飛機零件的進銷與存貨的工作。管理心理學的發展隨著網路、電腦、電子等科學技術的進步，將會不斷地拓展其應用範圍。

三、管理心理學的目標

任何組織或事業的發展都會講求效率，而效率又必須從管理中展現出來，無論是組織中的個人或是部門，其是否有效的運作，都決定於科學而巧妙的管理，而人的工作動機往往與各種各樣的需求能否被滿足是有關聯的，也就是說，一個組織效率最優質的表現，往往取決於員工的各種心理需求和期待的滿足。

1. 提升效率

英國最有效率的馬獅零售公司（Marks & Spencer）就非常注重所有影響職員活動的因素。這些因素包括：尊重工作人員、注意工作人員的執行業務的困難、注重和鼓勵工作人員的努力和貢獻、經常對工作人員培訓，以發揮他們的才能與潛力，該公司堅持的原則就是：對人的照顧和關心。公司創始人麥克爾·馬克士（Michael Marks）說：「只要把人放在第一位，就不會失敗。」因此，在近100年中，馬獅公司從來沒有發生過業務

性的大爭端，在各方面業績表現都非常好，它的成功關鍵就在於重視人的作用，並且透過對人的關懷而將每一個人的工作潛力和熱情發揮出來。

社會學家曾這樣描述人：人就其本質而言，是一切社會關係的總和。在現代社會中，人的活動更需要透過社會關係，表現出自覺的、有活動力的活動特點。而馬獅公司在管理上，之所以能夠達到最佳效率，就是因為能將人之社會性的一面在管理中充分表現出來，並且在這個過程中，充分滿足了企業員工各種層次的需要和給予員工各種激勵，激發他們的積極性；因為根據心理學與社會學所揭示的原理，欲望和需要是人的活動力的源泉。

2. 欲望與需要

當人們產生欲望與需要時，心理上就會產生不安或緊張情緒，並成為一種內在的驅動力，心理學稱之為動機。有了動機就要尋找、選擇目標，就是所謂的目標導向活動。在一般的組織或事業管理中，任何人的活動都是為了達到一定目標。目標本身對人是一種刺激，設定目標，可以誘發人們的動機，並引導人的活動方向。所以，在科學的活動管理理念中，強調管理過程中以人為本的原則和激勵原則。

公司成功的秘訣，在於公司善於發掘人的潛力和激發員工的創造精神和奉獻精神，利用各種方法刺激員工為公司策劃方針並且努力工作。IBM公司前董事長兼總裁沃特森（Thomas John Watson）廣納意見，傾聽各種意見和主張，增加員工對公司的親近感和信任感，他應用各種刺激性的目標，以鼓勵員工去完成不容易達成的任務，並且公司還為員工提供豐厚的福利獎勵措施；透過多種方式滿足員工的需要。沃特森曾說過：「你可以接收我的工廠、燒掉我的廠房，然而只要留下這些人，我就可以重新建立工廠。」

3. 人力資源

人力資源是優良管理最積極、最直接的因素，能力的發揮以及人力資

源的運用程度，直接關係到現代經濟發展的速度和企業經營的成敗。企業個人的心理形成和發展的規律，同樣直接影響企業活動的效率，運用科學對個人、團體心理的研究分析，是現代管理心理學的一個重大課題。

個人的個性心理特徵、價值觀、抱負水準，都有可能影響到動機的形成和積極性的發揮，進而決定工作效率；由於個人心理特點的形成受環境諸多因素的影響，人的活動有合理正確的，也有不合理、不正確的，所以，為達到組織制定的終極目標，對合理的應給予強化，對不合理應給予化解與疏導，將積極因素發揚光大，並盡力使消極因素轉化為積極因素。在組織管理中，個人心理因素的正確分析是效率提升的前提，但問題的核心仍然是透過各種激勵機制來滿足個人的需要並形成合理的動機。因此，對員工的激勵就成為管理者必備的能力，對員工積極性的引導的激勵方式很多，例如，競賽激勵、領導活動激勵、感情激勵、支持激勵等。

實現組織效率的最優質化，除了要對個人心理進行分析外，團體活動模式也是一項非常重要的研究，並且個人對組織能否發揮作用，團體的影響也是十分重要的。例如，美國通用電器公司（General Electric Company）擁有龐大的員工人數，如何激發他們的積極性，為企業帶來更多的效益，是該公司高階主管經常思考的問題。

該公司在1989年創造了一個稱之為「開放大家的腦筋的活動」，使企業的管理效率明顯提高，他們根據企業團體中關於員工活動上的聯繫、利益的依存、共同的目標，結合的組織等實際問題，要求員工向企業提建議，結果這些建議除了對生產本身外，還談到了人際關係、團體競爭、團體決策等問題，這些建議被採納後，當年就為企業節省了數十萬美元。這場活動不僅給通用公司帶來了直接的經濟效益，而且賦予員工一種參與感和負責任的意識，進而激發了他們的積極性。

4. 團體效應

心理學研究證明：團體是人們開展社會活動的重要環境，對於處理人

際關係，激發員工的積極性、創造性，達到團體成員心理協調平衡，有效地發揮組織力量，完成組織目標，提高經濟和社會效益等，具有可靠的保證作用。一個龐大的組織要有效地實現其目標，必須分工合作，把終極目標分成若干小目標，分配給每一個團體單位。

　　每一個團隊的功能就是承擔組織分配下來的任務，提供決策，負責聯絡，確保整個組織達到最佳的效率。另外，團體對個人的主要作用是能滿足其心理與生理的需要。團體成員有許多需要，有些可以透過工作滿足，有些則由團體的組成來滿足。

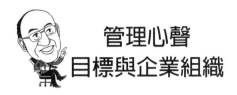

管理心聲
目標與企業組織

　　世界頂尖潛能大師安東尼‧羅賓（Anthony Robbins）曾經這樣說：「有什麼樣的目標，就有什麼樣的企業組織。」

　　你知道如何訓練跳蚤嗎？訓練跳蚤時，把它們放在廣口瓶內，用透明的蓋子蓋上，這時跳蚤會跳起來而撞到蓋子，它們會持續一段時間地撞到蓋子，當你注視它們跳起並撞到蓋子的時候，你會發現一個現象：跳蚤會繼續跳，但是不再跳到足以撞到蓋子的高度，接著你將蓋子拿掉，雖然跳蚤還在跳，但不管怎麼跳就是不會跳出廣口瓶以外。理由很簡單，它們已經調節了自己跳躍的高度，來適應之前跳不出去的情況，並且不再改變。

　　跳蚤如此，企業組織的運作也一樣，當企業管理者將企業發展的目標設定在一個程度，那麼企業組織最終達到最好的成果，最多就是原來設定的目標。我們周圍有許多管理工作者都明白自己在企業組織中應該做些什麼事，但就是遲遲沒有行動，根本原因乃是他們欠缺擘劃一個能帶動整體企業蓬勃發展的未來目標。這印證管理心理學的另一項重要概念：

　　管理者的態度，決定了企業的高度！

　　Attitude of managers, determine the height of the enterprise!

四、管理心理學的掌握

西方管理心理學認為，決定一個組織或事業成敗的關鍵在於組織活動以及組織心理，而組織心理的核心是領導心理。在企業中，領導者處於獨特地位，具備獨特的作用，而如何提高領導工作的效率是領導者的首要課題。

1. 領導的掌握

從心理學的觀點看，領導是掌握管理成敗的關鍵，領導是引導和影響個人、團隊或組織，在一定條件下實現目標的行動過程。而致力於這個過程的人就是領導者。在企業中領導者的使命就是要促使團體和個人做好份內工作，為企業目標的實現做積極的貢獻，讓團體和個人共同努力，實現企業目標。

著名日本東芝公司（Toshiba）總裁土光敏夫（どこう としお，1896－1988）成功的秘訣是：重視人的開發與活用。他曾說：「我非常喜歡和我的員工交往，無論哪種人我都喜歡與他交談，因為從中我可以聽到許多創造性的語言，使我獲得極大收益。」例如，有一次土光敏夫在前往東芝姬路（ひめじ）工廠途中，下起了傾盆大雨，他到工廠後不撐雨傘，站著和大家講話，激勵員工，並不斷重複：「人是企業最寶貴資源的道理。」員工們都很受感動。而當年逾花甲的土光敏夫講完話後，身上的衣服早已濕透了。他乘車離去時，激動的工人把他的車圍住，並不約而同地喊著：「你放心吧！我們一定要拚命地工作。」而這一切都是由於土光敏夫對企業高度的責任感和對員工的熱愛所產生的激勵作用；領導者的活動與在組織中所處的地位對組織的影響力，往往是舉足輕重的。

2. 權力的實現

領導者的影響力首先透過權力來實現，各領導階層的領導者，在其職責範圍內都有決策、指揮、協調、控制的權力，並且影響其屬下共同完成

所承擔的組織任務。當然領導者在運用權力影響他人時，與其個人素質有關。領導者個人良好的品德、知識、能力及人格都能對組織產生影響力。在知識經濟時代，領導者淵博的知識與內涵，對領導工作很有幫助。

3. 領導者的素質

在整個領導過程中，領導者的心理素質具有決定作用。優秀的領導者需要良好的心理素質，例如，注意力、記憶力、思維、想像等方面有較強的能力；有比較穩定的情緒、高尚的情感，特別需要控制情緒，也就是高的情緒智商（簡稱EQ），包括自我認識能力、是否有自知之明、是否有自信心、能否保持冷靜的思考、是否有較強的意志與毅力、能否善於處理人際關係等，當然也包括氣質、性格方面的因素。因為領導者的工作是做人的工作，而具備良好心理素質的領導者一般都能夠善於引導與激勵，也善於和組織的個人與團體互相信任，並且讓員工願意把內心話與領導者分享，使員工產生強烈的工作積極性，促使組織實現最終的目標。

1. 管理心理學主要研究企業管理中的哪些方面？
2. 什麼是團體存在的用處？
3. 請說明「有什麼樣的目標，就有什麼樣的企業組織。」
4. 請舉例說明「管理者的態度，決定了企業的高度！」

02

管理心理學的發展

　　管理心理學的起源與創立有兩種說法：一種是與管理學聯繫在一起，我們稱之為「管理效率取向」，另一種說法則是與工業心理學聯繫在一起，稱為「組織優質化」。前者，是以心理學的應用加入管理學實務過程為背景，換言之，是從提升管理效率要求為出發點，然後藉用心理學的觀念與技術運用，以便達到效率要求的目標。後者，則是以管理學為背景，整合心理學，特別是社會心理學的理論與實務，以達到績效最優質化的最終目的。兩者在創立開始的背景雖然不同，在發展的過程殊途同歸，最後整合為目前的管理心理學。

　　管理心理學著作通常選擇其中一種發展為背景敘述，本書則為了提供完整的發展背景，兩者並列。以下我們將討論三項議題：

　　1. 早期管理效率取向
　　2. 霍桑試驗及其研究
　　3. 組織優質化的發展

一、早期管理效率取向

　　早期以管理效率取向開創了管理心理學的領域發展，包括了相當多的理論作者和實務工作領導者。這部分將舉例一些早期在這個領域的倡導者以及他們的貢獻。

1. 生產管理研究

管理專家查爾斯・巴貝奇（Charles Babbage，1792-1871），首先提出針對生產和管理的研究與事實之科學方法應用。另一位管理專家福默（Fulmer）歸納巴貝奇的貢獻如下：巴貝奇提出整個工作的各個部分應基於工作者的技巧來指派。按照員工個別技巧分工是有效的，其原因有四個：

(1)學習的時間會減少，因為一個工作者僅需要學習一項工作技巧。
(2)較少的時間浪費，因為避免在生產的過程中從一個技巧改變成另一個。
(3)工作者比較容易對工作熟練，因為他們一再重複同樣的動作。
(4)因為工作的分工，使不同的工作部分有其適度工作內容，而發展出不同的工具和設備。

另一個巴貝奇的貢獻，是提供了一些原則使管理者可以估量機器運作和人們運作的相對價值。他對機器的生產和花費評估，包括以下五點：

(1)機器容易發生的缺點。
(2)機器所具備的好處。
(3)機器的主要花費。
(4)機器的維修費用。
(5)機器的運作和照料費用等等。

2. 管理的效率

費德利克・泰勒（Frederick Winslow Taylor，1856-1915）被稱為「科學管理之父」，他對管理的效率提出許多建議。他認為工作的效率可以藉由員工的分配、機械的幫助、以及適當的時間運用來獲得。他同時也應用碼錶來協助達成工作更多的生產和效率。1903年泰勒出版一本《工廠管理》（*Shop Management*），他對管理藝術的定義：「明確知道你要人

們作什麼？藉由他們的盡力工作，得以最節省經費的方式完成。」泰勒認為，員工的分配必須遠離所謂「單一群體監督者」或是「軍事類型組織」，而是傾向所謂「功能性管理」，也就是將工作區分後，從管理者到員工每人都有適當的功能可以發揮，所以大家能夠把工作做好。他的計劃如下：

(1)工作過程監督。

(2)教導監督。

(3)經費和時間監督，計劃與提供方針。

(4)整體管理。

(5)工作速度監督。

(6)稽查員。

(7)維修監督，知道工作者如何完成指示，並檢視工作在適當速度下完成。

(8)訓練者。

泰勒科學管理的改變，其最大好處是以相當短的時間來訓練這些監督者，以便真正發揮可行的功能，而舊有的系統則要花費幾年的時間來訓練，並且只能執行部分的任務。泰勒於十九世紀在伯利恆鋼鐵公司（Bethlehem Steel Company）藉由嘗試控制粗鋼（Crude steel）的生產，證明他的管理哲學和系統的實用性；藉由以分段和分工的方式代替全日工作，工人可以增加他們的每日收入從美金一元一角五分到一元八角八分，而一噸的粗鋼平均花費則由美金七分減低到三分。

3.有效管理原則

法國礦業工程師恆利‧費佑（Henri Fayol，1841-1925）在1916年出版《通用與工業管理》（*General and Industrial Management*），費佑認為有效的管理是基於下列十四項原則：

(1)工作的分工。

(2)權利與義務。

(3)教育與訓練。

(4)統一的命令。

(5)統一的方針。

(6)對整體利益服從。

(7)報酬與薪資。

(8)集中化。

(9)管理分權。

(10)工作指示。

(11)平等分享。

(12)安定享有權。

(13)主動參與。

(14)團隊精神。

4. 管理人性化

亨利・甘特（Henry L. Gantt，1861-1919），也是「管理科學人性化」的倡導者之一。他的理論主要反對獨裁管理的決策和專橫的支配，並認為人類活動的本身知識對有效的管理是必然的。他在1910年出版《工作、薪資和利益》（*Work, Wages and Profits*）的書，在書中他提倡有關管理的實際計劃，內容包括針對員工問題的科學方法之使用、全日工作和分段工作的利弊，以及對督導者和員工的報酬等等。1916年甘特又出版一本《工業領導》（*Industrial Leadership*），在此書中他強調人類特質和生產活動的重要，他同時也提出非常有名的「甘特圖」（Gantt Chart），是一個用來協助有效生產的時間圖表。

法蘭克・葛布列（Frank Gilbreth，1868-1924），對於改善科學管理有卓越的貢獻。他指導有關動機的研究，以確定工作者的各種特質以

及各種表現的態度之重要性。葛布列發掘最佳效率的生產模式，並詳述該模式的規則，以求改善。在1908年他出版《實務工作系統》（*Field System*），書中闡釋許多基本管理理論、規則和建議。

二、霍桑試驗及其研究

在第一節提到的霍桑試驗是管理心理學發展的過程中的一個里程碑。梅奧（George Elton Mayo）被尊稱為「人類關係之父」（Father of Human Relations）。他著名的「霍桑試驗和研究」（Hawthorne Experiments and studies），強調人類的態度和感覺對管理生產和員工所有權利的重要性。不同的工作狀況，例如，燈光、舒適度、工作房間顏色等等，在霍桑試驗的研究發現，當工作者受到密切的注意時，他們的生產量會顯著增加。福默（Fulmer）發現霍桑試驗證明了三個重要的管理事實：

(1) 人的社會和心理需求有相當於金錢一樣的誘因與效力。

(2) 工作群體的社會互動對組織的實際工作任務很有影響力。

(3) 人為因素在任何精確的管理計劃中是不能忽略的。

1. X和Y理論

雖然後來的研究對霍桑試驗提出一些疑問，但是此試驗所強調的社會互動、工作與環境的特殊處理，對工作的態度和給予工作者地位之重要性是一直被肯定的。梅奧的管理觀念說明士氣和生產層級，除了社會因素外，還有生理因素。另外，許多學者對於管理的效率有許多卓越的貢獻，其中以道格拉斯·馬格理革（Douglas McGregor）所提出著名的人類在工作上績效的X和Y理論最為突出，該理論基本上建立於一個對許多組織的管理和發展方案運作的比較性研究。在《組織的人性面》（*Human Side of Enterprise*）書中，他嘗試要證實「組織的人性面是前後一貫的」。

X理論假設人們的工作意願是被動的，所以領導者是有權威、獨裁的，以及維持密切控制下的工作情境，工作者在決策過程中扮演鏡子的角

色。馬格理革提出在每一個管理的決策或行動之下，有些對人性及人類活動的假設。基於X理論，以下是屬於督導者和控制的傳統式觀點：

(1)一般人具有討厭工作的天生特性，有機會的話會加以設法逃避。
(2)由於人們討厭工作的特性，大部分的人必須在被強迫、控制、督導，甚至處罰的威脅下，才會有足夠的動力以完成組織託付的目標。
(3)一般人們喜歡被督導，希望能避免責任，相對的會有對需要的期待，尤其是對安全的需要。

Y理論在許多方面和X理論正好是相反的，它強調民主的參與，以及工作者的權利和建議是被鼓勵和支持，在這些基礎下建立的工作氣氛和工作情境。關於Y理論，有一些基本的假設，茲說明如下：

(1)有關工作上生理和心理的努力與花費，就像遊戲和休息一般的自然。
(2)外在的控制和處罰的威脅並不是組織目標努力之唯一的手段。工作者會發展出自我導向和自我控制，以便對所委任的工作負責。
(3)工作的委任具有報酬的功能，因為關係到工作者的成就，這種報酬的最大意義在於自我的滿足和自我實現的需求，並對組織的目標努力以赴的動機。
(4)一般人知道在適當的情況下，不只是責任的接受，而是責任的獲得。
(5)運用較高程度的想像、發明和創造來解決組織問題的能力是廣泛的而非狹窄的。
(6)在現代化工業生活的情況下，一般人們只發揮部分的智力與潛能。

近年來又有Z理論的出現，它的論點是介於X和Y理論之間的折衷看

法。

2. 目標管理

另外一個重要的管理發展是目標管理，簡稱為MBO（Management by Objectives）。這個理論首先由彼得‧杜拉克（Peter Drucker）在1954年的《管理的實踐》（*Practice of Management*）中提出，此後該論點也被其他的理論家和管理者所採用，並經過某些修正後，這個系統對私人機構或政府機關來說，已經產生許多效用。關於目標管理的理論，喬治‧奧迪昂（George S. Odiorne）加以闡釋和推廣，他解釋目標管理的基本前提如下：

(1) 商業管理在經濟系統下，提供個人發展的環境，這個環境在過去數十年以來已經徹底的改變，對組織和管理者產生新的要求。

(2) 目標管理是管理的一種方法，重點在於面對新的要求，它認為在管理上的第一步，就是透過一種或許多方法去界定組織的目標，而所有其他的管理方法和附屬系統都需要遵循這個目標。

(3) 一旦組織的目標界定，對個人管理者責任描述的命令程序就需要建立，以便督導他們的工作來完成。

(4) 目標管理假設管理的活動比管理者的人格還重要，而這樣的活動應以測量是否違反已經建立的管理目標。

(5) 目標管理認為在目標設定和決策中的參與是相當需要的。

(6) 目標管理將成功的管理者視為一個情境管理者，大部分的情境是與組織目標相配合的。

目前許多企業機構的管理者都採用目標管理的論點，但也有些管理者對它在人群服務的使用感到懷疑。然而對於使用目標管理的機構，除了機構的目標外，特殊的目的通常會對各個部門或小組，以及工作者作明確的陳述。在企業管理方面，目的和目標會以直接參與為前提下完成，一般包

括所有層級的工作者。

在目標有明確的陳述之後，透過有效的活動和實務工作，每一步都是為了要完成目標，重點在於實際的成果是否來自努力，而針對階段性目標可以定期做成果評估，因為更進一步的目標是基於這些結果。

3. 激勵－保健理論

另外一個管理的重要論點，是由費德利克・赫茲伯格（Frederick Herzberg）所提出的工業心理學理論——「激勵－保健理論」（The Motivation-Hygiene Theory），呈現在1959年的《對工作的激勵》（*The Motivation to Work*）一書中。赫茲伯格在做完員工的工作滿意與不滿意的研究之後，宣稱在工作系統中許多傳統上被重視的因素，例如，薪資、員工福利等，並不如工作動機與生產的關係來得重要。他認為導致員工對工作不滿意按順序有下列因素：

(1)組織政策。

(2)管理方式。

(3)督導形態。

(4)人際關係。

(5)工作條件。

(6)薪資優劣。

(7)地位高低。

(8)工作安全。

另一方面，赫茲伯格強調工作滿意和動機有密切的關係，包括以下五點：

(1)是否有成就的機會。

(2)個人對成就的認知。

(3)工作情況的本身。

(4) 負擔的責任。

(5) 進步和成長的機會。

赫茲伯格認爲上述導致員工對工作不滿意的因素，對於防止工作不滿意是必要的。對上列工作滿意和隨附的動機關係因素，提供了員工心理上的成長，對工作動機和工廠的生產效率是特別重要的。

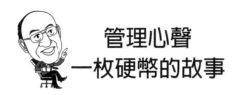

管理心聲
一枚硬幣的故事

　　一個法國人和一個英國人一同找工作。地上有一枚硬幣，英國人看也不看地走了過去，法國人卻激動地將它撿起。英國人露出鄙夷之色：一枚硬幣也撿，真沒出息！法國人望著遠去的英國人心生感慨：讓錢白白從身邊溜走，真沒出息！兩個人同時應徵一家公司。公司很小，工作很累，工資也很低，英國人不屑一顧地走了，而法國人卻高興地留了下來。

　　兩年後，兩人在街上相遇，法國人已經成了老闆，而英國人還在尋找工作。英國人無法理解地說：「你這麼沒出息的人怎麼可能這樣風光呢？」法國人說：「因為我沒有像你那樣紳士般地從一枚硬幣上邁過去。你連一枚硬幣都不要，怎麼會發大財呢？」

　　英國人並非不要錢，可是他眼睛盯著的是大錢而不是小錢，所以他的錢總在前面，他的成功也在前面。

三、組織優質化的發展

組織優質化取向，開始創立於20世紀的早期。傑出的代表人物是史考特（Walter Dill Scott，1869-1955）。在美國西北大學（Northwestern University），史考特曾是一名大學橄欖球運動員，當他從神學院畢業後，想到中國當一名外交官，在為自己的決定做準備的時候，史考特獲知美國駐中國的大使館沒有職位空缺，因此他轉向了心理學，成為心理學家。

1. 發展背景

史考特是把心理學運用到廣告、人員選拔和管理上的第一人。在19世紀末，史考特提出了心理學知識可以運用到廣告。此觀點得到了許多商業領導人的積極支持，因此他寫了幾篇文章，並於1903年出版了一本名為《心理學在廣告的理論和應用》（*The Psychology of Advertising in Theory and Practice*）的書，這是第一本講述運用心理學知識解決商業問題的書籍。1919年，史考特成立了第一家管理心理學諮詢公司，為美國40多家大公司提供服務，主要業務是人員選拔。

1913年，哈佛大學的德國心理學教授蒙斯特伯格（Hugo Münsterberg，1863-1916），寫了一本《工業效能心理學》（*Psychology and Industrial Efficiency*）。他提倡使用心理學測驗測量員工的技能，並據此把員工安置到最適宜的職位上。在實際的工作條件下，蒙斯特伯格在廠房進行了一系列的研究，目的在於提高工人的工作效率。蒙斯特伯格的著作、研究和諮詢活動，使管理心理學日益盛行，他也成為了當時美國名望最高、最著名的心理學家。

史考特和蒙斯特伯格的研究為管理心理學的產生奠定了基礎，而管理心理學真正誕生的標誌，則是第二次世界大戰美國軍隊對心理測試的要求。為了對前來報名參軍的上百萬人員進行選拔和安置，軍隊委託心理學家設計心理測驗，檢測出那些低智商的人員，以減少軍隊的培訓經費支

出。心理學家共編制出兩套有效的測驗：第一種測驗主要適用於那些會讀寫的人；第二種測驗，採用迷宮、圖片和符號，對那些不會讀寫的人進行測試。軍隊的測驗也適用於英語不熟練的移民。此外，心理學家還爲選拔軍官、飛行員等特殊能力的兵種編制了測驗。人格測驗、個人資料欄等工具都被設計用來檢測軍隊人員的神經功能傾向。有關於組織優質化取向的管理學發展情形，略述如下：

2. 早期發展

第一次世界大戰後，工業、手工業、學校和其他的組織都需要選拔和安置大量的人員，更多更好的測試技術應運而生。原來爲軍隊所編制的測驗改變爲民用，此外又針對各種情況編制了大量的測驗。人們對心理學測驗的熱情席捲了整個美國。此後不久，成千上萬的學生和求職者都要面對心理測驗的檢驗。因此，管理心理學的最初貢獻主要在於人員選拔，並把他們安置在合適的工作職位上，或是給予他們適當的培訓。

3. 工程心理學

第二次世界大戰，把兩千多個心理學家直接捲入了戰爭中。因爲操作技術尖端的飛機、坦克和船舶需要具備新的知識技能，他們的主要任務是把那些經過培訓可以熟練操作尖端技術設備的人員選拔出來。

戰爭中日益複雜的武器設備促使了一門新學科的誕生：管理心理學。心理學家與機械工程師緊密合作，提供有關人類操作高速飛機、潛水艇和其他設備的有利和不利的資訊，以完善工程師的設計。管理心理學對戰爭的貢獻因而顯得重要，政府和工業界意識到，商業中的許多實際問題可以由心理學家幫忙解決。這次的經驗也顯示，對於戰前在大學內相對封閉的實驗室做研究的心理學家來說，現實世界中有很多重要和具有挑戰性的問題，而他們有能力幫忙解決。

1945年，第二次世界大戰結束，隨著美國商業和技術企業的發展，管理心理學也迅速發展。現代企業組織的規模和複雜性要求管理心理學家發

展出更多的技能。新科技的發展意味著員工需要新的訓練方案。例如,電腦的出現,產生對寫程式人員和技術支援人員的需求,也促使很多工作的運行模式發生了改變。心理學家不得不對這些職位所需的能力進行評估,弄清楚哪種人最可能具有這些能力,以及選拔和培訓這些人的最好方法。

社會對管理心理學的要求也提高了。超音速飛機、導彈和先進的武器系統的發明,促使我們對操作人員進行額外的培訓,以便他們能夠安全有效的進行操作。管理心理學家也參與了工業機器人和自動操作平臺的設計工作。組織內事務也是十分重要,企業組織的管理者認為人際關係技能在維持員工的高工作效率,發揮著重要的作用。領導的類型、動機和工作滿意感的作用、組織結構和組織氣氛,也很重要。

 思考問題

1. 按照員工個別技巧分工是有效的原因是什麼?
2. 費佑(Henri Fayol)認為有效的管理是基於哪些原則?
3. 何謂X理論?
4. 何謂Y理論?
5. 費德利克・赫茲伯格(Frederick Herzberg)認為導致員工對工作不滿意按順序有哪些因素?

管理心理學

03
管理心理學的挑戰

邁向科技高速發展21世紀，工作性質也發生了變化，於是工業與組織管理心理學家們面臨著新的挑戰：工作類型與工作方式發生了巨大的變化，導致企業組織的管理者必須培訓員工以適應這個需要，同時，員工們也要隨時學習新技術，以免在人力競爭中被淘汰。針對這些議題，我們將討論以下四個項目：

1. 技術和技能的改變
2. 勞動人口變化與員工參與
3. 虛擬管理的應用
4. 管理心理學的專業化

一、技術和技能的改變

工作場所的變化主要由於微電子技術、電腦和工業機器人的發展。在美國的一項調查中，205名管理心理學家被問到：工作場所發展的何種趨勢會對工業領域產生最大的影響？超過72%的人回答說是「網際網路技術的發展」。如今辦公室人員大多數使用個人電腦，這些設備可以降低技術員與管理者的工作量。工程師在技術上必須精通新的系統和程式，而電腦、數據機、行動電話、掌上電腦、電子郵件和網際網路已經改變了很多工作的職能，並且創造了許多新的工作職位。

1. 電子設備應用

一些公司使用電子設備提高工作的靈活性。例如，福特和Delta航空公司，不管他們的員工是在辦公室，還是在工廠裡，亦或是在飛機棚工作，公司都為他們配備了個人電腦和印表機，並安裝了網路線或配備無線網路。隨著社會對現代技術的要求和運用手工操作的工作數量的減少，那些不熟悉電腦操作或知識水準不高的人很難找到工作。

搬運工或碼頭裝卸工所做的工作，曾被認為是只需要肌肉力量而無需大腦。在1969年，卸除一艘長270米的貨輪的貨物，需要500個裝卸工搬3個月。今天，相同容量的船隻，使用自動卸貨裝置，只需10個工人工作1天。1969年國際船隻搬運工協會共有27,000名會員，到2000年，協會只剩下2,700名會員。這些會員的工作與三十年前相比，需要較多的技能，例如，使用電腦的存貨清單檢查所有到岸船隻的貨物。

2. 管理現代化盲點

據估計，在美國18歲以上的人口中，依然有幾百萬人是人力資源市場中的「類似文盲者」（絕大部分是新來的移民），這意味著這些人由於缺乏職場上閱讀理解和寫作能力，不容易找到工作，而且基本的數學能力更不足。一項在南加州針對以新移民為主求職者研究顯示，讓一組21－25歲的被試者去計算一份快餐館點菜單的費用，在正常的時間內結果只有64%的白人、42%的西班牙裔和38%的黑人計算正確。

站在一個雇主的立場，要想招聘到一個具有基本技能，以後能學會完成多項工作的初級人員，現在是越來越難了。位於美國東北部的一家電子通訊公司，一共有9萬名應聘者，發現只有三分之一可以經由培訓後順利參加工作，而實際上這些工作所需要的基本技能還達不到高中水準。莫特斯援救協會（MRA）發現，那些缺乏基本閱讀、寫作和數學能力的工人，即使再培訓後，也很難提高技能，也不容易和具有新工業工程能力的員工溝通。在亞洲世界（包括台灣）的勞動市場情形，也同樣面臨類似的

困境。

二、勞動人口變化與員工參與

在管理心理學面臨的挑戰中，技術和技能改變之外，其次是勞動人口多樣性與員工對管理參與的要求。前者，是管理者要面對的現實困境。後者，則是他們要面對的新挑戰。

1. 勞動人口多樣性

在工作場所裡，人口統計學變數也發生了改變，它是指勞動人口中民族構成的變化。在21世紀早期，非洲人、亞洲人和西班牙後裔在全世界新勞動力人口中至少占35%。而且，全世界的新雇員幾乎有一半是女士，白色的男性工人所占的比例越來越少。無論是大企業還是小企業，對需求都越來越敏感，對由不同文化和不同民族組成的勞動力人口都越來越關注，每年大約有80萬人移民到美國，這些人都想去工作，但是他們缺乏英語訓練和其他的英文技能，況且他們也不熟悉公司的工作模式。台灣的現狀也是如此，越來越多的外籍勞工，語言與觀念隔閡，造成管理與培訓上的難題。其中的不同點是：外來新移民培訓後將在美國落地生根，而台灣的外籍工人則是暫時性的。

工作場所的變化和勞動人口構成的變化都給工業與組織活動學家帶來難題。他們需要重新設計用來測試、選拔和培訓工人、修改工作和設備、精簡管理步驟、提高士氣、解決健康和安全保障事項。

2. 員工參與管理

如今企業的運營模式正在發生改變，不僅舊的工作模式發生了改變，還產生了新的工作模式。藍領員工、管理者和高級管理者的工作面臨著改變。員工被告知如何去完成一個簡單的任務，而不用思考只要保持這種方式完成任務的時代已經過去了。今天的員工期望的是一種高品質的管理，他們常用的關鍵字是「授權」和「參與」。員工必須不斷提高自己的技

能，並參與決策團體，一起決定工作的最佳方式。今天的員工也期望被授權處理產品的生產過程、銷售服務過程，甚至是選拔和雇用新的員工。員工參與管理對管理者的工作產生了很大的影響，他們不能再向員工發號施令，與傳統的方式相比，他們現在做得更多的只是引導和監督。這些改變要求員工和管理者進行適當的調節，從某種程度上來說，這種改變實際上也是科技發展對工作場所改變的結果。

三、虛擬管理的應用

由於現代科技的應用，企業管理發展中面臨了另一種挑戰：虛擬管理。這種透過電腦化模擬情境訓練，主要包括三大類別：虛擬工作場所與虛擬員工與虛擬企業。

1. 虛擬工作場所

一位著名的組織心理學家對工作本質的描述：考慮到工作的新典範——隨時、隨地，在現實空間或在網路的虛擬空間。對於雇主來說，虛擬的工作場所現在已經是現實了；員工控制著機器，員工與員工之間，員工與管理者之間都相隔著一定的距離。這些都表示著工作的新典範在將來會成為現實並盛行。

企業員工不在固定的工作場所辦公會越來越普遍。坐在家裡遠程辦公，出差時在汽車上或機場裡用電話聯絡，在酒店或渡假村進行衛星電話會議。工作場所和工作方式的快速轉變是適應資訊時代的結果，只要有網路，我們隨時能處理很多事務，不管是在家裡，還是在辦公室，這都應當歸功於電子郵件、語音信箱、網頁、手機、手提電腦和個人資料系統的發明。

為了使工作快速有效，虛擬的工作場所需要三種資訊通道：

(1)能從網路下載和列印資料。
(2)能從遠端獲得顧客資料、產品資料和企業重要檔案。

(3)能隨時得知員工的行蹤和他的工作業績。

而在正常的工作時間外，管理者希望員工加班或與員工保持聯繫，有些公司要求他們的員工隨時都帶著行動電話或電腦，以便隨時能與辦公室聯繫，這樣他們就隨時能工作。《紐約時報》的一個記者曾寫到：「一天當中有許多的業務交流都是在電話線中進行的。」

2. 虛擬員工

不但越來越多的人會遠離辦公室工作，而且越來越少的人會在一家企業做一輩子。在以前，員工經常對職業懷有保守心理：假使我做好我的工作，我的公司就會一直雇用我，直到我退休。但是，現在的員工不再有這種終身職業的保障了。

20世紀末，許多公司裁員、合併和解散，工廠頻頻倒閉關門，許多工人和管理者失去了工作，長期服務於一家企業的理念徹底破滅了。現在的大多數員工可能是臨時工、自由職業者、獨立的合同工作者或季節性的兼職人員。在美國，最大的私營企業是一家臨時人員工作介紹所：人力有限責任公司（Manpower，Inc.）。

上百萬的美國人現在都在從事自由職業者工作。從專業水準來劃分，美國國家勞動局（National Labor Relations Board）認為有800萬人員屬於獨立的合同工作者。很多人，特別是年輕人，在報告中指出他們傾向於做臨時工，因為那樣的工作靈活、獨立、有挑戰，且能夠不斷增加他們的工作經驗和工作技能。很多公司也傾向於做這樣的安排，因為這樣可以減少稅金和管理費用，而且不用為員工提供保險金和退休金。

3. 虛擬企業

在全球企業皆力求改造之際，除了虛擬員工與虛擬工作場所之外，還有哪一條可行的道路？美國企管專家提出「虛擬企業」（The Virtual Corporation）的概念，將成為新世紀的管理典範。大衛道和馬隆

（William H. Davidow & Michael S. Malone）在合寫的《虛擬企業》（*The virtual corporation: structuring and revitalizing the corporation for the 21st century*）一書中，斬釘截鐵地預言，企業若不朝著虛擬企業的概念轉型，就會被淘汰。

所有知名的企業都在摸索中學習，學習如何在激烈的市場競爭中應變、存活。觀察敏銳的美國管理專家競相獻計，其中「虛擬企業」的概念最是熱門。虛擬企業的概念是讓企業透過內部及外部的合作，整合比過去更多的資源。在管理大師納吉爾（Roger N. Nagel）的眼中，虛擬企業的概念是運用暫時性的聯盟，以獲取市場機會。

面對顧客的需求，大衛道和馬隆在他們聯手寫作的書中，則直接以《虛擬企業》為書名，並將「虛擬」的意義延伸解釋為精銳（virtuous）。意指虛擬企業就是最精銳的企業。他們強烈地預言，企業如果不朝著虛擬企業的概念轉型，就將成為泡沫。雖然他們在書中極其廣泛地探討虛擬企業的概念、做法和重要性，內容由授權到零庫存管理，無所不談；但是，貫穿全書的主軸其實只有一個——虛擬企業運作的最高目標是在生產虛擬產品（virtual product）。所謂虛擬產品，就是能夠在最短的時間內，以最有效率的方式，滿足顧客需求的產品，換句話說，就是一種最精銳的產品。書中認為，電子攝影機或鐳射印表機等，都是這類產品的代表。

管理心聲
理性與感性

　　英國某家報紙曾舉辦一項高額獎金的有獎徵答活動。題目是：在一個充氣不足的熱氣球上，載著三位關係世界興亡命運的科學家。第一位是環保專家，他的研究可拯救無數人們免於環境污染而面臨死亡的厄運。第二位是核子專家，他有能力防止全球性的核子戰爭，使地球免於遭受滅亡的絕境。第三位是糧食專家，他能在不毛之地，運用專業知識種植食物，使幾千萬人脫離饑荒的命運。

　　此刻熱氣球即將墜毀，必須丟出一個人以減輕載重，使另外的兩人得以存活，請問該丟下哪一位科學家？問題刊出之後，因為獎金數額龐大，信件如雪片飛來。在這些信中，每個人都天馬行空地闡述必須丟下哪位科學家的見解。最後結果揭曉，巨額獎金的得主是一個小男孩。他的答案是——將最胖的那位科學家丟出去。

　　管理者在問題的理性思考不能解決問題時，不妨來個感性的直覺判斷；問題往往是我們自己弄複雜的。

四、管理心理學的專業化

　　很少有人認為自己有能力當一名物理學家、化學家或生物學家，即使他們完成了相應的培訓課程。但是，很多人認為自己可以是專業的管理心理學家，即使他們從來沒有經過正式的心理學培訓。

1. 管理心理學家

　　現代的管理心理學是複雜的、專業的學科，需要經過大學課程的培訓及一系列的實際應用經驗和持續學習。一個管理心理學家最低的要求是具有碩士學位，通常需要相關課程和二到三年的時間才能完成。大多數碩士生在校期間就已經開始做全職工作或兼職工作。在每年授予的管理心理學學位中，三分之二的學位是碩士學位。

　　以美國為例，管理心理學的碩士生從學校畢業後，可以在工業、政府、諮詢公司和研究機構找到與自己專業有關的工作。他們所能做的工作有：心理學測試和測量、構想和效率、人力資源選拔和安置、績效評估、公平雇用和雇員培訓。大學課程中所包含的動機、工作滿意感和組織發展對這些畢業生的工作是很有幫助的。碩士期間有關管理心理學方面的訓練為他們以後的職業生涯作了很好的準備。但是，在學校和商業上，一些高級職位人員要求是博士學位，這需要碩士畢業後再接受3－5年的訓練。

　　管理心理學的畢業生數量逐年在增長，其中增長得最快的是碩士生。這些學生對於自己的選擇都有確實合理的原因，他們的選擇也正適應了如今社會對心理學家的需求。美國勞動統計局（The Bureau of Labor Statistics）希望在商業和研究領域以及非盈利組織和電腦公司中，心理學家的職位會有所增多。管理心理學的職業生涯訓練是艱苦的，但回報也是豐厚的。管理心理學家比其他的心理學家薪資都要高。據報導，在1997年，美國擁有博士學位的管理心理學家的年薪是9萬美元，最高的超過18萬美元。碩士學位的管理心理學家，平均年薪是5.5萬美元，最高的超過15萬美元。

2. 工作內容與挑戰

對於管理心理學家來說，工作內容的刺激、責任的挑戰以及智慧的增長都是十分重要的回報。霍華德（Howard）是管理心理學協會（APA）的前任主席，他說管理心理學是：在這個領域裡，人們能讓自己所想的事情發生。人們可以設計遊戲，也可以看到結果。人們還可以看到更優秀的人被選中或是工作滿意感上升，或是離職率下降。能讓正確的事情發生，這本來就是一種最令人興奮的回報。

美國管理心理學家在商業、工業、政府機關、服務機構、諮詢公司和大學裡工作。很多在大學裡教授工業與組織心理學課程的心理學家，也從事研究和諮詢活動。管理心理學家的就業分佈，包括：測驗與出版、學校教師，研究機構、人力資源諮詢公司以及市場研究諮詢和選拔服務公司。以人力資源諮詢公司與市場研究諮詢和選拔服務公司為主流，前者工作內容：測驗的編制和實效、面試培訓，評價中心設計、績效評估系統設計，職業規劃專案、態度調查；市場研究諮詢和選拔服務公司工作內容：運用社會科學研究方法，對公司的提議進行調查、分析，並把結果以書面形式報告。

3. 工作領域多樣化

管理心理學的豐富工作領域：

(1) 國際航空公司、海外投資的評估中心專家協調和管理評估中心，對即將晉升的員工進行收集評估資料，為公司的策略提供建議，使之更可行、更有效率。選拔和訓練員工，使之成為合格的晉用人員。

(2) 管理諮詢公司的高級管理者則涉及到培訓系統、培訓技術和管理。

(3) 職業發展培訓的海外專業人力資源研究諮詢委員會。

(4) 工業與組織專案經理工作人員，包括心理學家、社會學家、電腦

科學專家和教育者，工作任務包括資訊系統、測驗開發、研調設計和公平雇用項目。

(5) 雇員決策諮詢公司的人力資源部主管，爲個人提供面試指導、建議、測驗或評價結果解釋、職業規劃等服務。

(6) 藥劑公司的心理服務部門，爲員工提供心理測驗和工作分析，對公司的津貼方案進行研究，並提出修改建議、設計和管理績效評估方案。

(7) 公共事業組織（天然氣與電力公司）的組織規劃和發展執行顧問與工會、管理機構、人力資源部、公司的高層管理者一起重新設計人力資源系統和重新編排主要組織機構。

(8) 電子公司的團隊領導諮詢培訓師，建立自我監督的工作團隊，告知工人工業團隊的概念，解決技術問題，培訓發展、溝通和合作的重要性。管理培訓項目並評估專案的效果。

(9) 電信公司的人力資源研究助手，那些即將攻讀博士的人，可協助具有管理心理學家資格的人和人力資源教授的工作，對大學委託的人力資源專案進行研究。在大學，心理學教授有助於教授組織活動學、團隊建設、測量與評價等課程，指導本科生的研究課題。

　　小企業請不起全職的管理心理學家，他們只能以合約方式藉助於諮詢心理學家的服務，來解決一些特殊的問題。諮詢師也可以篩選應聘者，設計設備或生產線，設立培訓項目，開展新產品的市場調查，或是探究士氣或生產效率下降的原因。諮詢服務的價值不僅在於管理心理學家提供的技術技能，也在於他們從企業外所帶來的新方法和新資訊。

**思考問題**

1. 請說明為什麼「網際網路技術的發展」趨勢會對工業領域產生最大的影響？
2. 請說明勞動人口多樣性的特性與影響？
3. 請說明員工參與管理的利弊。
4. 什麼是虛擬的員工？
5. 什麼是虛擬的企業？
6. 如果你是管理心理學家，你最想從事哪方面的工作或何種行業？

Chapter 2
心理學在管理的應用

01 強化工作動機

02 掌握管理溝通

03 紓解工作壓力

根據『心理學在管理的應用』主題，本章提供下列三個相關主題：第一節「強化工作動機」，第二節「掌握管理溝通」，以及第三節「紓解工作壓力」。

第一節討論「強化工作動機」，主要的議題包括以下四個項目：一、動機的意義，二、工作動機，三、工作滿意度，以及四、加強工作動機。

第二節討論「掌握管理溝通」，主要的議題包括以下三項目：一、發展管理溝通，二、管理溝通的管道，以及三、掌握組織溝通。

第三節討論「紓解工作壓力」，主要的議題包括以下三項目：一、工作壓力的背景，二、工作壓力問題，以及三、處理工作壓力。

01

強化工作動機

從心理學應用的觀點看，有許多的概念與技術可以應用在管理的實務操作上。由於篇幅關係，在『心理學在管理的應用』的主題之下，選擇了三項最關連的議題加以論述：第一節「強化工作動機」，第二節「掌握管理溝通」，以及第三節「紓解工作壓力」。「強化工作動機」的議題主要包括四個關鍵項目：

1. 動機的意義
2. 工作動機
3. 工作滿意度
4. 加強工作動機

一、動機的意義

從管理的觀點看，動機（motivation）與心理需要相關聯，稱爲心理性動機。

1. 心理性動機

心理性動機有不同層次，最初，它是直接由遺傳、先天的生物需要發展來的，以後則獨立於生物需要而存在，它們本身成爲滿足的目標。例如，嬰兒對食物的需要，這時的心理需要和生理需要是直接聯繫的，依靠父母來滿足這些需要，父母逗他玩、讓他高興愉快等等。由於這類事件不斷出現，照顧嬰兒的父母總是很愉快，父母也變成了孩子的專注目標。在

管理上的情形也類似，員工希望管理者對他好、照顧他，他們也會做一些讓管理者讚許和喜歡的事情——認真工作，產生一種願意和管理者在一起並贏得讚許的動機，這就是心理性動機。美國克拉克·赫爾（Clark L. Hull）認為這是學習的內在驅力。

2. 動機的功能

動機的功能，指個人在學習、工作、科學研究等活動中力求成功的內部動力。它是一種社會性動機，在工作領域則是以求得業績成就為目標的工作動機。研究顯示，具有成就動機的人做任何事情總是全力以赴，喜歡接受挑戰，面對挫折和困難表現出極大的韌性和毅力，不達目的絕不懈怠，對錯誤的意見和做法不易妥協。因此，動機強的人更能堅持追求理想與目標，也更有成效。管理心理學中指個人對自己認為重要或有價值的工作，不但願意做，且力求達到更高標準的內在心理過程，簡言之，就是要求獲得優秀成績的欲望，它是人類所獨有的，是從社會生活中工作而成就的。

3. 動機差異

個人的年齡、性別、能力、成敗經驗、努力程度等主觀因素及工作性質、任務難度、社會環境等客觀因素都是成就動機個別差異形成的原因，至於成就動機的團體差異，則與社會文化、民族特性、家庭教養、團體風氣等因素有關。動機高的人所具有的共同行為特徵是：

(1)對適度難度工作具有挑戰慾，全心全意想要完成。
(2)想要知道自己活動的結果如何。
(3)精力充沛，持續探索新奇事物，具有開拓精神。
(4)對於自己作出的決定勇於負責。
(5)選擇有能力的人作為工作的伙伴。

成就動機高低，與其幼小時期接受教養方式有關。成就動機低的人，

往往將自己的成功歸因於幸運或任務容易，而把失敗歸因於自己能力不足。動機高的人，往往把成功歸因於自己的能力強，而把失敗歸因於自己努力不夠。這種想法往往使自己維持高動機水準。

管理心聲
寶貝放錯地方

　　寶貝放錯了地方，便是廢物；沒有意願，機會也等於浪費。愛因斯坦（Albert Einstein）在1950年代曾收到母國以色列政府的一封信，信中誠摯地邀請他去當以色列總統。愛因斯坦是猶太人，若能當上一猶太國的總統，在一般人看來，自是榮幸之至了。出乎意料地，愛因斯坦竟然拒絕了，並回信說：「我一生都在和客觀的物質打交道，既缺乏天生的才智，也缺乏經驗來處理行政事務以及公正地對待別人。所以，本人不適合這一重任。」

　　成功人生的訣竅就是經營自己的長處。這是因為經營自己的長處能累積個人的歷練、智慧、身分地位與財富，經營自己的短處只會使自己的人生道路越走越窄。政治家富蘭克林（Franklin）說：「寶貝放錯了地方便是廢物」。應該選擇的工作是最能使個人的品格和長處得到充分發揮的職業；把自己安排在合適的位置上，經營自己有聲有色的人生。

二、工作動機

我們將討論工作動機的二種理論模型：成就動機理論與需要層次理論。

1. 成就動機

成就動機（Achievement Motivation）理論是指強調達成目標所需要的動機理論，例如，想做好一份工作，而且還要做得盡善盡美，這是成功人士普遍具有的特點，是一種強烈的願望，希望自己超過他人。高成就動機的人能夠從完成目標的過程中獲得滿足，他們希望自己能把每件事情都做得最好。早在1950年代，麥克蘭德（David C. McClelland）和他的同事就開始著手研究成就動機，1961年的研究指出，成功的商業人士都表現出一種對成就的強烈需要。他的研究界定了高成就動機人在成就動機的三種主要特徵：

(1) 喜歡承擔責任。
(2) 傾向於選擇中等難度的目標。
(3) 需要得到持續的回饋，以便知道自己做得怎樣。

研究顯示，公司的利潤與管理者的成就動機有關。渴望成功的人總是希望自己能有顯著的正相關。另外，高成就動機的管理者更尊重下屬，也更容易獲得晉升，超越同層級的人。他們為實現目標努力工作，並從中得到滿足。他們會從下屬那獲得新想法，也更尊重下屬的新想法。中上級管理人員的成就動機與他們今後的職位晉升呈正相關。此外，無論性別，企業家的成就動機強度顯著高於員工的成就動機強度。雖然並不是所有的研究都支持成就動機理論，但成就動機的理論觀點為員工的部分活動提供了合理的解釋，它已被廣泛地應用於管理工作實務。

2. 需要層次

　　心理學家馬斯洛（Abraham Maslow）提出了動機的需要層次（Needs Hierarchy Theory）理論。根據此理論，人的需要是按照重要性呈等級排列的。馬斯洛認為，我們總是想得到我們現在沒有的東西。因此，我們已經擁有的東西對我們的活動就不會再產生激勵作用，我們會產生新的需要。一旦我們的低層次需要得到了滿足，我們就會把目光投向更高層次需要。需要層次理論：這種動機理論指出需要包括生存需要、安全需要、歸屬需要、尊重需要和自我實現需要。

(1) 生存需要

　　這是人類最基本的需要，包括食物、空氣、水和睡眠，還包括性和運動的需要。

(2) 安全需要

　　包括生理上的安全和心理上的安全與平靜。

(3) 歸屬需要

　　一種對愛、友誼、親情的需要，還有渴望與他人交流，被他人所接受的需要。

(4) 尊重需要

　　自我尊重的需要，以及被他人尊敬、敬仰的需要。

(5) 自我實現需要

　　自我實現需求的目標是自我實現，或是發揮潛能。

　　企業透過給員工薪酬、福利優惠、安全的工作環境和就業保障來滿足員工生存與安全的需要。歸屬需要包括與他人的相互交流和社會關係帶來的滿足感，例如，情感支持、尊敬、認可和歸屬。歸屬需要在工作中可以得到滿足，主要是與同事或上級的相互交流，在工作外與家人、朋友交流也可以得到滿足。成長需要包括馬斯洛的尊重需要和自我實現需要。成長需要關注的是自我，可以從充分發揮我們的能力來實現。假使一個工作具

有挑戰性、自主性和創造性，就能滿足成長需要。

三、工作滿意度

工作動機的最終目標是取得較高的工作滿意度。我們將討論兩種理論模型：雙因素理論和工作特徵理論。

1. 雙因素理論

雙因素理論〔Motivator-Hygiene（Two-Factor）Theory〕是根據工作任務和工作場所特徵來解釋工作動機和工作滿意感。這個理論是由赫茲伯格（Frederick Herzberg）提出的，包括工作動機和工作滿意感。這個理論引發了大量研究，許多管理人員依據它來設計工作流程，以提高員工的積極性。

根據赫茲伯格的理論（參照第一章第二節的「激勵－保健理論」，（The Motivation-Hygiene Theory）），存在兩種需要：一種是激勵需要，它能產生工作滿意感，另一種是保健需要，它產生的是工作不滿意感。激勵需要（高層次需要）激勵員工取得好的工作成績。它是工作本身內在固有的，包括工作任務的本質和員工的責任水準、成就水準、被認可水準、發展水準，以及職業生涯的成長和發展。這個激勵需要相同於馬斯洛的自我實現需要和奧爾德弗的成長需要。它可以透過刺激、挑戰和吸引人的工作來滿足。當這些條件都滿足時，就會產生工作滿意感。但是當這些條件不滿足時，例如，工作沒有挑戰性，卻不一定會產生工作不滿意感。

換言之，工作不滿意感是由保健需要（低層次需要）引發的。「保健」一詞與健康水準的保持和提高有關，保健需要是外在於工作任務的東西，涉及的是工作的環境特徵，例如，公司的政策、管理、人際關係、工作條件、工資和福利。當保健需要得不到滿足時，工作不滿意感就會產生。然而當保健需要得到滿足時，結果只是不滿意感消失，不一定會產生工作滿意感。這個保健需要相同於馬斯洛的生存需要、安全需要和歸屬需

要。馬斯洛和赫茲伯格都堅持認為，只有這些低層次需要得到滿足後，人們才會受高層次需要驅動。

2. 工作豐富化問題

赫茲伯格的理論主要關注內在工作因素對員工的激勵作用。假使激勵需要能激勵員工盡力工作，並對工作產生積極的態度，那麼為什麼不重新設計工作來充分滿足呢？這就涉及到工作豐富化（Job Enrichment）問題。工作豐富化是指為了擴大工作範圍的努力，給予員工在計畫、執行和評價上更大的責任。赫茲伯格提出的豐富工作的方式如下：

(1)減少對員工在管理上的控制，提高工作責任和職責，以增加員工的自主性、權力和自由。

(2)盡可能給予完整的工作任務：例如，讓員工完成整個專案而不是其中的一部分。這種方式可以讓員工覺得他們的努力對整體工作有意義。

(3)有規律且持續地直接提供員工有關產量和工作業績的訊息。

(4)鼓勵員工從事新穎的、具有挑戰性的工作，並成為該領域的專家。

這些方式的終極目標就是促進個人成長，滿足對成就和責任的需要以及給予認可。因此適當的工作豐富化不是簡單地給員工額外的任務，它意味著擴展完成工作必須的知識和技能。

有人對一家玻璃製造工廠的1039名工人進行研究。結果顯示，工作豐富化措施顯著地提高了工人的自我效能感，及工人對工作能力的信念。為員工提供更多的責任、職責和自信，同時，增加了他們的適任感、效率和對圓滿完成工作的信心。

3. 工作特徵理論

工作特徵理論（Job-Characteristics Theory）主要反應在工作豐富

化運動上，它促使哈克曼（J. Richard Hackman）和奧爾德翰（Greg R. Oldham）這兩位心理學家去探討哪些工作特徵能夠被豐富化。他們客觀測量與員工工作滿意感和出勤率相關的工作因素，並進行了分析，在此基礎上提出了動機的工作特徵理論。

研究顯示，某些特徵會影響工作態度和工作活動，但這些特徵並不是以相同方式影響所有的員工。例如，就成長需要的個別差異而言，成長需要強的人比成長需要弱的人更容易受到工作特徵改變的影響。此外，這些工作特徵的改變不會直接影響工作態度和工作活動，而是要經過員工的認知過程——他們對變化的知覺——的過濾加工。

工作特徵理論，指出一些特殊的工作特徵可以增強動機、績效和員工滿意感的心理狀態，而這是建立在員工有高度成長需要的基礎上。某些工作特徵促使員工在完成工作任務時，表現出積極情緒狀態。這種狀態會激勵他們做得更好，並使他們預期好的績效可以帶來好的感受。員工工作動機的強度依賴於成長和發展需要的強度；個人需要越強，從好的工作業績中得到的積極情感就越強。因此，工作特徵理論認為某些工作特徵會導致某些心理狀態，反過來，這些心理狀態又會導致較高的工作動機、工作業績和工作滿意感。哈克曼和奧爾德翰認為核心的工作特徵是：

(1) 技能多樣性

　　工人在工作中使用各種技能和能力的程度。工作越具挑戰性，它的意義就越大。

(2) 任務完整性

　　是否完成整個工作單元或完成一個產品，而不是在生產線上完成產品的一個部分。

(3) 任務重要性

　　工作對於生活以及對於同事和顧客利益的重要性。例如，飛機機師的工作會影響到許多人的生命，實質意義上，它比郵差的工作更有意義。

(4) 工作自主性

　　員工在安排時間和工作上的獨立程度。

(5) 工作回饋

　　員工接受到的有關工作品質和工作有效性的資訊量。

　　工作能夠按照赫茲伯格早期提出的方式重新設計，提升工作滿意度以符合以下特徵：

(1) 把一些小的、特殊的工作任務整合成大的工作單元，這樣可以提高技能多樣性和任務完整性。

(2) 把任務安排在自然、有意義的工作單元裡，讓員工負責整個單元，這樣可以增強任務完整性和任務重要性。

(3) 讓員工與客戶或使用者直接聯繫，提高技能多樣性、工作自主性和工作回饋。

(4) 授予員工管理工作任務的權力和責任，這將提高技能多樣性、任務完整性、任務重要性和工作自主性。

(5) 定期安排員工會議，讓他們了解工作情況，增強工作回饋。

四、加強工作動機

　　個人工作動機往往是人生成敗關鍵。只有必要事情才能產生動機。

1. 問題思考

(1) 你是否相信員工也可以變得更加積極主動？

(2) 你是否有過這樣的懷疑，有些員工明明可以更主動，但是他們偏不這麼做，因為他們覺得額外的努力很難獲得認同？

(3) 你最近沒有被要求主動地工作是什麼時候的事情？

(4) 你額外的努力獲得回報了嗎？

(5) 團隊中的其他人認知到你的動機了嗎？

(6) 你的額外工作是否被承認，這對你的積極性是否有影響？

(7) 你下次還會主動工作嗎？

　　一個團隊裡往往擁有大量聰明、能幹、經驗豐富但缺乏動機的人。許多絕頂聰明的人，他們有能力完成公司需要做的事情，但除非有人要求他們這麼做，否則絕不開始動手。動機是個人心中動力的泉源，它不需要別人來告訴自己做什麼，它完全是內在驅動的。人們為了提高自己的技能，情願把業餘時間也投入學習與工作相關的知識。很多人的初始動機只是想知道他們的努力是否會在其他地方也奏效，他們內心是對於成功的渴望而驅動。凱里（Robert Earl Kelly）在《如何成為一名明星員工》（*How to Be a Star at Work*）中描述了一個人初始動機對最終收獲的影響。

2. 個案討論

　　十年來，貝特（Bet）女士一直為麻州（Massachusetts）的醫療補助系統處理瑣碎的帳單。但是到了1991年，州的財政預算縮減了4.6億美元，這直接威脅到了她的工作，同時受到影響的還有數以百計、只拿微薄薪水的同仁。而州長魏爾德不願提高稅率來填補這個預算缺口。

　　38歲的貝特不得不縮減工作時間，當然這使得她有更多時間來照顧九歲和兩歲的孩子，但一週僅工作三天的嚴酷現實並沒有影響她對工作的忠誠和追求上進的動機，她努力為醫療補助系統尋找更多的收益來源。因此，她把厚厚的醫療補助年鑑和人力健康服務部門的手冊帶回家研究，她日以繼夜耐心地閱讀，全心全意地投入龐雜的文件之中。

　　有一天，她突然發現州和聯邦政府在計算醫療運作的成本和收益時有一個錯誤，就是麻薩諸塞州醫療補助系統收回的事務費用比它帳面上應得的要少。於是，聯邦政府需要額外撥回4.89億美元來糾正這個錯誤。太令人驚奇！一個女職員的努力消除了州的財政危機，幫助數以百計的職員保住了工作，並讓一些受到預算限制的工作又正常運轉起來。

3. 蛋糕上的奶油

　　州長非常高興，特別頒發一萬美元來獎勵貝特。這個舉動也鼓舞了州政府的雇員，他們使整個政府的效率更高了，他們認識到最好的想法往往來自第一線的雇員。

　　「獎勵只是蛋糕上極薄的一層奶油」，貝特說：「對我來說，更重要的是州政府意識到我們的工作，而且激發出我們每個人與生俱來的工作潛能。那簡直是太棒了！」

　　貝特變成了ABC廣播公司的新聞人物，甚至出現在《紐約時報》（*New York Times*）雜誌的封面上，還被著名節目主持人大衛·萊特曼（David Letterman）邀請去接受訪問，主持人提出以下二個問題：

　　(1)為什麼妳會成為I991年夏天的明星？
　　(2)為什麼全美國人民都喜歡妳這樣普通的州政府小職員？

　　答案是：因為貝特表現出積極的工作動機。換言之，也只有必要的事情，才能產生動機。

思考問題

1. 何謂心理性動機？
2. 動機高的人所具有的共同行為特徵有哪些？
3. 請舉例說明：「寶貝放錯了地方便是廢物」。
4. 試說明成就動機（Achievement Motivation）理論。
5. 何謂雙因素理論？
6. 請舉例說明：工作豐富化。

02

掌握管理溝通

　　以心理學來說，溝通是情緒的分享，其目的是使參與的人對彼此之間有更深刻的認識，並接納對方；是藉著分享，使雙方能真實、真誠地結合在一起。從管理的角度看，溝通則是用來討論問題、交換思想、選擇、決定、彼此勉勵、擬定計劃、推敲事理。有效的溝通是管理成功的必備條件。在這個背景下，我們將討論以下三個項目：

1. 發展管理溝通
2. 管理溝通的管道
3. 掌握組織溝通

一、發展管理溝通

　　發展管理溝通是一種概念與操作整合的過程，我們討論以下項目：管理溝通背景、管理溝通過程、管理溝通方法

1. 管理溝通背景

　　溝通（Communication）也稱為聯絡，也就是資訊交流。確切地說，所謂溝通是指將某一資訊傳遞給客體或對象，以期取得客體作出反應的過程。根據這一概念，溝通包含著三個含義。溝通是雙方的活動，而且還要有中介體。其中「雙方」既可以是「人」，也可以是「機」，因而就有三種表現形式，即：

(1) 人與人之間的溝通

例如，主管人員（或下屬）發出訊息，透過聯絡人員進行組合編排、整理，然後傳遞給下屬（或主管人員）。

(2) 人與機器之間的溝通

將各種情況透過人或其他手段，將人的語言轉變爲機器的語言，使機器接收並執行，例如：自動車床，自動控制系統以及機器人操作等等。

(3) 機器與機器之間的溝通

例如，傳眞機、網路、電話交換機以及Email系統等等。

由於在管理過程中各種資訊的交流、溝通都是相互關聯、不可分開的，所以主管人員把各種資訊的交流過程看成是一個整體，稱爲管理資訊系統（Managerial Information System，縮寫爲MIS）。

我們主要闡述人與人的交流形式，並把著重點放在組織內部的資訊溝通。人與人之間的溝通過程有其特殊性。內容包括以下五個項目：

(1) 人與人之間的溝通主要是透過語言（或文字形式）來進行的。

(2) 人與人之間的溝通不僅是消息的交流，而且包括情感、思想、態度、觀點的交流。

(3) 在人與人之間的溝通過程中，心理因素有著重要意義。在資訊的發出者與接收者之間，需彼此了解對方進行資訊交流的動機和目的，而資訊交流的結果會改變人的活動。

(4) 人與人之間的溝通過程中，會出現特殊的溝通障礙。這種障礙不僅是由於資訊管道（即傳遞）的失眞或錯誤，而且還是人所特有的心理障礙。

(5) 人與人之間的溝通過程中，尋找其特殊規律。例如，由於人的知識、經歷、職業、政治觀點等不同，對同一資訊可能有不同看法和不同理解。這些特性顯示，在研究人與人之間的溝通過程時，

需要研究其特殊規律。

2. 管理溝通過程

溝通是一個過程。完整的溝通過程主要包括下列七個環節。

(1) 溝通主體，即資訊的發出者或來源。

(2) 編碼，指主體採取某種形式來傳遞資訊的內容。

(3) 媒體，或稱溝通管道。

(4) 溝通客體，即資訊的接收者。

(5) 解碼，指客體對接收到的資訊所作出的解釋、理解。

(6) 作出反應，展現出溝通效果。

(7) 回饋，指客體對接收資訊理解後反應回溝通主體。

編碼（Encoding）、解碼（Decoding）和溝通管道（Channel）是溝通聯絡過程取得成效的關鍵環節，它始於主體發出資訊，終於得到反應。用語言、文字表達的資訊，往往含有「字裡行間」和「言外之意」的內容，甚至還會造成「言者無意，聽者有心」的結果。

3. 管理溝通方法

溝通的方法有許多種，除了前面所述的溝通形態等具體的方法外，還應包括發佈指示、會議溝通、個別交談等。溝通的方法運用要隨機制宜，因人而定。

(1) 發佈指示

在指導部屬工作時，指示可使一個活動開始進行、更改或制止，它是使一個組織充滿活力或者解體的動力。

(a) 指示的含義。指示是上級的指令，具有強制性。它要求在一定的環境下執行任務或停止工作，並使指示內容和實現組織目標密切關聯，以及明確上下級之間的關係是直線指揮的關係。這種關係是不能反過來的，假使下級拒絕執行或不恰當地執行了

指示，而上級主管人員又不能對此使用制裁方法，那麼他今後的指示可能失去作用，他的地位將難以維持。

(b) **指示的方法**。管理中對指示的方法應考慮下列問題：首先，一般的或具體的，取決於主管人員根據其對周圍環境的預見能力以及下級的回應程度。其次，書面的或口頭的，應考慮的問題是：上下級之間關係的持久性、信任程度，以及避免指示的重複等。最後，正式和非正式的。選擇正式的或非正式的發佈指示的方式是一種藝術。正確採用非正式的方式來啓發下級，用正式的書面或口述的方式來命令下級。

(2) 會議溝通

指派工作的實質是處理人際關係，而人與人之間的溝通是人們思想、情感的交流，採取開會的方法，就是提供交流的場所和機會。會議的作用表現在：

其一，會議是整個組織的重要活動，是與會者在組織中的身分、影響力和地位等各種作用的表現。會議中的資訊交流會能影響整體成員的心理。

其二，會議可集思廣益。與會者在意見交流之後，就會產生一種共同的見解、價值觀念和行動指南，而且還可拉緊相互之間的關係。

其三，會議可使人們了解共同目標、自己的工作與他人工作的關係，使之更確立自己的工作目標，明確自己怎樣爲組織作出貢獻。

其四，透過會議，可以對每一位與會者產生約束力。同時也透過會議發現所未注意到的問題，可集思廣益互相研究解決之道。

(3) 個別交談

個別交談（Individual Talking）就是指主管用正式或非正式的形式，在組織內外，與下屬或同級人員進行個別交談，徵詢談話對

象對組織中存在問題和缺陷的看法，對別人或對別的上級，包括對主管人員的意見。這種形式大部分都是建立在相互信任的基礎上，無拘無束，雙方都感到有親切感。這對雙方思想溝通、認清目標、體會各自的責任和義務都有很大的好處。在這種情況下，人們往往願意表露真實想法，提出不便在會議中所提出的意見，進而使主管能掌握下屬人員的想法，而在認知、見解、信心各方面更容易取得共識。

管理心聲
壓力與進取心

美國肯德基國際公司的子公司遍布全球一萬多個。然而，肯德基國際公司在萬里之外，又怎麼能相信分公司員工都能遵守公司規定呢？有一次，某分公司收到了三份總公司寄來的鑑定書，對他們餐廳的工作績效共分三次鑑定評分，分別為83、85、88分。分公司中的經營團隊都非常驚訝，同時也詢問其他分公司的主管。這三個分數是怎麼評定的？

原來，肯德基國際公司僱傭、培訓一批人，讓他們佯裝顧客進入店內進行檢查評分。這些「特殊顧客」讓每間餐廳的經理、僱員時時感到壓力，絲毫不敢疏忽。

上班族或管理者做一次自我檢查容易，難就難在時時進行自我督促，時時給自己一點壓力與提醒。公司管理者就需要時時給屬下一點壓力與動力，以保持員工不懈的進取心。經理的最大考驗不在於經理的工作成效，而在於經理不在時員工的工作時效。

二、管理溝通的管道

正式組織內成員間所進行的溝通，可因其途徑的不同分為正式溝通與非正式溝通兩種系統。正式溝通是透過組織正式結構或層次系統運行，近年已發展為具體的資訊系統。非正式溝通則是透過正式系統以外的途徑來進行的。

1. 正式溝通管道

正式溝通，一般是指在組織系統內，依據組織規定的原則進行的資訊傳遞與交流。例如，組織與組織之間的公文來往、組織內部的文件傳達、召開會議、上下級之間的定期資訊交換等。

根據古典管理理論，溝通應遵循指揮或層級系統進行。嚴格地說，越級報告或命令，或不同部門人員間彼此進行溝通，都是不允許的。因此，在組織內只有垂直（縱向）的溝通流向（Vertical Communication Flow），很少有橫向溝通流向（Horizontal Communication Flow）。實際上，按照這種模式進行溝通，不能符合組織的需要。因此產生了委員會，或聯席會議的措施，以便在同級之間的橫向溝通，但這仍然屬於組織正式結構所安排的模式，仍屬正式溝通性質。

正式溝通可以分為：向下溝通，向上溝通，橫向溝通。

(1) 向下溝通

這是在傳統組織內最主要的溝通方向。一般以命令方式傳達上級所決定的政策、計劃、規定之類的資訊，或頒發某些資料供下屬使用等等。假使組織的結構包括有多個層次，則透過層層轉達，其結果往往使向下資訊發生誤解，甚至遺失，而且過程遲緩，這些都是在向下溝通中所經常發現的問題。

(2) 向上溝通

主要是下屬依照規定向上級所提出的正式書面或口頭報告。除此以外，許多機構還採取某些措施以鼓勵向上溝通，例如，意見

箱、建議制度、以及由組織舉辦的徵求意見座談會或意見調查等等。有時某些上層主管採取所謂「門戶開放」政策（Open-door Policy），使下屬人員可以不經組織層次向上報告。但是根據研究，這種溝通也不是很有效率，而且由於當事人的利害關係，往往使溝通資訊發生與事實不符或偏頗的情形。

(3) 橫向溝通

主要是同層級、不同業務部門之間的溝通。若採用委員會和舉行會議方式，往往所費時間人力甚多，而達到溝通的效果並不很大。因此，組織為順利進行其工作，必須依賴非正式溝通以輔助正式溝通的不足。

正式溝通的優點是：溝通效果好、嚴謹，約束力強，易於保密，可以使資訊溝通保持權威性。重要的消息和文件的傳達、組織的決策等，一般都採取這種方式。其缺點在於，因為由組織系統層層傳遞，傳遞速度很慢，此外也存在著資訊失真或扭曲的可能，但是這種情形可以經由電腦資訊系統的輔助而提升資訊傳遞的效率。

2. 非正式溝通管道

非正式溝通的溝通對象、時間及內容等各方面，都是未經計劃和難以辨別的。其溝通途徑是透過組織內的各種關係，這種關係超越了部門、單位以及層次。非正式溝通的發展也是配合決策對於資訊的需要的。這種途徑較正式途徑具有較大彈性，也比較迅速。在許多情況下，來自非正式溝通的資訊，反而獲得接收者的重視。由於傳遞這種資訊一般以口頭方式，不留證據、不負責任，許多不願透過正式溝通傳遞的資訊，卻可能在非正式溝通中透露。

過分依賴這種非正式溝通途徑，也有很大風險，因為這種資訊遭受歪曲或發生錯誤的可能性相當大，而且無從查證。尤其與員工個人關係較密切的問題，例如，晉升、待遇、改組之類，常常發生所謂「謠言」

（Rumors）。這種不實消息的散佈，對於組織會造成困擾。任何組織都或多或少地存在著這種非正式溝通途徑。對於這種溝通方式，主管既不能完全依賴用以獲得必須的資訊，也不能完全加以忽視，而是應當密切注意錯誤或不實資訊發生的原因，設法提供組織人員正確而清晰的事實，來加以防止。

(1) 非正式溝通意義及性質

所謂非正式溝通是指透過正式組織途徑以外的資訊流通程序。這些途徑非常繁多且沒有一定形式，例如，同事之間的交談，甚至透過家人之間的傳達等等，都算是非正式溝通。所以非正式溝通和個人間非正式關係，往往平行存在。很多研究認為，由於非正式溝通不必受到規定程序的限制，因此往往比正式溝通還要重要。在美國，這種途徑常常稱為「葡萄藤」（Grape Vine），用以形容它枝葉茂盛，到處延伸。

非正式溝通的產生，可以說是人們的天生的需求。透過這種溝通途徑來交換或傳遞資訊，常常可以滿足個人的需求。例如，人們由於某種安全的需求，樂意探聽有關人事調動之類的消息；朋友之間交換消息，則意味著相互的關心和友誼的增進，藉此更可以獲得社會需求的滿足。這種消息對於組織成員來說，往往是他們最感興趣而最缺乏的消息。因此，組織成員樂於依靠非正式溝通可以獲得資訊。

非正式溝通的優點：溝通形式不拘，直接明瞭；速度很快，容易及時了解到正式溝通難以提供的「內幕消息」。非正式溝通能夠發揮作用的基礎是組織中良好的人際關係。其缺點：非正式溝通難以控制資訊的正確性，而且，它可能導致小圈圈，影響整體的凝聚力和人心穩定。非正式溝通具有以下幾個特點：

(a) 消息越新鮮，人們談論得就越多。

(b) 對人們工作有影響，最容易招致人們談論。

(c) 最為人們所熟悉者，最多為人們談論。

(d) 在工作中接觸多的人，最可能被牽扯到同一傳聞中去。

對於非正式溝通的這些規律，主管應該予以充分注意，以杜絕負面的「小道消息」，並利用非正式溝通為組織目標服務。

(2) 非正式溝通類型

非正式溝通以什麼形態呈現呢？依照最常見至較少見的順序分別為：

其一，**集群連鎖**（Cluster Chain）。即在溝通過程中，可能有幾個中心人物，由這些人轉告若干人，而且有某種程度的彈性。

其二，**密語連鎖**（Gossip Chain）。由一人告知所有其他人，猶如權威的代言人。

其三，**隨機連鎖**（Probability Chain）。即碰到什麼人就轉告什麼人，並無特定人物或選擇性。

其四，**單線連鎖**。就是由一人轉告另一人，他也只再轉告一個人，這種情況最為少見。

(3) 非正式溝通應用及對策

在傳統的管理及組織理論中，並不承認這種非正式溝通的存在；即使發現有這現象，也認為要將其消除或減少到最低程度。但是，現代的管理學者知道，非正式溝通現象一直存在，而應該加以了解、適應和整合，使其有效擔負起溝通的重要作用。例如，主管可以設法去發現在非正式溝通的網狀模式中，誰居中處於核心和傳播的地位，透過這種溝通網可以使資訊更迅速傳達。他也可以設法自非正式溝通中去發現所流傳的資訊內容。不過，這些做法也有其風險或代價：過分利用非正式溝通的結果，會破壞正式溝通系統與組織結構；而設法自非正式溝通中探聽消息，其結果會造成管理上的問題。對於非正式溝通所採取的立場和對策應該是：

第一，非正式溝通的產生和蔓延，主要是由於人員得不到所關心的消息。因此，主管愈故作神秘，封鎖消息，則背後流傳的謠言愈加複雜與氾濫。主管應盡可能使組織內溝通系統較為開放或公開，則種種不實的謠言將會自然消失。

第二，要想予以阻止已經產生的謠言，與其採取防衛性的駁斥，或說明其不可能的道理，不如提出正確的事實更為有效。

第三，散漫和單調乃是造謠生事的溫床。為避免發生不實的謠言，擾亂人心士氣，主管應該不要讓組織成員有過分散漫或單調枯燥的情形發生。

第四，最基本的做法，乃是培養組織成員對管理階層的信任和好感，這樣他們比較願意聽組織提供的消息，也較能相信。

第五，在對於組織主管人員的訓練中，應增加這方面的知識，使他們有比較正確的觀念和處理方法。

三、掌握組織溝通

為促進有效的組織溝通，必須從正式溝通與非正式溝通兩方面同時考慮或配合運用。以下討論這兩種溝通間的關係及其運用的相關問題。

1. 溝通方法因素

選擇溝通方法要考慮的因素。究竟應該採用哪種溝通方法較為適當？這是一個相當複雜的問題，以下列舉四個因素。

(1) 溝通的性質

所謂溝通的性質，是一種相當廣泛的說法，可以按不同的標誌對溝通的性質予以分類。

第一，按照溝通任務的複雜性分類。按由簡而繁的順序，可以分為：

(a) 傳達命令。

(b) 給予或要求資訊或資料。

(c) 達成一致意見或決定。

當意見分歧時，先行分析不同意見之間有何共同點，透過非正式溝通先行協調，然後再將私下（非正式）商量的結果，經由正式途徑加以確認；反之，假使一開始便企圖經由正式途徑討論，可能使分歧意見公開化，使得不同意見雙方的立場和態度更加強硬。即使經由職權的行使而勉強達成決議，但因此可能造成關係上的裂痕，並影響以後的合作。

第二，按溝通內容的合法性分類。

(a) 溝通內容是依照規章或慣例行事。

(b) 溝通內容與法規或慣例有所出入。例如，對於公司政策採取變通或彈性的措施之類，究竟應採取正式或非正式溝通、或以書面或口頭為宜？

第三，按溝通要耗費資源多少來分類。假使一項命令或決議，涉及大量人力和財力的動用時，將來必須有人負責這種資源支出及其成效。因此，有關人員為求責任分明，就希望溝通能透過正式和書面的途徑進行。愈是屬於變通或彈性的處理性質時，可能愈要求有正式和具體的根據。

(2) 溝通人員的特點

所謂溝通人員，是指資訊發出者、接收者、中間傳達者（媒體 Medium），以及上級主管人員。這些人的特點，對於溝通方法的選擇也有密切的關係。主要的特點如下：

(a) **目標或手段導向。** 如果做事的基本原則是以達成目標或任務為主。在這種原則下，可以變更或不顧規定及程序。但是有人卻堅持必須合乎規定；以規定及程序作為工作的目的，則傾向於正式和書面的溝通；反之，對於目標導向的人，則比較願意採取非正式和口頭的溝通方式。

(b) **能否信任的程度**。這是指溝通的媒介者或接收者，對於所溝通的資訊，能否正確解釋並促成有效溝通，甚至增添有用的資訊。假使在溝通過程中能找到這種媒介，將可增進溝通效能；反之，假使媒介者不能正確了解和傳送溝通資訊，那麼就要靠書面和口頭並用加以補救。

(c) **語文能力**。溝通者的語文能力，是選擇溝通方法的重要因素。除此之外，語文能力也影響到溝通的內容及其表現方式。

(3) 人際關係的協調程度

這是指溝通過程所涉及的人之間的關係。成員間接觸頻繁，關係密切，在這種狀況下，溝通常常採用口頭而不採正式的方法；反之，假使極少往來，則溝通只有依賴正式及書面的方法進行。

(4) 溝通管道的性質

溝通管道的性質，主要有以下幾項：

第一，速度。例如，口頭及非正式的溝通方法，就較正式與書面的溝通速度為快。

第二，回饋。利用不同溝通方法，所得到的回饋速度和正確性也都不同。例如，面對面交談，可以獲得立即的反應；而書面溝通，有時卻得不到回饋。

第三，選擇性。這是指對於資訊的溝通，能否加以控制和選擇。例如，在公開場合宣佈某一消息，對於其溝通範圍及接收對象毫無控制；反之，選擇少數可以信任的人，利用口頭傳達某種資訊則充滿選擇性。

第四，接收性。同樣資訊經由不同管道，造成不同的被接收的程度。例如，以正式書面通知，可能使接收者十分重視；反之，在社交場合所提出的意見，卻不一定獲得重視。

第五，成本。選擇不同管道，也可能涉及不同的人力物力費用。例如，在地區相隔遙遠而分散的情況下，利用口頭親自傳達，就

可能費用高昂；但利用信件或電子信件則花費不多。

第六，**責任建立**。隨著資訊的溝通，常常也代表責任的付託，例如，動用資源，完成任務之類。隨著使用管道的不同，這種責任的建立或交待的嚴格程度也會不同。利用正式書面所傳達的責任，其嚴格與清晰程度最高，所以有時即使為了快速的需要，開始先利用非正式的口頭溝通，接著仍需利用正式書面的管道再加確定，這是為了建立明確的責任。

2. 上級與屬下間的溝通

上級與屬下的溝通存在特殊的情形，分述如下：

(1) 上級對屬下

當上級對屬下進行溝通時，具有權力與職位的優勢。通常都是由上級下達指示，然後屬下根據指示去執行被付予的任務。當執行業務需要溝通時，大概都是遇到瓶頸或麻煩，這時候由上級對屬下進行溝通時，就產生了權力與職位的優勢，就是屬下在上級詢問任務遇到的困難時，屬下很容易礙於職位較低，而不敢說出真正的毛病，而只是將問題的表面情形說出來，這時上級只要表達關切之意，而屬下只能服從再繼續努力將任務達成。這樣的優勢假使運用得宜，可以讓整體組織運作更順暢，但是如果都一直用這種優勢來進行溝通，就會讓溝通流於形勢，不僅達不到溝通的效果，也會讓屬下對於上級，甚至是整個組織的信任與向心力完全喪失。

(2) 屬下對上級

屬下對上級的溝通，要避免邀功及逢迎的情形。通常屬下對上級的溝通都是屬於報告性質，但是報告的內容要平實而不誇大。整體業務的成功大多是許多人的合作才得以完成，不可以說成都是自己的功勞。另外，屬下在報告上級時，也很容易避重就輕，使

上級不容易得知眞相，這就有賴主管的明察秋毫，並且鼓勵屬下將眞實情形完整表達。

　　無論是上級對屬下，或是屬下對上級的溝通，都要注意「聽」。在社交生活中，我們常常聽到一些有經驗的人的建議：不要只顧「講」，還要講求「聽」。重要的是能夠設身處地（站在說的人的立場）去「聽」，或稱爲「傾聽」（Empathetic Listening）。傾聽的要點是，不要有什麼成見，應密切注意講的人所要表達的內容及其情緒，這樣才能使其暢所欲言。這樣聽的人才能得到比較眞實而完整的內容，並據以做爲判斷和行動的依據。

思考問題

1. 何謂溝通？
2. 人與人之間的溝通過程有哪特殊性？
3. 完整的溝通過程主要包括哪七個環節？
4. 試述正式溝通的優缺點。
5. 非正式溝通意義及性質是什麼？
6. 非正式溝通有哪些類型？
7. 溝通管道的性質有哪些？

03

紓解工作壓力

　　如何在適當壓力中工作？在現實生活中，幾乎所有人都有承受壓力的經驗，很少人能夠一直將壓力置於自己的控制範圍之內。壓力對人們來說，它既可以為你服務也能與你作對，就像汽車的輪胎一樣。當輪胎中的壓力適度，你就能在路上順利地駕車行駛；如果胎壓太低，汽車就會耗費較多能源；如果太高，遇到坑洞時就會彈起來，兩者都容易發生失去控制的危機。

　　學習如何應對壓力，是終生的必修課程。我們將從幾個不同角度來看待上班族遭受的各種壓力，然後提出相應的方法和建議。討論的議題包括以下三個項目：

1. 工作壓力的背景
2. 工作壓力問題
3. 處理工作壓力

一、工作壓力的背景

　　壓力既有來自外部的，也有來自內部的。外部壓力反映出承受的壓力或負擔：你的工作要求。如果有很多要求，而你的資源又很少，就會感到很有壓力。壓力的內部資源包括希望、感覺及態度。希望把工作做好，希望被主管喜歡，這個想法都給你施加了壓力。

1. 何謂工作壓力

　　工作會帶來兩種負面的結果：身體傷害與心理壓力。例如，身體傷害：工作中發生的各種事故、在工作場所接觸有害化學物質；心理壓力：對環境中過度的、通常是不愉快的刺激和威脅事件的生理和心理反應。壓力會影響員工，但是影響的方式卻是隱蔽和微妙的。設計不良的座椅和有害煙霧會影響身體的健康、生產效率和士氣，而壓力是一種心理的因素，會影響身體健康、情緒的安定以及工作能力。

　　壓力影響著各種職務的人員，即使是管理階層。它會導致生產力降低、行動力減弱、錯誤和意外事件增加。壓力過高與離職傾向和反生產活動有關，例如，偷竊、吸毒和酗酒。與壓力有關的眾多疾病中有兩種：心臟病和心絞痛，這讓公司花的錢比事故損失要多。在工作事故中死亡的工人，至少50%有心臟問題。在美國和瑞典對96萬員工進行的一項研究發現一半以上的人的健康問題是由於長時間工作的壓力所致。英國心理學家發現在英國工作事故的原因有60%來自於工作壓力。不同程度的壓力很可能會影響工作的品質，進而影響日常生活的其他方面。

2. 對壓力的反應

　　許多人每當遇到考試就會覺得有壓力、差點被闖紅燈的汽車撞到或是到黑暗的街上時都會感到壓力。當類似的事情發生時，我們變得焦慮、緊張和害怕。壓力導致明顯的生理變化，腎上腺釋放的腎上腺素會加速所有身體功能，血壓升高，心跳加快，額外糖分進入血管。加速的血液給大腦和肌肉帶來更多的能量，使人變得更強壯，對威脅更警覺。

　　壓力的情境下，人的能量耗損比正常水準要高。由於所謂的「戰鬥或逃走」（Fight or Flight）反應有了多餘的能量，可以和產生壓力的來源戰鬥（可能是襲擊者或攻擊型的動物）或者馬上逃走。研究顯示女性對壓力的反應是「看護和交友」，「看護」指建立起能保護自己和後代不受壓力影響的活動，「交友」指發展社會群體或網路，這樣能幫助她們應付壓

力。

　　儘管應付壓力的反應有性別差異，但是男女性都會體驗到壓力帶來的生理變化。大部分人不會遇到非常緊急的情況，除了員警和消防員等特殊工作，很少有工作讓員工處於危險之中。對於大部分的人來說，工作壓力的性質是心理或情緒方面，例如，與上司爭吵有關受到不公平對待或者晉升的事情。這些事單獨看來都是低度的壓力源，但是當它們累積起來時就會對身體有害。每增加一種壓力就會產生生理的變化，進而消耗身體的能量。

　　假使工作壓力過於頻繁，身體會長時間處於高壓力狀態，這種情況會造成生理傷害並產生心理疾病。而且，壓力帶來的疾病會成為新的壓力源。當身體健康受損時，輔助功能會降低，身體的能量也將減少，造成工作績效下滑。

　　壓力不是對所有的員工都有同樣的影響。航空管制員是工作壓力很大的職業之一，他們必須連續數小時保持高度關注，追蹤航管範圍的飛機的動態。這種工作繁忙、高難度、超高要求準確度，每天擔負著許多人的生命安全。對航管員的研究顯示，他們的身體情況反映了工作的壓力狀況。當他們負責的區域內飛機的數量增加時，冠狀動脈開始壓縮，血壓升高。航管員得高血壓的概率比同年齡人要高三倍，這可能是壓力帶來的致命後果的經典例子。

3. 反應的人格類型

　　人格因素與我們對壓力的承受力有關。這對於A型人格和B型人格（Type A & Type B）及他們對心臟病不同的感受性來說尤其明顯。

(1) A型人格

　　A型人格的兩個主要特徵是強烈的競爭性和持續的時間緊迫感。A型人格被描述為有野心和好勝心，總是想取得成就，和時間賽跑，從自我要求的一個最後期限，再追趕另一個期限。他們喜

歡壓力大、節奏快、競爭性強、要求標準較高的工作。A型人格可能心懷敵意，盡管他們能成功地對他人隱瞞這種特性，他們也透過競爭來表達他們的好勝心。假使他們認為下屬或同事工作太慢，他們就會不耐煩，也會生氣。

A型人格被認為處於持續的緊張狀態，永遠處於壓力之下。甚至當他們的工作環境的壓力相對較少時，他們仍因其人格的固有成分而承受壓力。A型人格還往往外向、自尊心強，對工作很投入，有很高的成就和權力需要。

(2) B型人格

B型人格工作及休閒時感受到的壓力較小，在相等的壓力環境下他們也會努力工作，但是他們受到的有害影響較少。

這兩個人格類型對於他們沒法控制的長時間壓力的反應情況不同。例如，A型人會努力控制困難的情境，但是假使他們不成功的話，他們會感到受挫並放棄。而B型人在相似的情境下，會試圖去有效地處理並且不會放棄。

早期研究發現了A型人格和冠心病之間的明確關係。儘管很少有心理學家會認為他們之間完全沒有關係，但近來更多的研究並沒有一致地支持這種關係。例如，一項包括了87個研究的分析報告了A型人格和心臟病的中等相關，但是在心臟病和憤怒、敵對和抑鬱情緒之間的相關更高。我們注意到A型人格經常有很強烈的敵意，但是他們通常善於隱藏這一點。因此，關於心臟病和人格因素之間的關係還有很多不明之處，但是它除了早期與A型活動相關的因素之外，還包括心理因素。

二、工作壓力問題

工作場所中的很多因素都可能產生壓力，包括工作超負荷、工作負荷不足、組織調整、角色衝突和角色模糊。

1. 工作壓力來源

　　心理學家使用工作超負荷（Work Overload）來描述過度工作的通常狀況。它們包括兩種類型：量的超負荷和質的超負荷。量的超負荷是指可用時間內要做過多的工作。這是一個明顯的壓力來源，並且和與壓力相關的病，例如，冠心病有關。問題的關鍵是員工對工作速率的控制程度，而不在於工作量本身。通常員工對工作節奏的控制越小，壓力就越大。質的超負荷在於工作難度過高，沒有足夠能力去完成工作會產生很大壓力，甚至具備相當能力的員工可能也會發現他們不能應付工作的要求。

　　美國有一項對65家公司、從事143種不同工作的418名員工的調查發現，自認為沒有足夠能力應付複雜工作的員工，比認為可以勝任工作的員工感受到的壓力明顯更大。換句話說，感到難以勝任的員工在工作超負荷的情況下就會產生較高的壓力。工作超負荷與壓力的正相關並不是美國特有的情況。一項歷時5年，包括1100家中國企業的研究發現，增加的工作壓力（表現為延長的工作時間和對額外生產的獎金），假使與裁員的不安全感結合在一起，會導致員工血壓和膽固醇升高。

　　另外一項對21個國家的將近100名中階經理的研究發現，在非西方國家，例如，印度、印尼、韓國和奈及利亞，工作超負荷的情形更普遍。這些經理認為他們的工作太多以至於不可能做好。換句話說，他們認為工作負荷和責任太重，這和西方國家的中階經理的感覺不同，此差異可能與西方更加注重個人奮鬥的觀念有關，非西方文化更傾向於集體的努力。因此，組織的氣氛讓非西方經理更依賴於他們的同事來解決問題，這轉而增加了工作的要求和複雜程度。相反地，工作負荷不足（Work Underload），工作太簡單而不足以挑戰員工的能力，同樣會導致壓力。

　　當工作太困難時為超負荷，當工作沒有充分發揮技能時為負荷不足。一項對以色列藍領工人的研究發現，工作滿意度和心理痛苦以及由於生病導致的缺勤，都直接與工作單調有關。工作單調性越高（工作負荷不足），工作滿意度就越低，心理就越痛苦，因病缺勤也越多。對芬蘭的

5450名藍領工人的調查同樣發現工作單調和心理痛苦（例如，焦慮和擔憂）之間有顯著相關。

　　同樣在工作單調和心理壓力的症狀之間也是如此。在35歲以下的男性和35歲以上的女性群體中這種關係最強。因此，工作缺乏挑戰性並不一定好，反而有壓力的工作具有刺激性、鼓舞性，並且使員工渴望成就的獲得。

　　另外，公司或企業改組也為員工帶來了巨大壓力。針對三種類別的員工進行調查：行政人員、管理人員和勞力工人。所有類別的工作滿意度、心理和身體健康都有所下降。受到變革影響最大的是勞力工人（他們顯示出最大程度的壓力症狀），他們對工作壓力的控制力最弱。對許多老員工來說，產生壓力的變革在於新員工、女性員工和多元種族背景的員工的出現，他們帶來了新的態度、習慣和文化價值觀。參與決策的員工和其他的組織文化的改變對高級管理人員來說是種壓力。

2. 其他壓力因素

　　上司和經理對下屬來說是壓力的主要來源。研究證實了不良的領導行為，例如：對下屬沒有支持或者拒絕下屬參與決策會導致壓力。職業發展的問題，例如：當一個員工沒有按照所預期地獲得晉升也會導致壓力。假使對事業的期望沒有被滿足，挫折感就會很強烈。過高的晉升也會有壓力的，因為員工沒有足夠的能力來應付他們的職位，會導致質的工作超負荷，因為對工作失敗的恐懼會帶來很大壓力。績效評估也是壓力的一個來源，很少有人願意與他人相比，而且不好的評比會影響個人的職業生涯。

　　對下屬負責，對上司來說是一個壓力因素。與員工薪酬、晉升或解聘有關的評定，提供激勵和獎勵以及管理日常工作績效都會造成壓力。需要負責監督他人的責任的職員，更可能會有和壓力有關的身體不適。研究發現有兩個情況會讓他們處於高度危險之中：工作有時間期限和不得不解雇下屬，而決定解雇一個員工會使經理在一週內心臟病發。

心理學家提出了幾個對這些壓力的改善方案：

(1) 靜態反射技術

在自我訓練中，個人學習用想像他們的四肢正逐步變熱和變重來達到放鬆的效果。在冥想中，個人集中精神於深度的、有節律的呼吸以及重複發出一個短語或聲音。這種靜態反射技術會使個人更快更好地達到放鬆。肌肉緊張的回饋可以與這些方法相結合，在放鬆前和放鬆後還可以自己測量一下血壓。

(2) 生物性回饋（Biofeedback）

是應對壓力的一種流行方法。可以用電子儀器對心跳、血壓和肌肉緊張度的生理過程進行測量。這些儀器將測量結果轉換為信號，如閃爍的燈光或聲響，可以知道自己的生理狀況。人們能用回饋控制他們內在的狀態。例如，一盞燈在你的心跳達到放鬆狀態時就會閃爍。經過訓練，你可以將心跳保持在放鬆狀態的水準，使燈光閃個不停。充分練習後就能控制好心跳，而不需要燈光的回饋。生物性回饋可以用來控制肌肉緊張度、血壓、身體溫度、腦波和胃酸。透過減少壓力所引起的生理變化，就能減少由於壓力帶來的失調問題。

(3) 活動矯正

活動矯正技術對於保護A型人格的人少受壓力影響是很有效的。活動矯正包括對一些例如，開快車、自我強制時間期限和活動過於繁瑣等活動進行矯正，活動矯正涉及對壓力事件作出條件反射式的積極情緒反應。

3. 角色與角色衝突

員工在組織中的角色是一種壓力來源，因此，在人事管理上，要強調「適才適用」就是這個道理。當工作的領域和責任尚未清楚（Role Ambiguity），員工不能確定什麼是被期望的狀況，甚至不確定該做什

麼。這對那些工作方針並不明確的新員工尤其重要。對新員工來說適當的職前培訓能減少角色模糊。一項對102名會計的研究，發現他們認為角色模糊是一種高的工作壓力因素，因為這會威脅在上司面前的表現，另外還發現角色模糊導致工作和家庭關係的焦慮。

管理心理學家提出角色模糊有三種情形：

(1) 績效標準模糊

評估員工績效的標準不確定。

(2) 工作方法模糊

得到好的工作績效的方法或程序不確定。

(3) 工作安排模糊

工作的時間或順序不確定。

對於大多數工作，上司只要建立並保持標準和程序的一致性，減少角色模糊就不會太難。當工作要求與員工的價值觀與期望不一致，就會產生角色衝突（Role Conflict）。例如，當上司被告知要求下屬參與決策，並且同時增加生產效率，這個上司就會面臨明顯的角色衝突。為了增加生產就需要強制的整體活動，而下屬參與決策需要民主活動。或是，當工作的要求與員工的道德觀念相違背時，例如，一個銷售人員被要求銷售次級品或危險品時就會產生角色衝突。銷售人員會因為擔心失業比角色衝突帶來的壓力更大。

管理心聲
目標與指標

　　有位哲學博士漫步於田野中，發現水田當中新插的秧苗竟然排列得如此整齊，猶如用尺丈量過一樣。他不禁好奇地問田中工作的老農夫是如何辦到的。老農夫忙著插秧，頭也不回地要他自己拿一把秧苗插插看。

　　博士捲起褲管，專心地插完一排秧苗，結果竟是參差不齊，慘不忍睹。他再次請教老農，老農夫告訴他，在彎腰插秧的同時，眼光要盯住一樣東西為指標。博士照他說的做了，不料這次插好的秧苗，竟成了一道彎曲的弧線。老農夫問他：「你是否盯住了一樣東西？」「是呀，我盯住了那邊吃草的水牛，那是一個大目標啊！」「水牛邊走邊吃草，而你插的秧苗也跟著移動，你想這個弧形是怎麼來的？」博士恍然大悟，這次，他選定遠處的一棵大樹，效果真好。

　　目標確定與選擇指標，對於一個人的工作職業發展非常重要。目標決定了一個人的奮鬥方向，指標則是必須付出的努力與代價。

三、處理工作壓力

解釋壓力的個人差異的人格變數是「耐久力」（Hardiness）。以高耐久力為特徵的人被認為擁有增強其壓力抵抗力的態度。

1. 壓力的耐久力

耐久力強的人認為自己能控制或影響生活中的事情。他們對工作和其他一些有趣的事情很投入，並且把變化看做是令人興奮的挑戰性而不是威脅性。研究顯示耐久力強的人比較不會在高壓力情況下出現身體健康問題。因此，耐久力可能是壓力效應的一個調節變數，人們透過這個方式去解釋和評價生活中發生的事情。

(1) 自我效能

自我效能指一個人對自身是否有能力完成任務的信念。它是一種我們應對生活需要時，體驗到自己有多少能力、有多高效率及能勝任到何種程度的感覺。高自我效能的人更少受到壓力的困擾。

(2) 控制力

內在的人格變數與外在的控制力（Locus of Control）影響著個人對壓力的反應。高內部控制力的人相信自己能影響與他們生活息息相關的力量和事件。高外部控制力的人認為生活取決於其他人及外面的事件及力量，例如，運氣和機會。高內部控制力的經理較少受壓力影響。在一項歷時一個月，包含244名會計的研究發現內部控制力高並且社會支援高的會計受到的壓力影響較小。

2. 壓力的控制

是什麼導致了個人對壓力反應的差異？為什麼工作壓力不是對所有人產生同樣的影響？這種差異似乎是由於獲得的工作滿意度不同，滿意度較高的員工受到壓力的不良影響較小，而滿意度不高的人會顯示出更多與壓力有關的影響。

一項對1886名美國企業管理人員的研究說明了以下種類的日常工作壓力：

(1) 挑戰性壓力

包括能帶來成就感的時間進度壓力和重大責任。挑戰性壓力有激勵作用，並與工作滿意度正相關。

(2) 障礙性壓力

包括過高的工作要求和約束（例如，官僚作風、缺少上司支持和工作不穩定感），障礙性壓力會引起挫折感和低滿意度。

高工作滿意度有利於健康和長壽。儘管兩種類型的壓力都能導致相似的生理變化，但是只有障礙性壓力對健康有害。這可以解釋為什麼一些從事壓力大的職業的人，例如，航空管制員，仍然能夠保持良好的健康狀況的原因。我們來看看另外一種壓力大的職業——企業執行長。大都認為執行長的工作壓力很大，因此比其他人得心臟病的機率要大。但是研究沒有證實這個看法，高級執行長比中階管理人員得心臟病的機率要少40%，而我們通常認為中階管理人員的工作壓力相對較小。

高級執行長受工作壓力的影響相對較小，主要是因為他們與中階管理人員相比，有更多的自主權和控制權。研究顯示假使能夠對工作進行控制的話，就會顯著地降低所感受到的工作壓力。對英國的10,000名男女性機關工作人員的一項研究工作控制研究，結果顯示低控制權的員工比高控制員工得心臟病的機率大1.5至2倍。

另一項在瑞典進行的追蹤研究調查了大約25,000名男性員工。結果證實對日常工作缺乏控制權的員工最有可能死於心臟病。這類員工比高控制權的員工死於心臟病的機率要大2倍。同樣，原來控制權高的員工假使換到控制權低的工作後，死於心臟病的機率多出了3倍。失去工作控制權後，明顯比一開始就沒有控制權更加有害。

除了更好的身體健康狀況，高控制權的工作對心理也有益。在加拿大

開展了一項包括214名辦事員（低控制權組）和249名經理（高控制權組）的女雇員對比研究。結果顯示低控制權員工比高控制權的經理，表現出更多的苦惱和更低的滿意度。經理表現出較少的工作煩惱和更少的抑鬱、焦慮和健康問題。高控制權員工還感受到較高的工作滿意度和生活滿意度。

3. 職業心理健康

職業健康心理學（Occupational Health Psychology）關注的是工作壓力的影響。壓力降低生產力，增加缺勤和離職，並且導致生理的變化。能減少壓力的因素包括高的工作滿意度、控制力、高的自主和權利、社會支援、良好的健康情況、工作技能和人格特徵。

壓力的影響結果包括長期的心因性生理失調和短期的對健康、活動和工作績效的影響。群體心因性疾病（Mass Psychogenic Illness）對女性的影響比男性大，在同事中傳播很快，它與身體和心理的壓力有關。

工作倦怠與長時間的過度工作有關，它導致低生產力、衰竭、易怒、僵化和社會退縮。工作倦怠的受害者通常是工作狂（Workaholics），他們出於不安全感和缺乏對個人生活的不滿足感，而強制性地努力工作，健康的工作狂從工作中得到滿足並且不受工作倦怠的壓力影響。

思考問題

1. 試解釋壓力的「戰鬥或逃走」（Fight or Flight）模式。
2. A型人格和B型人格（Type A & Type B）對應付壓力的方式有何不同？
3. 何謂工作超負荷？請舉例說明。
4. 何謂工作負荷不足？請舉例說明。
5. 壓力的改善方案有哪些？
6. 挑戰性壓力與障礙性壓力有何不同之處。請舉例說明。

Part 2

人員管理篇

Chapter 3

為有效人員管理奠基

01 人員管理的基礎

02 人員管理者的角色

03 人員管理的投入

根據『為有效人員管理奠基』的主題，本章提供下列三個相關主題：第一節「人員管理的基礎」，第二節「人員管理者的角色」，以及第三節「人員管理的投入」。

第一節討論「人員管理的基礎」，主要包括下列四項議題：一、人員與活動，二、工作與績效，三、工作與專業，以及四、工作與生活。

第二節討論「人員管理者的角色」，主要包括下列五項議題：一、實務工作者和開發者，二、影響角色的外在因素，三、影響角色的內在因素，四、角色不良的問題，以及五、適度的授權。

第三節「人員管理的投入」，主要包括下列三項議題：一、處理員工的抗拒，二、開發需要的策略，以及三、激發投入的技能。

01
人員管理的基礎

　　管理者要先了解本身主要職責，而要如何開發員工的各項能力是管理策略中最重要的抉擇。管理範圍包括下列七項：

1. 分配任務
2. 監督事情做得正確與否
3. 激勵員工更加努力工作
4. 評價員工的工作方式
5. 了解工作績效增強或下降的原因
6. 決定報酬與獎賞
7. 提出工作實務與發展的建議

　　從管理心理學的觀點，人員管理面對複雜又相互影響的因素，來決定如何進行人員管理。這些決策是管理者從事人員管理所涉及的領域，包含四個方面：

1. 人員與活動。
2. 工作與績效。
3. 工作與專業。
4. 工作與生活。

一、人員與活動

身為管理人員需要積極地與屬下接觸，就員工個人問題和工作問題進行交流。將人員管理的範圍集中在活動管理方面、員工的生活問題或員工的專業發展。

人員活動就是關於員工做什麼，包括組成工作的任務、行動和職責。

1. 執行任務

管理者要確使員工能夠做到以下四點：

(1)有適當的任務去做。

(2)能夠按照所要求的標準去做。

(3)在規定的時間內完成任務。

(4)能夠使工作更熟練。

這些是人員管理最起碼的要求：所有管理者要實現他們的長遠目標和近期目標，必須做到上述四點。

2. 發揮功能

此外，活動領域關係到工作的質和量的問題：一個員工應做多少和能夠做多少。這涉及到擴大他們的活動範圍的問題，因此，員工需要獲得新的知識和技能。管理者主要關心的應該是任務而不是人，目標是按時完成任務，這是最終的目的所在。因此，活動管理要求管理者具備以下四種能力，這些是有效地分配和授權任務及工作活動所必須的基本要求：

(1)分析任務的要求和員工的能力。

(2)分析個人能力是否能達到工作要求。

(3)向員工闡明任務的要求，適切地傳授工作所需的知識和技能。

(4)檢查工作進程，給予支持，評價最後的結果。

二、工作與績效

工作績效是指員工在工作中所取得的成績，它不但包括有形的任務和活動，也包括無形的組織、相互交流和人際關係。績效是質的問題而不是僅僅量的問題。

1. 發揮作用

在績效這個領域中，管理者需要做到：

(1) 保證目前的績效令人滿意。

(2) 分析績效上升或下降的原因。

(3) 激發員工提高自身的技能和水準的動機。

(4) 為員工的學習和發展創造更多的機會。

管理者在進行績效管理時，首先要考慮的是，假使員工工作做得好，就要滿足他們學習和發展的願望。績效領域注重的是員工的發展而不僅是任務的完成而已。管理者的目標是促使員工提高績效，它涉及到讓員工去做適合的工作，例如，你會把能獲得技能與品質發展的工作交付給員工，而激發他的學習動機。當然，你和員工的合作方式對此也有影響。

2. 具備能力

這些是管理者有效訓練員工、提高和發展其績效的最基本技能要求：

(1) 明確地規定所期望的績效水準。

(2) 分析員工在績效上出現問題的原因。

(3) 透過提供正確的支持與挑戰之間的平衡，使員工得到學習。

(4) 與員工一起檢討其活動經驗，以便使他們能從中獲得最大的好處。

3. 活動績效

　　管理者還要注意活動與績效的關係。活動與績效在某些方面有一些重疊，但是，將兩者進行必要的區分是非常重要的。注重活動的完成往往是實務的策略：它側重短期的效果；績效隨經驗的積累而提高，但這只是額外收獲，而不是目的。而另一方面注重績效的發展則是開發者的策略：它側重長期效果——開發員工的能力，以提高員工和組織的工作效益。

　　不同的目標決定了在每一個管理領域的主要任務。活動領域要求的管理是命令、指導及監督。績效領域要求的教練型管理是：診斷、改進、審核，它通常要求管理者與員工保持緊密聯繫，所以管理者要投入更多的時間與精力。下面個案說明兩者的不同。

管理心聲
個案討論

　　我們曾經觀察過一位主管王先生與銷售部經理張先生，評斷他們的問題。他們把所有的時間都花在討論一系列的活動上，例如：張先生去年以來的工作情況，包括好的方面和差的方面，以及來年要做的事情。實際上，王先生應當審核張先生的績效，以便了解他的工作方法，以及此方法對活動效果的影響，或者說觀察他能否在工作中學習，並把所學的東西用於未來的實踐，以確保未來的活動能夠成功。

　　只關注活動而不關注績效，是許多管理者的做法。他們時常無意識地把精力放在管理員工的活動上，而不是提高績效上。當我們將此回饋給王先生時，他也了解自己做了什麼。但令人驚訝的是，他說這並非他的本意。思考一下你是怎樣理解活動與績效的關係。

　　請花一點時間思考一下，在管理員工時，你注重活動和績效的程度：(1)你強調活動勝過強調績效嗎？(2)與活動管理相比，你在績效發展上投入了足夠的時間嗎？

三、工作與專業

工作專業是指一個人的工作領域或工作專長，它是關於員工做什麼工作的問題。這包括組織內部工作的調動，以及對員工專業的長遠發展計劃。不管這個計劃是否發生在組織內部，無論哪一種情況，管理者的任務有四項：

(1)發掘員工個人專業發展的潛力。

(2)對員工的決策提出建議。

(3)幫助他們做出最恰當的決策。

(4)支持他們達到預期的目的。

1. 實現潛能

管理者要對員工的專業發展予以若干程度的幫助。假使員工正力求晉升，你就得積極地幫助他們。這個領域需要管理者具備以下四項能力：

(1)了解員工內在的需求和動機。

(2)現實地評價員工的長處和短處，使其專業的發展願望與其自身的能力相稱。

(3)在本組織內和廣闊的就業市場中，為員工的專業發展計劃最佳的途徑。

(4)在獲得必要的技能、經驗及聯繫的基礎上，制定實現這個計劃的發展策略。

2. 提供機會

　　假使你確實認爲員工有發展前途，那麼主管就不能僅僅停留在計劃他們的發展途徑和制定相應的策略上，而應該在其專業發展過程中發揮更積極的作用。這包括爲他們創造施展才能的機會，以豐富他們的經驗；提高他們在同事心目中的聲望，以及促使他們得以晉升。在這一領域的管理內容，將影響到活動和績效管理的方式。例如，爲了增加員工相應的經驗或讓其發揮所長，你可能把任務和責任的授權作爲員工專業發展策略的一部分。爲了培養員工能夠勝任新的職位，要注重提高員工的績效。但是不只是管理或培訓，還要用各種方法去幫助員工實現潛能。

管理心聲
管理里程碑

　　邁向21世紀社會與企業變動迅速，管理思潮亦產生許多重大變化，是哪些人、哪些作品推動了管理風潮？《管理里程碑》（*Milestones in Management*）一書，編者：亨利‧史垂吉（Henry M. Strage），介紹了從1960年代到2000年代之間，深深影響管理理念與實務的二十八位管理名家和其作品。

　　以「競爭優勢」為例，1960年代以前還是管理者未曾聽聞的陌生概念。今天，幾乎人人朗朗上口。數十年來，管理不論作為一門藝術、科學或是實務技巧，正隨著企業與社會的發展而迅速演變。與1960年相比，目前的企業規模更大，管理起來更複雜，既要有推展全球業務的戰略，更需要迅速決策、整合多種專業的能力。企業內部董事會大幅度轉變，走出只會開會的呆板印象，開始承擔更明確的角色和責任。經營上，電腦科技的引進，順利解決了產銷和供應管理、資產和存貨控制等等最龐雜的行政負擔。

　　管理風潮經常改變，顧客再度成為企業成敗的最關鍵因素，行銷上的管理技能因而倍受重視。以前，人們想都想不到醫院和社會服務機構也應該納入管理的範疇。由製造轉入服務業經濟，產生了新的觀念：所有的人類活動都有管理上的需要。

四、工作與生活

在管理的領域裡，生活是經常被忽略的大題目。非工作方面的問題會影響員工績效的提高和專業的發展。這些問題往往是當務之急的，例如托兒、育嬰、學生下課到家長回家的空檔時間；有時是生活中出現的難題，例如健康、人際關係等；有的是個人需求問題，例如想要生孩子或進修等等。

1. 生活性質

管理者的作用取決於生活問題的性質，通常包括以下四個方面：

(1)弄清問題的實質以及它對員工個人和組織績效的影響。
(2)協調員工個人和組織利益。
(3)策劃如何幫助員工達到預期目標的方案。
(4)在適當的時候，用感情表達的方式，表明自己對員工的支持。

關於員工生活問題的管理的看法是有爭議的。有的管理者強烈地認為，員工應該把私人生活和專業活動分開，以使兩者不相互衝突。這些管理者沒有把解決生活問題看作是工作的一部分，他們願意和員工保持單純的工作關係。有的管理者則認為生活與工作是不可分的。假使員工的生活問題影響了績效的發展，那麼這個問題也屬於管理者的問題。至少作為管理者應該考慮到工作之餘可能會發生什麼事情。最好管理者在合適的時候抽出時間幫助員工，讓員工處理好生活問題。

2. 生活關係

研究顯示，生活和工作是無法分開的，並且績效受生活問題的影響很大。所以解決員工的生活問題，也是解決績效問題。所以趨勢是許多龐大的組織都會幫助員工解決生活問題，而設置了專家諮詢服務單位，並且替組織做好形象包裝。員工對生活中出現的問題，期望管理者給予同情和支

持。管理者廣泛提供諮詢服務的做法就是這種**趨勢**的證明。

　　管理是否涉入員工生活問題的管理，通常取決於你對涉入私人生活領域是否覺得不自在，以及是否有信心弄清楚諮詢的作用。儘管，有時問題很容易解決，但是當同時出現許多問題時，就不那麼容易了。只是幫助員工找出問題所在就需要具有很好的技巧。管理者在這一領域應具備以下四項能力，就是幫助員工處理好生活問題的基本要求：

(1)傾聽和了解員工的要求。

(2)弄清你所能提供的幫助的界限。

(3)讓員工思考他們所面臨的問題。

(4)幫助員工找出處理問題的最佳方法。

3. 四個領域

　　以下圖表概括了人員管理的四個領域，它不但表明了管理者涉入每一個領域所要實現的目標，而且也體現了對管理者作用類型的要求。這有助於你做練習和決策活動。你先思考一下，然後評價你在這四個領域所做的選擇。

領域綜述圖

人員管理的領域	領域的目標	職責
活　　動	達到工作目標 擴大活動範圍	管　　理
績　　效	提高目前績效水準 培養新技能和提高能力	培　　訓
專　　業	實現員工個人潛能 督導激發個人與集體專業發展願望	
生　　活	處理生活問題給管理帶來的負作用 滿足生活需求和願望	

4. 問題思考

請花一點時間時問思考一下，誰在哪個領域管理了哪些人。把他們的名字寫在下面表格的左邊欄裡。然後在相應的表格中劃V（例如，假使你有管理員工的專業發展，那就在相應員工名字的專業一欄中劃V號）。假使你想要這個表格對你更有用，可把你在每個領域涉入的程度劃分為1－5等級（5代表高的水準）。

練習中的表格描述了你在這四個領域的決策，以及你如何確定你的職責。它還可能表明你已經決定對所有員工進行管理，或者對不同的員工有不同的涉入程度，或者在某個領域你根本不涉入任何員工的管理。對於如何確定你的職責，沒有絕對正確的答案。你的決策由若干因素所決定。

請你研究一下你在練習中填的表格。判斷你的管理和部門能否從你的下列活動中受益。假使你：

擴大你對他們每個人的管理範圍：例如，假使你花一些時間和員工一起探討專業發展的設想，員工能受到更大的激勵嗎？

縮小你對他們每個人的管理範圍：例如，假使你花少一點時間幫助他提高績效，組織中其他人會因此而受益嗎？現在記下你認為需要改進的地方，制定具體的步驟，把改進的內容付諸行動。例如：問問每個人是否願意和你一起討論他們的專業發展問題。

多數管理者從促進員工的績效和專業發展中受益匪淺，許多管理者也承認這個事實，認為應該這樣做。但他們常常不能夠從繁雜的、必要的短期活動管理中解脫出來。不是沒有時間去做，而是沒有合理的安排時間。幸運的是決策活動能幫助管理者按部就班地制定可行的措施去彌補這種缺失。

過份地涉入對一些人的管理，是有些管理者會犯的錯。最普遍的是花太多時間在指導沒有潛力提高業績的員工身上。例如，許多管理者喜歡涉入個人生活領域，對有生活問題的員工給予同情，其結果是在花了太多的時間，以致於影響了其他工作。

完成決策活動之後，如果你認為沒必要進行任何改變，這可能是因為你已經是個能成功地運用時間去實現績效和專業發展目標的高效率的開發者，或者是因為你的環境要求你應該做個實幹者。然而我們要說，幾乎所有的管理者都仍有必要改進這四個領域中的時間分配。

總之，人員管理涉及到四個領域：活動、績效、專業和生活。假使你是實幹者，你可能注重活動管理，保證工作及時完成；假使你是開發者，你可能注重績效的發展，提高員工的能力，以便更有效地激發員工的積極性。不僅在專業發展領域投入更多，而且在生活領域也給予了相當的關注。業務不同性質的要求與突發事件的處理等等。

在工作部門中，員工的性個別格、需要、態度及能力的差異也增加了管理的複雜性。總之，人員管理是非常艱巨的工作。毫不奇怪，大多數管理者認為對人的管理是其所有工作中最難的工作，然後是團隊與機構的管理。

 思 考 問 題

1. 活動管理要求管理者具備哪四種能力，這些是有效地分配和授權任務及工作活動所必須的基本要求？
2. 在績效領域中，管理者需要做到哪四點？
3. 管理者要對員工的專業發展予以若干程度的幫助。這個領域需要管理者具備哪四項能力？
4. 管理者的作用取決於生活問題的性質，但通常包括哪四個方面？
5. 人員管理涉及到哪四個領域？

管理心理學

02
人員管理者的角色

在討論過「人員管理的基礎」，本節要繼續討論「人員管理者的角色」問題。管理者必須做到下列六項重要的工作：

1. 達成工作目標
2. 對人員的管理
3. 完成所交付的任務
4. 至少受一名上級管理人員的影響
5. 建立組織溝通的網絡
6. 合理地安排時間

從管理心理學的觀點，面對種種的抉擇。作爲計劃管理過程的一部分，管理者要確定目標、安排時間、分配任務等。另外管理者的偏好及個性，會自然地表現出來，而往往沒有自覺意識到偏好及個性是如何影響管理人員處理事情的方式。例如，假使是個完美主義者，這可能影響能否順利地把工作授權給其他人和如何監督他們的活動。還有一些抉擇是潛意識在主導，在潛意識中的高標準將決定自己會成爲什麼樣的管理者。我們將在以下討論五項議題：

1. 實務工作者和開發者
2. 影響角色的外在因素
3. 影響角色的內在因素

4. 角色不良的問題

5. 適度的授權

一、實務工作者和開發者

在本節裡，我們們將闡述作為一名管理人員應當做的重要策略性抉擇。這關係到你管理工作的方式，這種方式與開發員工能力的願望相關聯。基本上，管理者有兩種類型：實務工作者和開發者。

1. 實務與開發工作

一位管理者，最重要的是完成任務和達到目標。實務工作者不喜歡對下級授權，願意以身示範，盡可能承擔具體的工作。實務工作者在人員的管理上很注重按時完成任務，他們不投入較多的時間去開發所屬員工的能力。開發者主要以能夠使員工完成任務和達到目標為標準來對待工作。他們盡可能地把工作授權給員工，以使自己有時間發揮監督指導作用。他們對員工實施的管理注重於激勵和支持員工承擔更多的責任，也花大量時間開發員工自身的能力。

大部分管理人員是處於這兩種類型之間的。優先考慮實現目標，並在一定程度上去開發員工的能力。

2. 問題思考

請思考下面兩個問題，並在實務工作者和開發者兩個端點的線段上做出標記，觀察作為一名管理人員，是如何看待自己的？你是實務工作者還是開發者以及著重於哪些方面：

(1) 盡可能地向下級分派工作。

(2) 投入時間去開發員工的能力。

實務工作者—————————————開發者

抉擇做實務工作者還是開發者要受若干因素的影響，有時候所處的情景需要你靠近實務工作者，有時候情景使你靠近開發者更合適。有些因素是外在的，涉及到工作的性質、員工的能力以及組織的文化。有些因素是內在的，與你個人的偏好有關，例如，你願意承擔多少風險？

管理心聲
新個人主義者

1990年代，一群所謂「新個人主義者」（The New Individualists）正在世界不同角落的企業界崛起。相較於重視組織、追求團體成長的上一代，他們追求自我、想要擺脫組織束縛，並在企業中逐漸掌握優勢，企業機構都面臨這場轉移。即將退居幕後的是1915至1929年出生的所謂「組織人」，而將成為權力中心的則是戰後嬰兒潮（Baby boomer）（1946至1964年）出生的一代。

1956年，威廉·懷特（William H. Whyte）出版《組織人》（*The Organization Man*）一書，大膽地定義當代美國人的價值觀：組織人親密地附屬於組織中，組織人兢兢業業，與團體共榮辱。二十六年後，《新個人主義者》（*The New Individualists*）一書登場，作者：保羅·林柏格（Paul Leinberger）布魯斯·塔克（Bruce Tucker）費時七年，訪問數百位組織人的第二代，企圖為世紀末的主角再下定義。組織人的第二代被定義為「新個人主義者」，要了解他們必須從組織人談起。典型的組織人即將退居幕後，他們重視溫和友善的個性，善於建立良好的群己關係。更確切的說法是，組織人依賴人際之間的互動而生存。

組織人的典型職業是經理人或銷售員。經理人著重溝通的過程，而非產品的製造。善於建立共識、指揮員工、與同事溝通是經理人的必要條件。為了刺激消費，促進業績成長，經理人必須深諳各種說服技巧，例如廣告、各式促銷活動及公關。換言之，經理人工作的對象是「人」，而非產品。組織人善於規劃，他們計畫每一天的生活，計畫工作，為人生訂下一個又一個的目標，並且努力執行。對組織人而言，賺錢固然重要，但更重要的是成為組織的一部分，忠誠地與組織休戚與共。

二、影響角色的外在因素

在進入21紀，影響組織的各種外在因素給管理人員帶來越來越大的壓力，並促使他們成為開發者。人們用不同的詞語來表達這個意思，例如：「教練型管理人員」，「推動型管理人員」，「學習化組織」（manager as coach，facilitative manager，learning organization）。

1. 五種因素

形成這種趨勢的外在因素主要有下列五項：

(1)淡化等級制以減少管理層次，以拓寬管理人員的管理幅度。

(2)矩陣管理和項目管理結構的更廣泛應用。

(3)對管理者晉升的依據是其管理水準的提升，而不再是其技術能力的提高。

(4)對管理水準和技術水準加以區分。

(5)由於技術發展迅速，管理人員在技術方面不得不依賴於組織內的技術專家。

這些項目並不要求你應該改變以往的習慣！而是意味著你對管理方法所做出的策略性抉擇，應該是以你有意識地、正確地分析你的具體情況為基礎。

2. 四個問題

管理者對下述四個問題的回答，將有助於你對自己的評價：

(1)在以實務工作者和開發者為端點的直線上你究竟處在什麼位置。

(2)假使你投入時間開發你的員工，他們的工作績效會顯著地提高嗎？這取決於員工的個人潛力。

(3)假使你所管理的人既沒潛力又沒欲望提高他們的績效，那麼你不可能成為成功的開發者。

(4) 假使員工確實有潛力和提高的欲望，就要投入時間和精力來幫助他們開發自己的潛力。

從短期來看，管理者和員工們都受益；從長期來看，組織也從中受益。

假使員工的能力發揮了，組織的績效是否會隨之明顯提高？這取決於組織的工作性質。例如，假使工作不需要員工具有較高的素質，那麼績效也不會有顯著提高；相反，假使工作性質需要員工不斷提高自身素質，那麼開發他們的能力，便會得到顯著的績效。

假使你在管理工作上能夠更充分授權，你的管理績效會隨之有明顯的提高嗎？這取決於你作為管理人員所扮演的角色；假使你的工作主要是日常管理，那麼你為了節省時間做其他事情而授權屬下的益處將微乎其微；反之，如果你的工作是參與制定策略性的、長遠的計劃或決策，你又不斷受到短期問題的干擾而不能做好管理，那麼更多地授權對提高管理的績效非常重要。

3. 員工的潛力

假使你開發員工的潛力，你在組織中的專業生涯會顯著的發展嗎？這取決於組織的性質及其人員管理的價值觀。一直以來，都會有一些公司需要依賴於勞動力的質量和強調開發員工的潛能來確保公司的生存。其他的公司，或許會看重短期績效並較少著重開發員工能力和潛力的價值。假使你的組織期望你做一名實務工作者，那麼你違背這個趨勢將很困難。假使組織希望你做開發者，那麼你獲得成功將比較容易；相反，你假使不做開發者，就會很麻煩！

下列練習將幫助你分析哪種管理方法更適合你。做完練習，你就能夠針對你自己的具體情況，對自己要成為實務工作者還是開發者做出最佳的抉擇。另一方面，你可能感到應該改變自己在這個線段中的位置。在大部分情況下，成為開發者的可能性更大。

管理心理學

4. 問題思考

請花幾分鐘時間思考下列五個問題，以便幫助自己在實務工作者、開發者這一線段中應該處在什麼位置。假使你在人員開發方面進行了更多的投入，在下列方面你是否獲得了明顯的好處：

(1)員工個人的績效如何？

(2)部門的績效如何？

(3)作為管理人員的你的績效如何？

(4)整個組織的績效如何？

(5)你在組織內的專業發展如何？

三、影響角色的內在因素

大部分管理人員多傾向於做實務工作者，特別是從事管理專業的早期階段。這並不令人奇怪：因為實幹者最懂的就是做事，他們往往是因為按部就班地做事情，而獲得晉升。隨著經驗的不斷累積，對管理的得心應手，也許會自然地移向開發者那端。前面已經說過，我們接觸過各種層次的管理人員，他們沒有投入足夠的時間和精力開發他們員工的能力。雖然在理性上他們也承認投入足夠的時間和精力的必要性，可是實際上有些因素卻妨礙他們這樣做。這些因素時常是內在的——與管理者屬於哪種類型有關。

1. 四項要件

管理者性格的四個特點將會對他們成為開發者有一定程度的影響：

(1) 信任

實務工作者是典型、只相信自己才能把工作做好的人。他們不喜歡委派別人工作，因為他們不相信其他人做事情會達到他們要求的標準。開發者則易於相信員工也會將事情做好。

(2) 冒險

開發者勇於冒險。他們冒著風險給員工發展自己的機會。實務工作者則盡可能避免冒險，尋求穩妥，願意事必躬親。

(3) 控制

實務工作者時常感到不放心，除非他們嚴密地控制著部門績效。他們不喜歡分派任務和責任，幾乎不給員工機會去發揮主動性。開發者能夠更好地實施有一定距離的控制，而不直接干預具體的工作。

(4) 滿足

實務工作者從做事情中獲得成就感，而對員工的成長和發展他們並不以為然。開發者欣賞自己幫助員工成長的過程，並從開發員工的潛力中獲取自身的滿足。

2. 問題思考

請花幾分鐘時間思考一下，信任、冒險、控制、滿足，這些內在因素對你抉擇做實務工作者和開發者的影響。你可能覺得具有很強的妨礙你成為開發者的內在因素，請不必失望，也不應以內在的個性來作為不可改變的藉口。練習的結果如何沒有關係，只要採取一些步驟朝抉擇的方向發展。對我們當中許多人來說，首先是弄清哪些因素可能成為我們的障礙。例如，如果知道控制欲望是最大的障礙，我們就能在抉擇過程中有意識地加以克服。

四、角色不良的問題

許多管理者會提出妨礙他們成為開發者角色的種種因素與藉口。

1. 兩個藉口

這兩個藉口是：時間問題與技能問題。

(1) 時間問題

這個理由有兩種因素，一是開發員工能力要耗費時間，二是管理人員沒有這麼多時間來這樣做。

(2) 技能問題

許多管理人員認為自己沒有能力幫助員工學習和發展，自認不是教師而是管理者。

我們可以理解這些理由。管理者確實沒有許多空閒的時間，開發者的策略也確實要耗費時間。然而我們認為沒有時間只是藉口，當我們做管理者時，對這個理由很不以為然。同樣，期望管理者天生地擅長於開發員工也是不現實的，同時做教練也是複雜而艱難的事情，因為管理者需要具備特殊技能。大部分管理者在工作中通常只具有做事情的技能，而在幫助員工提高和發展方面束手無策。

2. 考慮回報

一般管理者總是願意騰出時間做使他們受益的事情，假使他們認為某些技能對工作必要，他們也會去學習。問題不在於是否有時間，而在於所付出的時間是否能得到回報。同樣，問題也不在於你是否有這種技能，而在於你是否具有學習這種技能的願望。請採取一些步驟，來增加你作為開發者的活動和能力。要保證在有限的時間內全力以赴去完成一個現實可行的目標。假使你不量力而為，時間當然成為問題。

五、適度的授權

適度的授權是人員管理者的重要角色。在實務工作者和開發者之間的抉擇時常也平常是否授權，除非在不得已而為之的情況下，極端的實務工作者都設法避免授權，極端的開發者盡最大努力授權。抉擇練習將幫助你探討對授權的態度，它有助於了解在朝開發者方向發展中所應採取的步驟。

1. 問題思考

　　以下是適度授權的練習。在你目前可以授權的工作中，請你盡力想出三個任務或責任，然後對下列問題的回答做記錄（可能對每個任務都有不同的答案）。

(1) 你為什麼還沒有進行授權？
(2) 你怎樣從每項任務或責任的成功授權中獲益？
(3) 誰在做這些事情中受益（對每個任務而言，受益的人員可能是不同的）？
(4) 你將採取什麼步驟保證被授權人能圓滿履行任務或責任？

　　授權的關鍵在於增加工作量。一方面為管理人員增添了工作，所以有時間的話，自己親手去做，總是容易一些。另一方面也給接受任務的人加大工作量，你可能感到他們已經超負荷工作了。所以，假使你要授權，重要的是要明確授權的目標及其價值。

　　實務工作者的角色如下：

(1) 按時完成工作的最有效方法。
(2) 想要擴大員工的工作範圍。
(3) 想要培養員工的技能和開發其能力。
(4) 幫助員工晉升更高職位。

　　你的目標將決定你授權的方式，特別是你需要保留部分的控制權。假使你的目標是完成工作，你要幫助員工理解工作的標準。因此，授權的另一個問題是被分派的工作從沒有像自己做得那樣好！你也應該明白員工也有自己的工作方式。兩種工作方式相比較的差異可能是令人沮喪的。這就是我們們常常決定自己做的原因。因此，你必須明確你的目標和期望。由於工作標準降低所付出的代價必須有所補償，而補償一方面來自於管理人員節省的時間，另一方面來自於員工能力的提高。

2. 成功授權

當你弄清你的目標和期望時，你就可以計劃所要採取的步驟，以保證授權成功。這涉及到下列兩個因素：

(1) 指導

保證員工清楚要做什麼；你為什麼想要他們做及讓他們怎樣做（需要的知識和技能），以及你期望達到的標準。

(2) 監督

保證員工在規定時間內完成任務及達到要求的標準，並且在實踐中學習。

總之，成功授權的技巧是給予足夠的指導及監督，以保證達成目標。無論是實務工作者還是開發者，在某種程度上都關心員工的發展。關鍵的區別在於開發者把員工的發展看作是實現工作目標的重要策略。這個策略包括：

(1) 盡可能授權屬下。

(2) 給員工創造提高技能和豐富經驗的機會。

(3) 投入時間和精力來幫助員工提高他們做好工作的能力。

有關計劃培訓問題將在第四章第一節詳細探討。

思考問題

1. 管理者分為實務工作者和開發者，請說出這二者的特點。
2. 請解釋新個人主義。
3. 影響組織的各種外在因素有哪些？
4. 管理者性格的四個特點是什麼？
5. 許多管理者會提出妨礙他們成為開發者角色的藉口是什麼？

03

人員管理的投入

　　在前兩節裡，我們討論了有效地處理對活動和績效審核的工作基本要求，以及管理者的角色問題。在大部分情況下，當你幫助員工評價自己的績效，並有決心予以改進時，前面所闡述的模式和技能都是適用的。有時候，你的員工會對你管理或提高其績效所做的嘗試進行抗拒。

　　在本節，我們將從管理心理學的觀點，探討管理者應掌握的策略和技能，克服員工的抵觸情緒，並激發其責任心，以便讓他們按照你的要求去做。本節所涉及到的策略和技能將使你的工作更有成效。我們將重點討論以下三方面的內容：

　　1. 處理員工的抗拒
　　2. 開發需要的策略
　　3. 激發投入的技能

一、處理員工的抗拒

　　對管理者而言，處理員工的抗拒是不可避免的問題。化解員工抗拒是一個非常複雜的過程。

1. 問題思考

　　然而，就實際情況，這是一種簡單的推理過程：

　　(1)管理者將為此種改變付出什麼代價？

(2)管理者如何能從行為改變中獲得利益？

(3)管理者付出的代價高於所要獲得的利益嗎？

對大部分員工來說，當你要求他們改變行為方式時，實質上，這些努力都影響著他們的推理方式。其中兩個關鍵的影響因素是：其一，代價：金錢、時間、精力的代價，激烈的爭論，失敗的風險，地位的喪失等。其二，利益：金錢收益，時間與精力的節省，工作條件的改善，更滿意的工作，更多的發展機會等。

假使改變付出的代價高於它所帶來的利益，那麼這種改變有可能受到員工抗拒。例如：公司買了一台新的電腦。從買的那天起，有人就打算參加培訓，以便自己能夠充分利用電腦，可是一直沒有這樣做。雖然知道應該學會它，但卻沒有這樣做。因為感覺到這樣做的代價遠遠高於獲得的利益。主要的代價不是錢的問題，而是：

(1)要付出時間去學。

(2)學習新技能時的焦慮。

(3)擔心培訓不適合自己的需要。

(4)害怕會像過去進行電腦培訓一樣再次受挫。

上列這些代價也許不大，但它們卻超出了我們預期的收益。要弄清導致這種情形的原因，我們就必須將所獲得的利益分成兩個部分加以分析：即價值與需要。

2. 價值與需要

我們把改變帶來的利益分為兩個部分來理解：

(1)我們認為這種改變在未來將給我們帶來的價值。

(2)我們必須改變目前處理事情方式的需要。

這聽起來似乎有些相似，但實際上有很大差異，其差異在於對有效勸

說的作用。儘管知道假使參加培訓，就有可能學會如何更好地利用電腦的價值。但是還沒有覺得使用電腦的需要；於是放棄了，雖然知道這不是很好的抉擇，參加培訓可能會有一些好處，但並不願去改變現狀，這就是沒有參加培訓的原因。

3. 需要的開發

管理者對員工改變的需要，取決於他對目前狀況的感覺及存在問題的認識。隨著工作範圍的擴大和工作量的不斷增多，當自己使用電腦的技術越來越不滿意，當我們只進行文書處理時，沒有問題；可是當我們使用圖表和圖案時，就出現了不足的情況，並且我們發現自己也花更多時間解決問題，就會對學習電腦的新技術產生強烈需要。

4. 需要的開發過程

需要的開發過程是非常典型的，從管理心理學的觀點看，只有當我們對目前狀況感到不滿意，或對將來要發生的事情有點擔心時，我們對改變的需要隨之產生。因為需要改變的願望不很大，所以這個階段我們沒有採取任何行動。隨著不滿意程度的提高，改變的需要也會增強。不滿意達到一定程度時，我們就開始考慮採取行動。只有我們感到自己必須提高使用電腦的技能時，我們才會認真地考慮參加培訓的行為。我們清楚我們所存在的問題，現在我們需要考慮培訓對我們有什麼價值。我們需要說服自己，培訓是值得花時間去做的。當我們考慮價值時，我們做事情的動機會更加強烈。只要我們能實現其中一些目標，那麼所獲得的利益就能補償所付出的代價。

管理心聲
克服阻力

　　讓員工不再找藉口是人力資源管理的關鍵難題之一。三名管理學者傑格・傑立森（Jerald Jellison），詹姆斯・布立奇（James M. Bleech）以及大衛・馬區樂（David G. Mutchler）針對這個問題合著一本名為《克服阻力》（*Overcoming Resistance*）的書。

　　新世紀的企業員工為什麼喜歡編造各項理由對抗管理者？這些理由是否已延宕工作進度？是否已成為一種習慣？如何改善與應對，讓藉口無法說出口？例如，員工甲上班遲到二十分鐘，他說路上遇到車禍大塞車。員工乙今天有個重要會議沒來，打電話請假說他得了感冒。員工丙的小組進度落後，組長說因為兩個組員突然離職，導致調度不及。這些五花八門的說詞，到底是正常的理由，還是編造的藉口？

二、開發需要的策略

對管理者而言，處理員工的抗拒是一種被動與消極的工作，開發需要的策略則是一項主動與積極的工作。開發需要的策略的關鍵在於其所帶來的價值，然而過份強調解決辦法及其所帶來的價值，是導致勸說無效的根源，我們試圖向別人證明我們是正確的，其實我們正確與否並不重要，重要的是管理者的要求是否符合員工的需要。

1. 觀點與需要

觀點與需要不同。你可以告訴我們學電腦能提高我們的生活品質，但是除非我們認為自己的確需要培訓，否則，我們是不會按你的說法去做的！因為我們相信我們所做的一切是正確的。管理者常犯的錯誤是：當我們應該強調開發員工對改變的需要的時候，卻試圖開發他們對改變的價值的認識。

為克服員工的抵觸情緒及激發其對改變的投入，我們需要採用下列策略，它分四個步驟：

第一，開發對改變的需要。
第二，開發對改變的價值的認識。
第三，開發解決問題的主動性。
第四，尋求代價最小的解決方法。

這四個步驟我們將在下面詳細討論。這些步驟的順序是很重要的，其根本原則是：

其一，在找到解決辦法之前，最好先開發員工的需要。如果員工意識到需要這個解決辦法，在你開發他們的需要時，他們比較會積極配合。

其二，在努力降低可能的代價之前，最好加強對價值的認識。假使員工認為改變能帶來價值，他們對代價就比較不在乎。倘若意識到要做的事情具有很高的價值，他們會設法減少代價。

2. 步驟與技能

我們首先按順序逐一探討每一步驟，然後再討論實施這些步驟所需要的具體技能。

(1) 開發對改變的需要

分析員工對目前狀況的不滿，以及對未來的關注，第一步應該開發他們對改變需要的認識。他們可能已經有了不滿意和擔憂：例如，因為不熟悉繪圖軟體，所以製作圖表要花費很多時間。因此，假使要勸員工參加培訓，那麼首先應該讓員工清楚參加培訓要付出什麼代價。

(2) 開發對改變價值的認識

從心理學的觀點看，僅僅對目前狀況不滿意是不夠的。我們認為目前的工作方式存在許多問題，但不想去建議或解決。有時是因為不滿意的程度還不高，有時是因為付出的代價高於價值。因此，勸說策略的第二步是開發員工對改變的價值的認識。大部分價值是對現階段存在的不滿和問題的有效解決。

(3) 開發解決問題的主動性

管理者應該讓員工參與尋找具體解決辦法的過程，以便達到讓他們按你的要求去做的目的。假使你幫助員工提高技術能力的話，會增強員工解決問題的信心，因為有以下四個好處：

(a) 員工也有了一些權力。

(b) 尊重員工解決問題的能力。

(c) 對最後的解決方案員工也有參與權。

(d) 考慮到了員工的需要。

相反，假使你只是對員工說必須參加技能培訓，那麼員工就不會產生上述感受，也不大可能對此全力的投入——因此，假使員工參加培訓的話，員工可能企圖中止學習或拒絕學習。

發展員工對解決辦法的參與將是不容易的；但是你仍可以讓他們參與決定，如何最有效地實施這個解決辦法。例如，假定這並不是員工所喜歡的學習方式，你就得讓員工參與如何充分討論。

3. 尋求解決辦法

我們到目前為止，已探討了員工抗拒改變的兩個影響因素：需要和價值。目的是提高人們對獲得的價值高於付出代價的認識。然而，即使這種做法很奏效，代價因素亦不會消失，仍需要找到解決的辦法。我們最好在尋找解決方法的階段探討代價問題，一方面因為代價可以被對價值的認識所平衡；另一方面你可以在實踐中來處理它。假使你清楚代價與什麼有關的話，你就能夠找出解決問題的辦法。

假使用這種方式，我們未必能解決所有的代價問題，因為從心理學的觀點看，改變常常要付出一定的代價！但是把相關的問題列出來，尋求解決這些問題的辦法，明顯表示你幫助員工解決代價問題的願望，這也將對他們對最終解決方案的投入有積極的影響。

三、激發投入的技能

在前面我們已經討論了在員工培訓時，你要從管理心理學的觀點，選擇哪種行為方式，才能更好地滿足被培訓人的需要。

1. 兩種基本形式

在勸說員工時，勸說方式也與其有類似的抉擇。它主要有兩種基本形式：

(1) 推進型

是與指令式對應的。你告訴員工你要求他們做的事；並解釋緣由；以及透過職權或人格的力量進行勸說。

(2) 牽引型

是與授權式對應的。你用問題來提高員工對行為方式改變的認

識，以及用問題找出具體方法，以促進合作，最終實現勸說目的；透過發展員工對改變的需要來進行勸說。

與培訓一樣，這兩種方式都是很有效的。根據你所面臨的情形，選擇正確的方式尤為重要。請花一點時間思考一下，你在勸說員工做事情時，你想要採取的行為方式。大部分情況下，你趨向選擇推進型嗎？你有採取牽引型的先例嗎？在勸說時，大部分員工會本能地選擇推進型。這是一種最直接快捷的方式。大部分情況下，這種方式是適用的，其原因在於員工的抗拒程度不太大。然而，當你想激發員工全身心投入以保證變化實現時，這種方式就不太有效。

假若你需要員工獻身投入，提問的方式很可能會更有效。假使你想鼓勵和幫助員工審核其績效，從其經歷中學習，以及培養個人發展的主動性，這種方式也是最恰當的應用形式。基於上述原因，勸說的提問方式適用於大部分員工。因此，勸說策略的每一步驟都要求你提出具體的問題，其重點是影響員工對改變的認識，以及激發員工的投入。

2. 認識改變需要

開發對改變需要的認識。從心理學的觀點看，勸說過程的第一步，要提出問題。使員工關注於對現狀的不滿和對未來的擔心。例如，「你確信你沒有浪費電腦效能嗎？」「假使停電，你的文件保存有問題嗎？」「製作廣告海報花費太多時間，你如何改善？」

每一個實例中，醒目的字彙賦予了這些問題策略性的價值。這些字彙使問題直接深入到不滿意的事情。在這種情況下，讓員工回顧使用電腦時所遇到的問題，並提高了對以前不曾考慮過的問題的認識。這些問題不會自動地揭示出你所關注的問題的本質。假使提問幫助我們認識問題的範圍、焦慮和挫折的程度的話，就會有助於我們提高對改變目前工作方式的

需要的認識。

　　儘管關鍵的詞語具有相同的作用：揭示需要，要以例證表明採取不同方式可以做到這一點，例如：在關於積極的關鍵詞語有：「確信的」、「滿意的」——還有：高興的、幸福的、安全的、放鬆的、舒服的、發現容易的、沒有麻煩的等等。假使員工對這些問題回答是「不」，員工是在陳述一種需要。此外，關於消極的關鍵詞語有：「憂慮的」、「焦躁的」——還有：擔心的、爭吵的、害怕的、焦急的、失望的、不愉快的、發現困難、鬥爭、花費時間太多等等，假使員工回答「是」，也是在陳述一種需要。

　　以上這些問題都能幫助人們理解現狀的不完善之處。當你綜合應用時，你能揭示出許多需求，並產生採取行動的動機。但你可能尚未充分認識到對改變的需要。假使是這種情形，你應更進一步開發員工對需要的認識，使員工看到所認定問題的後果。實際上，問題會導致其他問題，或潛在的問題，它們可能由於提出像這樣的問題而被暴露出來：「假使電腦中毒了，對你來說，後果會怎樣？」「鑑於你製作海報時所遇到的困難，你對作品的最後成果不滿意嗎？」「你急躁的情緒會影響到你其他方面的工作嗎？」

　　醒目的詞語具有很強的說服力，可以讓員工更深刻及更有批判性地思考目前的狀況。同時也揭示了員工意識不到的及忽略的問題。這樣一來開發了員工對改變需要的認識，並促使員工去思考實際行動方案。

3. 認識改變價值

　　開發對改變價值的認識。假使你感覺到你已使員工充分認識到對改變的需要，那麼就應開始去尋找解決辦法。最好先花些時間開發對改變價值的認識，而不是討論怎樣更好地進行改變，這有兩個原因：

　　其一，即使對改變的需要很強烈，這並不意味著對改變帶來的價值的認識會超過對所付出代價的認識。

其二，用探討價值的方法，你可以獲得對所需的解決方法的具體的認識。

爲了做到這一點，你要提出一些問題，以便使員工關注從改變中所獲得的利益。例如，「假使你知道如何降低電腦耗電的方法，你會感覺到更安心嗎？」「擁有一個自動備份文件功能的軟體，對你的工作有什麼好處？」「假如你常常需要製作海報，你認爲你需要更好的製作海報的軟體嗎？」「假使你更熟練地使用電腦軟體，你認爲一週能節省多少時間？」

正是賦予這些問題以策略價值的醒目詞語，使我們認識到提高各種技能的好處；並且由於對處理問題不同方面所獲得的相對價值的思考，也使我們優先考慮員工的需要。它們在提高改變的價值，使其超過所包含的代價。

4. 主動開發問題

開發解決問題的主動性。當員工完全理解改變的需要和改變的價值時，他們就應該積極地思考和探討可能的解決辦法。此時，嘗試把你的辦法告訴他們，並要求他們做的或者他們應該做的。但員工對改變的需要和價值的認識，不會必然地發展成對改變的投入，要想使員工有投入精神，他們必須感覺到對於將要發生的事情有某種程度的參與權。爲了激發員工的感覺，你需要讓員工參與尋找解決方法的過程。

你應用提問的方式得到員工對改變的投入時，最佳的選擇是要他們提出自己的觀點。你可以問這樣的問題：「你想怎樣處理我們之間的爭論問題？」「確保文件保存的最好方法是什麼？」「你喜歡什麼形式的培訓？」問這樣的問題能給員工責任感，讓他提出自己的解決辦法。這些問題給他們提供了機會，促使他們思考其偏好的選擇，進而可能解決因改變付出的代價問題。

5. 問題思考

倘若你認爲員工提不出自己的觀點，那麼下一步你就應該提出觀點供

他們評價，這是最好的辦法。

　　問些問題，把解決問題的部分責任賦予員工。如果你認為他們未必能提出自己的觀點，那麼這些問題適宜他們思考因改變付出的代價，這類問題給了他們一個評價你的觀點且假使他們覺得不合適可以拒絕的機會。假使他們確實否定了你的觀點，這些問題將會刺激他們去找出其他的解決之道。

　　每種抉擇都存在一定的風險：員工可能提出你不喜歡的建議，或者你無法接受的觀點。假如這種情況發生，你需要找到一種對他們的建議做出相對應的方法，這一方法不應該降低他們做主的感覺。

　　對完全不能接受的建議，你要表明你的關注，要求員工探討其他可被雙方接受的抉擇。「假如我們讓某人為你解決備份文件的難題，你將不可能從中得到學習。有沒有其他你認為滿意的解決方法？」對那些部分不可接受的建議，你應該認可那個建議中你所喜歡的部分，並把你不喜歡的部分修改成可接受的。

　　這種方法給員工某種對最終解決方法的主動性。假如你需要激發員工的投入精神，以保證它們執行被認可的行動，有某種程度的參與比沒有強得多。

6. 尋求解決辦法

　　尋求代價最小的解決辦法。當我們推斷我們勸說的人將會用我們討論過的辦法解決問題時，卻發現事情並不是這樣簡單。面談之後，員工又有了第二種想法，致使這種解決辦法沒有付諸實行。這種情況在我們的生活中經常出現，這就是人們對改變所付出代價的關注。當人們靜下來思考這個問題時，他們會對你提出的解決方案所要付出的代價而抱怨，以說明自己想法的正確性。藉助你提出的辦法處理影響代價的各種因素，設法在勸說過程的最後階段避免其他想法的產生。這分為兩個步驟：

　　從心理學的觀點，弄清人們對正在被探討的行為改變的擔心程度，以

及成功地進行這種改變可能遇到的阻力。思考問題如下：

(1) 你要抽出時間和我們一起檢討電腦耗電問題嗎？

(2) 你過去上過什麼電腦訓練課程？

(3) 你認為這些規則相當複雜難懂，以致於很難記住嗎？

一位管理者盡可能提出多種解決辦法，以便減少所付出的代價。思考問題如下：

(1) 假如沒有時間的話，你為什麼不提出來討論呢？

(2) 可以利用電腦做出圖形顯示問題點嗎？

(3) 你是否認為這樣做比以前節省時間？

 思考問題

1. 化解員工抗拒是一個非常複雜的過程，就實際情況，這是怎樣的推理過程？

2. 對管理者而言，為什麼處理員工的抗拒是一種被動與消極的工作？

3. 為克服員工的抵觸情緒及激發其對改變的投入，需要採用下列策略，它分為哪四個步驟？

4. 從管理學的觀點看，主要有哪三種培訓方式？

5. 在勸說員工時，勸說方式也與培訓方式有類似的抉擇。它主要有哪兩種基本形式？

Chapter 4

發揮人員管理高效能

01 人員管理的培訓

02 發揮領導的功能

03 人員管理的績效

根據『發揮人員管理高效能』的主題，本章提供下列三個相關主題：第一節「人員管理的培訓」，第二節「發揮領導的功能」，以及第三節「人員管理的績效」。

第一節討論「人員管理的培訓」，主要包括下列四項議題：一、員工培訓的基礎，二、發揮培訓的作用，三、員工的培訓作業，以及四、員工的培訓方案。

第二節討論「發揮領導的功能」，主要包括下列四項議題：一、確認領導問題，二、學習領導理論，三、選擇領導類型，以及四、善用權力角色。

第三節討論「人員管理的績效」，主要包括下列三項議題：一、診斷績效問題，二、解決策略與方法，以及三、確定工作績效。

01

人員管理的培訓

通常企業會為員工提供三種培訓工作：職前訓練，在職訓練以及專案訓練。前者，顧名思義是為新進的員工提供訓練。主要目的在於讓新員工認識工作的環境與規則、目標與任務以及公司的企業文化與特色；其次，為加強員工的工作能力與效力，提供定期的訓練，內容包括工作檢討，引進新的工作方式，以及對工作的期待與展望等，最好要包括對員工的績效提出嘉勉；最後，為了工作的特別需要而提供的特別培訓方案。在這個部分，我們們將從管理心理學的觀點，討論的內容包括以下四個項目。

1. 員工培訓的基礎
2. 發揮培訓的作用
3. 員工的培訓作業
4. 員工的培訓方案

一、員工培訓的基礎

培訓就是設法協助員工把工作做得更好。從管理心理學的觀點看，有四項值得注意的衡量標準因素：能力、潛力、動機與績效。管理者常常感到他們把培訓看作是與他們的經歷格格不入的事：他們把培訓看作是現在不做、將來也不可能有時間去做的一種管理活動。事實上，管理者一直在培訓他們的員工，只不過他們往往沒有把他們所做的這些事看作是非常有意義的「培訓」的工作。

1. 培訓工作計畫

以下是員工培訓的「績效管理培訓循環工作計畫」，提供參考。

(1)發現績效不彰之處。

(2)計劃明確培訓任務和準備實施。

(3)有系統的練習及從經驗中反省學習。

(4)實施在工作中學習技能和經驗。

(5)提高工作績效。

(6)定期及隨機檢測績效。

管理者要做的工作是按照「績效管理培訓循環計畫」協助水準較低的員工把工作做得更好：他們所提供的協助與所謂的培訓活動幾乎沒有差別。這種協助可以有多種形式，從與員工在走廊的簡短交流到詳細討論員工的長遠發展計劃。

多種形式的協助都可視為培訓。因為它最終都達到了協助員工掌握技能和提高績效的目的。只有透過分析和思考管理者目前協助員工的各種方法，才能夠提高和擴大培訓的作用。

請花一點時間思考一下：

(1)管理者協助員工把工作做好的各種方法。

(2)回顧一下管理者上週所做的工作。

(3)列出管理者提供的五次協助項目。

(4)勸告或鼓勵：無論工作大小，一句勸告或鼓勵都可以包括在內。

2. 培訓注意事項

管理者的培訓往往是被動的：常常是工作有了問題員工找他們解決，或需要某種協助時，管理者才去滿足員工；或者管理者看見員工做錯以及工作中遇到了難題，他們才會提出建議，協助員工順利完成工作。而管理者積極主動地按照員工的績效發展目標去培訓員工的例子卻很少見。雖然

被動的培訓仍具有意義，可是，從管理心理學的觀點看，往往有下列三個可能的弊端：

(1)注重任務的完成，而疏忽績效的提高。

(2)出現問題及遇到困難時才去培訓，因此不能保持好的績效。

(3)這種培訓是特定的，沒有提供完整的學習和發展過程。

要如何計劃培訓工作以使管理者在協助員工提高績效和能力上，做得更積極而主動。以協助員工具體提高績效。制定計劃過程不僅有助於管理者優先考慮培訓工作，以便充分利用時間對員工進行培訓，而且還有利於管理者找到協助的方法，在最適宜的時候提供最有益的協助。

首先要確定哪些人應該接受培訓。然而，大多數管理者承認培訓工作做得太少，他們把這歸因於缺少時間。對於許多管理者來說，由於時間緊迫，培訓工作做得不盡人意，也是可以理解的。但是值得管理者思考的是，如何有效地利用時間進行培訓，在時間的投入上是否很合理。也就是說，管理者的培訓是否有成效。管理者通常容易會犯三種錯誤：

(1)管理者想同時培訓的員工人數太多。

(2)工作量太大。

(3)不能保證有足夠的時間培訓每位員工，達到預期的效果。

管理心聲
學習障礙

　　學習智障對學生而言是悲劇，對企業員工來說，則是致命的弱點。彼得‧聖吉（Peter M.Sengee）在學習型組織的經典之作《第五項修煉》（*The Fifth Discipline*）一書中指出。殼牌公司（Royal Dutch Shell）在1983年所做的調查發現，1970年名列《財星雜誌》五百大企業排行榜的公司，到1983年已經有三分之一銷聲匿跡，而且大型企業的平均壽命不到四十年，只有人類平均壽命的一半。企業不容易存活太久的重要原因，正是無法發揮集體學習的功效，來因應外界的變動。組織的設計和管理方式、對工作的定義、員工互動的模式，都可能形成組織學習的障礙。聖吉建議，克服學習智障的第一步，就是開始辨認七項組織的學習障礙。

　　第一、侷限而片斷的思考方式。你問一般人以什麼維生，多半人會敘述他們天天在做的工作，例如司機、作業員，而不會提及企業目標。

　　第二、歸罪外在因素。當內部行動的影響延伸至外，而回過頭來傷害自己的時候，常常把問題歸罪於外部因素。

　　第三、太強調主動積極，而缺乏整體思考。管理者在面對難題時，經常強調不要一再拖延，必須立即解決問題；但是在處理複雜問題時，往往適得其反。

　　第四、專注於個別事件。在組織的談話內容充斥著個別事件：上個月的銷售額、誰剛獲得晉升等；但是，今天威脅組織和社會生存的，多半並非突發事件，而是由緩慢、漸進、無法察覺的過程所形成。

　　第五、類似被煮的青蛙。把一隻青蛙放進沸水中，它會立即跳出。但

是如果把青蛙放進溫水中慢慢加溫，儘管沒有東西限制青蛙脫困，青蛙仍將留在水中，直到被煮熟；因為，青蛙體內感應生存威脅的器官是針對環境中的激烈變化，而非漸進的變化。

第六、**從經驗學習的錯覺**。最強有力的學習出自直接的經驗，我們自幼借著嘗試錯誤，學習吃、爬、走和溝通；但是組織中許多重要決定，如新設備的投資或新產品線的開發，對整個企業的影響非常大而久，因此很難完全從嘗試錯誤中學習。

第七、**管理團隊的迷思**。典型的管理團隊，是由一群有智慧、經驗，管理不同部門的主管所組成的團隊，真的能克服組織的學習智障？聖吉指出，大部分的團隊會在壓力下故障。

彼得‧聖吉認為，以上這七項學習障礙常常被淹沒在繁雜的日常事務中，而不為人所察覺。要克服學習障礙，就必須落實學習型組織的五項基本修煉：系統思考、自我超越、改善定見、建立共同願景及團隊學習。

二、發揮培訓的作用

在進行培訓工作時，同時也要注意發揮培訓的作用。管理者把精力都集中在培訓績效最差的員工身上，而這些員工的績效，即使管理者投入再大也不可能有明顯的提高。因此，從管理心理學的觀點看，通常錯誤的現象是管理者忽略了那些稍加培訓就可以有顯著進步的員工。

1. 善用培訓資源

在發揮培訓作用計劃過程的第一步是管理者要把培訓看作是資源的一部分，需要善用之。有四項意義：

(1) 每次集中培訓一到二名員工。

(2) 什麼時候要培訓哪位員工，要做好規劃。

(3) 明確提高績效的優先領域。

(4) 提出明確的目標，把管理者的職責限制在此目標內。

請花一點時間思考一下，管理者在培訓員工方面，從管理心理學的觀點看，要注意以下三種可能的結果：

(1) 如果管理者能著手去制定計劃過程，那麼將有助於管理者避免犯錯。

(2) 如果管理者確信已經避免一些錯誤，那麼這個計劃也是有用的。

(3) 它能讓管理者明瞭自己如何避免錯誤，以及預防將來重複犯錯。

以下我們們將依次探討這些問題。

2. 應該培訓誰？

如果管理者時間不夠用，而管理者又管理著一大批員工，請看下列的例子。

話說王組長一直在努力提高最優秀的推銷員阿帆的績效。他很有潛

力，很有發展前途。然而阿帆認爲他不需要再提高自己的績效了，也不喜歡被人所管，他把王組長對他的培訓看作是對他自由的侵犯。也就是說他沒有提升能力的動機。但更重要的是，阿帆的績效已經很好，培訓他所獲得的收益遠遠不及他需要克服培訓障礙所付出的代價。假定他同時也在帶領二名欠缺經驗的推銷員，於是，王組長決定先培訓這二名新手，直到他與阿帆的關係調整好了，再培訓阿帆。

從以上例子中，在宏觀管理層次上，可以看出管理者爲員工制定正確的整體目標是多麼重要。管理者在制定活動管理目標時，卻往往錯誤地制定了績效發展目標。在微觀管理層次上，也存在同樣的問題：王組長犯了一個極爲普遍的錯誤：花很大的力量培訓了一個他只需稍微注意觀察的員工。

3. 如何有效的培訓？

在上述實例裡，管理者都主動地去培訓他們的員工，但付出的代價大大超過所獲得的利益，這是因爲他們沒有用這四個因素（能力、潛力、動機與績效）去分析各自所處的情境。以下的練習有助於了解管理者是否也犯過類似的錯誤。

請花一點時間思考一下，管理者注重培訓哪個方面？用這四個因素：能力、潛力、動機和績效，去分析判斷管理者是否把管理者的時間用在適合的培訓對象身上。

能力：

潛力：

動機：

績效：

4. 培訓效果

在有效的培訓之後，我們期待培訓效果，包括下列三個項目：

(1)當管理者在培訓員工時，管理者的投入與管理者的所得應該相稱。

(2)為了達到這個目的，管理者需要考慮如此兩個問題：付出的是否太多，得到的是否有價值。

(3)管理者必須避免投入大量的時間和精力培訓那些不情願接受培訓的員工，無論他們是因為缺乏潛力，還是因為缺乏動機。

根據這三項效果來分析，管理者能找到最佳培訓方案。有的員工可能潛力很大，動機很強，稍加培訓之後就會使組織受益。而有的員工，管理者覺得根本不值得培訓。這不意味著管理者不需要協助他們，而是說管理者不應該積極主動地去提高他們的能力。管理者所能提供的幫助是管理他們的活動，而不是協助其學習和發展。

三、員工的培訓作業

在討論管理者應該培訓誰之後，我們要繼續探討員工的培訓作業。請思考一下這個問題：如果管理者一次只能培訓一名員工，那麼，管理者的培訓的順序是什麼？管理者不可能一次只培訓一名員工，而且我們也不建議管理者如此做。如果管理者管理的員工很多，同時培訓很多人的話，管理者要承擔大量的工作，在此種情況下，做此練習對管理者很重要。

1.考慮整體需要

在個案研究裡，王組長在安排培訓活動的順序，他的培訓活動一方面基於組織的整體需要，另一方面基於接受培訓的員工的個性。如果他現在培訓這兩個缺乏經驗的推銷員，暫不考慮其他的發展，可能時間會利用得更好。這裡有五個原因：

(1)這兩個推銷員更需要他的協助。

(2)他需要他們盡快的達到標準，以便能減輕他對銷售活動的管理任

務。

(3) 暫不管阿帆，以改善王組長與他的關係。

(4) 萬一他們之間關係不能改善，他不必指望阿帆的績效提高。

(5) 協助另外兩名推銷員獲得的收益更大，因為他們動機很強，這將有助於增強王組長做培訓者的信心。

2. 釐清培訓需要

王組長集中培訓這兩名新推銷員的決策是非常明智的選擇。從中期角度看，這決策滿足自己及群體的需求。正是這種需求才決定了管理者的培訓方案。為了認識這些需求，管理者應該做下列五項工作：

(1) 預見高水準的員工何時可能離開本部門（例如為了進一步發展他們自己的職業）。

(2) 預見高水準的員工和能勝任工作的員工在績效方面的退步。

(3) 分析一般水準和低水準員工的潛力，提高他們績效並使之成為高水準的員工。

(4) 估算使低水準和一般水準的員工達到要求標準可能需要的時間。

(5) 客觀地看待管理者在提高員工績效上能給予的時間。

上述五點都不是很容易就能判斷的，例如，在有些情況下，王組長集中培訓阿帆一段時間可能更合適。因為阿帆的績效可以彌補另外兩個正在學習推銷技巧的推銷員造成的損失，或者他也可以決定培養阿帆的培訓技巧，以便能授權給他一些培訓新推銷員的工作。有多種多樣培訓方案可供抉擇，採用何種方案，管理者要針對問題具體分析。關鍵是要長遠地思考管理者是如何組織培訓活動。

四、員工的培訓方案

員工的培訓方案是人員管理培訓的最後任務，前面包括：員工培訓的

基礎，發揮培訓的作用，以及員工的培訓作業。

1. 考慮培訓內容

制定培訓計劃要從尋找培訓活動的方案入手，培訓方案要考慮以下三項內容：

(1)打算培訓哪些員工。

(2)管理者打算首先培訓誰。

(3)把管理者的決策記錄下來，因為管理者的培訓計劃應該包括這些內容。

2. 提高培訓績效

管理者應該提高哪些方面的績效？被動的培訓往往使管理者注重員工績效最差的方面、急需解決的問題和對工作有重大影響的方面。遺憾的是，這些也可能是最難解決的問題，也是最難取得明顯改進的地方。這可能是因為很難做好的工作，或者是因為員工們不認為他們需要改進。不管什麼原因，由於在績效方面關鍵問題上的錯誤，許多培訓計劃都落空了。

請花一點時間思考一下：

(1)在績效方面管理者如何重點地進行培訓？

(2)管理者傾向於把時間和精力用在很難取得顯著提高的績效方面嗎？

績效不佳的問題顯然需要解決。問題是：什麼時候解決更好？如果可能的話，不要首先解決這個問題。有利於管理者和管理者的員工的最好的方法是，把注意力集中在類似這樣的員工身上：他能勝任工作有發展績效的餘地，而且樂於參加培訓。分析在不同績效水準上的不同投入、收益和風險。風險，指的是在績效管理方面能否有預期的收效。以下是培訓的優先次序，提供參考。

管理心理學

目前績效水準	付出努力	結果收效	可能風險
低	高	中等	高
一般	中等	高	中等
高	低	低	低

請先注重一般績效的培訓可增加管理者整個培訓工作成功的機會。在下列三個方面是有益的：

(1)爲培訓計劃打下積極的基礎，爲培訓工作找到切入點。

(2)提高自信心和自我認識能力，以便更容易地處理較難的問題。

(3)把學到的知識和獲得的技能運用到其他績效方面。

因此，當管理者積極計劃培訓活動時，管理者需要注意下列四點：

(1)找出管理者想要協助員工提高績效的所有方面。

(2)決定處理不同方面問題的最佳順序。

(3)從易於取得顯著績效的方面開始。

(4)避免一開始就處理最棘手的問題，因爲如此做的話管理者在冒失
　　敗的風險。

3. 停止培訓

我們何時停止培訓？培訓計劃不可能持續不斷，其最後階段是決定何時停止培訓。如此做使管理者能夠處理以下三項工作：其一，在有限時間內努力實現確定的目標。其二，有足夠的時間來回顧管理者的工作進展和評價管理者的工作效率。其三，在管理者培訓的員工中合理分配時間。

請花一點時間思考一下：

(1)管理者是否有明確的培訓活動目標？

(2)此目標是否有助於管理者判斷何時停止對員工績效的培訓？

管理者可以制定兩種目標：績效目標和時間目標。績效目標指的是，到管理者結束培訓時，管理者想要員工達到的績效標準；時間目標指的是，管理者何時停止對員工績效方面的培訓，而不管他們是否已達到標準。

績效目標往往很難具體化，管理者要認清績效目標的過程將使管理者考慮自己最終可能得到什麼，這有助於管理者建立更現實對自我的期望，並確定管理者應有的培訓職責。如果管理者把客觀標準附加在績效目標上，這是有益處的，但是呆板的標準卻是不必要的。在績效的許多方面，特別是人際關係方面要確立客觀標準往往不易做到。

時間目標較容易制定。它由員工在績效方面得到預期的提高所需要的時間來決定。時間目標的制定應該與績效的其他方面或者團隊裡的其他成員相聯繫。同時，管理者需要明白在培訓方面，管理者能支配和利用的時間。計劃活動優先次序請思考下列問題，將內容填入下面中的第一階段的培訓計劃：

「誰」？................
「什麼」？................
「哪裡」？................
「何時」？................

(1)請在「誰」：寫下管理者打算培訓的第一個人的姓名。

(2)在「什麼」：寫下管理者要培訓的一個或多個績效方面，按管理者的意願順序排列。

(3)在「哪裡」：寫下管理者制定的績效目標，這關係著當管理者停止培訓時，管理者協助的人所應達到的標準。

(4)在「何時」：在每個績效方面，管理者要開始培訓和結束培訓的日期。

(5)然後，再回到「誰」這一行裡，寫下管理者要培訓的下一個人的

姓名並重覆上述步驟。

　　計劃活動的主要目的是鼓勵管理者積極地思考管理者的職責。管理者可能感到這過程提供了一個可以用來協調全年的培訓計劃的工具，或者可能覺得這個活動缺乏靈活性，不能協助管理者解決現實的工作問題，也沒有反映出管理者和員工工作的性質。無論如何，我們希望可以給管理者改進並且對安排培訓時間的評價。

1. 培訓的衡量標準因素是什麼？
2. 培訓，從管理心理學的觀點看，往往有哪三個可能的弊端？
3. 管理者的培訓是否有成效，管理者通常容易犯哪三種錯誤？
4. 彼得‧聖吉提出哪七項組織的學習障礙？
5. 培訓方案要考慮哪三項內容？

02

發揮領導的功能

管理心理學能夠在管理功能上提供管理者強大的助力。我們將按照下列順序探討如何發揮領導的有效功能：

1. 確認領導問題
2. 學習領導理論
3. 選擇領導類型
4. 善用權力角色

一、確認領導問題

從管理心理學的觀點看，在組織層級中不同等級的管理者特徵都不相同，所承受的壓力和面對的問題也不同。通常包括兩大類：在第一線工作的管理人員與監督管理績效的經理人。在某些方面，一線管理者比經理人面對更困難的工作，但他們在如何管理人員方面接受的正式訓練卻較少，甚至沒有受過訓練，在選擇一線管理者時，也不像選擇較高層級的經理人那樣嚴格。

1. 問題背景

通常選擇勝任的員工成為一線管理者，但沒有評估他們的領導潛力。從基層拔擢上來的一線管理者面對需求衝突和忠誠。提升前，他被同事所接受並與他們有相同的態度和價值觀，也許在工作之外也與同事保持著社會交往活動。他的工作團隊給他一種認同感和歸屬感，進而提供了情緒安

全感。當成為管理者之後，他們不可能與同事和朋友再享有以前的關係。即使想保持以前的關係，同事也不會像以前一樣對待他，因為他們之間的關係發生了變化。這使得新提升的管理者從原來的團隊聯繫和認同中獲得的情緒安全感受到影響。一線管理者是管理層與員工之間溝通的關鍵，如果管理者想要建立和維持員工的忠誠和合作，他們必須使員工了解管理需求和決策，同時使管理層了解員工的需求，在這中間要有緩衝和開放溝通管道的作用。實際上，一線管理者往往需要更好地應對上司的需求以保住工作。

員工參與**趨勢**的增加使一線管理者的工作更加複雜。有時不得不損失一些自主性來和屬下分享領導和決策權。「自我管理工作團隊」（The Design of Self-Managing Work Groups）」（作者：R. Hackman）對管理者的權力和自治來說是另外一種威脅。管理者必須放棄傳統的職責，像一個資源提供者而不是領導管理者那樣工作。如果工作團隊想要有預想的那麼有效，管理者會受到責備。如果工作團隊效率很高，高層管理者通常會把這種結果歸於員工的工作而不是管理者的工作。

工作場所中的電腦技術也使管理者越來越困難。一線管理者要對未曾受過訓練的電腦硬體負責。電腦可以控制和管理生產的品質和數量，給管理者提供有關員工績效、產量和其他有關辦公或製造過程的資料，如此一線管理者就沒有這方面的權限。

2. 經理者問題

經理者面對的問題。部門的經理人面對的壓力與CEO面對的壓力不同。中層經理人儘管有豐厚的薪水和額外福利，仍然會不滿意，通常的抱怨是缺乏對公司制定政策的影響力。他們希望能夠毫無疑問地執行政策。中層經理人通常還會自我管理由員工組成的團隊，允許成員管理、控制和指導工作中的所有方面，從招聘、雇用和培訓新員工到決定休息時間。

他們會抱怨沒有足夠的權力和資源去實施公司政策，必須盡力去獲得

上司的理解，得到上司對他們的想法或專案的支持。因此中層經理人在競爭少數高層管理位置時，總會感到相當大的挫折。有一種不滿意的原因是中層經理人在40歲左右時產生的落伍感，大多數已經到達高原期，不大可能再得到晉升，這種認知成為中年危機的一部分，這時段內的經理人經常會自我檢驗，感受到來自年輕屬下的威脅、受到組織價值變革的挑戰及組織目標變革的挑戰。他們的生產率、創造力和動機都可能會下降，他們可能已處於在職退休的狀態，對組織的貢獻會越來越少。

3. 中層管理者問題

員工參與決策制定是中層管理人的另一個壓力源。儘管這些決策不會影響到自己的工作，但他們可以看到生產線員工和辦公室的員工得到了參與制定決策和工作設計的權力。民主參與使得經理人管理和控制屬下的方式發生了重大變革，分享領導權力導致管理權威、地位和權力的減少，民主化也減少了一些傳統的附加福利，例如停車位、用餐地點和專屬辦公室。

4. 情境的變化

由於公司之間的合併、買進、收購以及世界經濟的競爭和工作特徵的變化，在過去幾十年中，有數百萬中層管理者的職位消失了。大量的裁員給中層經理人帶來了動機上的危機。看到公司辭退他們同事時所表現的不忠誠和缺乏支持，中層經理人的組織承諾也會下降。合併和解雇也意味著晉升機會的減少和增加有限職位的競爭。在高層經理人中一個較為普遍的壓力源是對組織的時間和精力的高度投入。對許多經理人來說一週工作60到80個小時是司空見慣的。由於有便捷的移動電子通訊設備如智慧型手機、平板電腦和傳真機，經理人可以在家或在旅行途中工作。這導致了不平衡的個人生活，他們很少有時間留給家人。

二、學習領導理論

管理者的重要課題是學習有效領導的理論。管理心理學家認為有效的領導行為依靠下面三個因素的綜合作用：

(1)領導管理者的特質和行為。
(2)屬下的特性。
(3)領導行為產生的環境特性。

以下我們將講述幾種對領導行為的理論解釋：權變理論，認知來源理論、路徑－目標理論、標準化決策理論、交換理論。

1.權變理論

權變理論（Contingency Theory）是一種領導行為理論，該理論認為領導有效性是由領導管理者的個人風格和領導情境之間的交互作用決定的。是費德勒提出來的（Fiedler，1978）。領導管理者被分為人際趨向型和目標趨向型。哪種類型的領導行為更有效由領導者對環境的控制程度決定。

在組織中，控制通常有三個因素產生影響：上下級之間的關係、任務結構化的程度和上級的權威或職位權力。如果上級比較受歡迎，而且有權威或有權力去執行紀律，那麼對局勢就有較高的控制程度，這種情況是比較好的。例如軍隊中與班的士兵關係很好的軍官，就是有較高控制能力和較高影響力的上級。與之相反，如果一個沒有正式目標的社交俱樂部的主席，若是不受歡迎，沒有權威去要求成員參與或沒有能力收集會費，他就是一個在不受歡迎的情境中控制能力較低的領導人。

從管理心理學的觀點看，在權變理論中任務趨向的領導管理者在非常好或非常差的情境中工作更有效。權變理論有許多研究，但大多數研究是在實驗室情境中進行，而不是在工作場所中進行。權變理論的有用性仍然在被質疑，因為現在還不能肯定實驗室中的發現是否在實際情況下同樣適

用。為了化解這些質疑，費德勒修正了他的權變理論。認知來源理論就是他的早期研究工作的延伸。

2. 認知來源理論

領導行為的認知來源理論（Cognitive Resource Theory），它關注的是領導管理者的認知來源——他們的智力、技能和與工作有關的知識。領導管理者的認知能力水準與用以指導團隊行動的計畫、決策和戰略的性質有關。領導者的能力越高，則計畫、決策和戰略的有效性越高。如果團隊支持領導管理者的目標，而且領導管理者沒有承擔非正常的壓力，那麼領導管理者的計畫很有可能獲得成功。

(1)當領導人承擔壓力的時候，他們的認知能力從工作任務轉移到與任務不太相關的其他問題和活動上來，結果團隊的績效會受到影響。

(2)直接指示型領導的認知能力與團隊績效之間有較高的正相關，而非直接指示型領導的認知能力與團隊績效之間的正相關較低。

(3)如果團隊不執行領導管理者的直接指示，就不可能實施計畫和決定。因此，當團隊支持領導管理者時，領導管理者的認知來源與團隊績效之間關係更緊密。

(4)當任務的實施需要領導管理者的認知能力時，領導管理者的認知能力會提高。

(5)領導管理者的直接指示行為部分取決於領導管理者與屬下之間的關係，以及任務的結構化程度和領導者對局勢的控制能力。

認知來源理論描述了認知來源與工作績效和壓力之間的交互作用。對壓力的強調有現實意義，因為它部分地受領導管理者的控制。透過壓力管理技術，領導管理者的認知來源可以得到發展並且應用更加有效。領導管理者面臨的最主要的壓力源來自組織的上司。當管理者與他的上司之間存

在的壓力關係，他們傾向於採用以前行得通的反應或行為，而不是根據自己的認知來源加以反應。當領導管理者從壓力中解脫出來，他們就可以憑藉自己的智力來工作，而不是受限於以前的經驗。

費德勒（Fiedler）提供了許多令人深刻印象的研究結果來支持認知來源理論，儘管他的大多數工作是在實驗室進行而不是在工作環境中進行的，理論的適用性仍然是個問題。其他研究對此並不支持，進而在應用心理學雜誌中出現了熱烈的交流、批評和辯護。

3. 路徑—目標理論

路徑—目標理論（Path-Goal Theory）是一種領導行為理論，重點在於領導管理者採用何種領導行為使屬下實現他們的目標。該理論認為領導管理者可以透過管理以實現特定目標為基礎的獎勵來提高屬下的動機、滿意度和績效。換句話說，有效的領導管理者可以透過給屬下指點實現目標的途徑和方法來幫助屬下實現個人和組織目標。

領導管理者可以採取以下四種方法幫助屬下實現組織目標：

(1) 直接領導

領導管理者告訴屬下做什麼和怎麼做。

(2) 支持型領導

領導管理者給予屬下關懷和支持。

(3) 參與型領導

領導管理者允許屬下參與工作的相關決策。

(4) 成就導向型領導

領導管理者為屬下確定有挑戰性的目標，並強調高水準的工作績效。

選擇最有效的領導風格，要基於環境的特徵和屬下的特性。領導管理者必須根據環境不同而靈活選擇領導風格。比如對屬下完成任務的能力水準要求較低的情況下，直接領導比較有效。對屬下能力要求較高並且不需

要很多直接領導的情況下，支援型領導風格比較有效。領導管理者必須能夠準確地了解環境的性質和屬下的能力，並採用最恰當的領導風格。

4. 標準化決策理論

標準化決策理論（Normative Decision Theory）是一種領導行為理論，強調領導管理者應當遵循的正確的或行為標準。它著重於決策制定，也試圖描述能夠讓領導管理者遵循的具體行為。「標準化」指的是那些被認為是正確的行為準則或行為標準。

標準化決策理論包括處於一個連續體的五種風格，從專制型——領導管理者制定所有決策；到完全參與型——透過協商來制定決策。最有效的領導風格依賴於決策的重要性、被屬下接受的程度和制定決策所需要的時間。

領導管理者透過員工參與制定的決策通常更容易被屬下所接受，但是有時工作需要迅速做出反應，沒有時間來透過參與討論做出決策，領導管理者必須靈活選擇決策制定方式，從而在決策品質、接受度和時間限制等條件下實現決策利益的最大化。因此，標準化決策理論可以解釋以下現象：在某種特定情況下，採取一定的決策行為要優於採取其他決策行為。但是還有一些研究對該理論在工作環境中是否適用提出了疑問。

5. 交換理論

領導－屬下交換理論（The Leader-Member Exchange），它關注屬下的個體差異是如何影響上司行為。說明的是領導和屬下之間的關係是如何影響領導行為。該理論的支持者批評其他領導行為理論總是關心總體的領導風格或行為而忽略了屬下的個體差異。應當區別對待不同的上下級之間的關係，因為針對不同的屬下，領導行為也會有所不同。

一般來說，屬下有兩種類型。組內員工，這些人被上司看做是有能力的、值得信任的、具有較高動機水準的人；組外員工，這些人被上司看做是沒有能力的、不值得信任的、動機水準很低的人。領導－屬下交換理論

也區分兩種領導風格：管理型：這種風格的領導行為以正式的權力為基礎，領導型：這種風格的領導行為透過說服來施加影響。對於組外員工，領導管理者通常採用管理型的領導風格，分配一些能力水準和職責需求較低的工作。組外員工與上司之間很少建立個人關係。

面對組內員工，領導管理者採用領導型而非管理型，他們會給屬下安排需要較高能力、較為重要的任務。組內員工與上司之間建立起個人關係，並對上司給予支持和理解。工作現場研究總體上在各個管理級別都支援了領導－屬下交換理論，同時還顯示領導者和屬下之間的關係的品質可以透過訓練加以提高，結果會出現更多領導行為而非監督行為。例如，透過培訓改善了領導和屬下關係後，屬下的工作滿意感、生產率和失誤率的降低都有顯著改善。

對一家大型零售商業組織的125名銷售人員的研究結果顯示，與上司有較強的個人關係水準較高的員工，比水準較低的員工對組織任務的目標有更好的認同感。對一個進口公司的106名員工及其上司的研究結果顯示，領導管理者和屬下之間的關係較好的情況與授權行為有顯著相關。換句話說，與屬下的個人關係水準較高的上司，更有可能給其屬下一定程度的授權。因此屬下會產生被授權感，並將其體現在提高工作績效和增加工作滿意感。

三、選擇領導類型

如何根據領導理論來選擇領導的類型是領導管理者的重要現實課題。他們為了表現領導管理者的角色而採取的特定行為——是以人的天性中一些特定假設為基礎。領導管理者總是在人類行為的一些個性理論基礎上工作。比如說，對工作管得很緊的管理者——總是關注屬下是否按照他的指令完成工作——對人性的看法與另外一些管理者截然不同，另外有些管理者總是給予屬下足夠的彈性去獨立工作，讓他們以自己的最佳方式去工作。

1. 科學管理模式

科學管理（Scientific Management）模式是一種管理哲學，目的是產量最大化。它是由弗里德里克‧泰勒（Frederick W. Taylor）提出的一種管理理論。他是一位工程師。泰勒認為提高產量的方法是讓員工和他們所操縱的機器運作得更快更有效。科學管理把員工簡單地看做他們操縱的機器的延伸，沒有考慮到員工作為一個人有著不同的需要、能力和興趣。

員工被看做是懶惰的、不誠實的、愚蠢的。這些觀點被一些心理學家所做的實驗所強化。心理學家戈拉德（Goddard）認為智力水準較低的人應該被智力水準較高的人管理。他說「員工，只不過比小孩好一點，需要被告知做什麼和怎麼去做。」因此組織要提高產量和效率的唯一辦法就是讓員工聽從上司的指揮和生產過程的需要。

2. 人際關係模式

人際關係模式（The Human Relations Approach）很難想像在科學管理的方法下人們是怎麼工作的。大多數現代企業都認為滿足員工需要是合理合法的。這種改變了的觀點被稱為人際關係理論，最早出現於1920和1930年間，起因是霍桑（Hawthome）的研究，這個研究把注意力集中在員工身上而不是集中在生產設備的需求上。在霍桑的研究中工作環境中引入的第一個變化是領導風格。在霍桑的工廠，上司們例行公事地很嚴格地管理著屬下，因屬下掉了零件、在工作時說話或休息了一下而呵斥他們。正如我們所說，這種方式對待員工就像對待小孩一般。

在霍桑的實驗中，他們培訓上司用不同的行為對待屬下，允許屬下按照他們自己的生產速度進行生產，允許他們形成社會性的小團體。允許員工在工作時與其他人交談，同時還會徵求員工對工作的意見。新的管理者對待屬下像對待人，而不是像對待一個巨型生產器械上可以替換的小齒輪。

四、善用權力角色

權力是領導者擁有的重要管理工具，與領導行為中的權力有關的問題有三項：

(1) 領導管理者擁有的針對屬下的權力。

(2) 領導管理者受權力動機影響的方式。

(3) 領導管理者可能會施展不同的權力，這依賴於環境、屬下特徵和領導管理者自身的個性特徵。

1. 領導權力的性質

心理學家認為管理者擁有五種性質的領導權力：

(1) 獎酬性權力

組織的領導管理者有權力給屬下漲工資或升職。這種權力使得領導管理者可以控制屬下並影響屬下的行為。

(2) 強制性權力

組織領導管理者同樣有權力懲罰屬下如解雇、不予晉升、讓屬下做不喜歡的工作等。

(3) 法定性權力

法定性權力來自於組織正式的權力結構。控制等級給予領導管理者法定的權力去命令和監督屬下的行為及其服從管理的義務。

(4) 參照性權力

參照性權力指屬下認同他們的領導管理者及領導管理者的目標，把這個目標看做是自己的目標以及與領導管理者共同實現這個目標的程度。

(5) 專家性權力

專家性權力指的是領導管理者被認為有能力實現組織目標的程度。如果屬下承認領導管理者的能力，他們更有可能願意支持屬

下的工作。

以上前三種權力源於領導管理者和屬下所屬的正式組織，是組織所規定或描述的權力類型。其他兩種權力類型源於領導管理者自身，源於那些被屬下所感知的領導的個性特徵。我們可以說這些類型既是「尊敬」又是權力。

2. 權力的效果和使用

正如經驗所示，強制性權力可能是破壞性的，主要依靠強制性權力的領導管理者對待屬下的有效性通常不如運用其他類型權力的領導管理者。為實施強制性權力的領導管理者工作的屬下在工作滿意度、工作績效和組織認同等方面的評價都比較低。研究顯示權力類型的有效性排列為：最有效的是專家性權力，其次是法定性權力和參照性權力。

權力是如何激勵領導管理者？高級主管和中級經理人通常表現出對權力的強烈的個人需求。有效性高的經理人與有效性低的經理人相比也表現出對權力的高需求。然而，最有效的經理人並不因為個人目標而追求權力，他們的權力需求受組織的引導並用於實現組織目標。因此，他們通常可以成功地建立和維持良好的工作氣氛，屬下有較高的士氣和團隊精神。

對個人權力有欲望的經理人通常用權力為自己服務而不是為團隊服務。他們有能力建立忠誠感，但這種忠誠感是對經理人而言而不是對組織而言的。這些經理人比那些對權力沒有需求的經理人的有效性，但不如那些為實現組織目標而使用權力的人有效。

思考問題

1. 從基層拔擢上來的一線管理者，會面臨怎樣的情況？
2. 有效的領導行為依靠哪三個因素的綜合作用？
3. 何謂權變理論？
4. 何謂認知來源理論？
5. 何謂標準化決策理論？
6. 何謂路徑─目標理論？

03
人員管理的績效

　　在本章前兩節的議題：人員管理的培訓與發揮領導的功能中都有涉及管理績效問題，在這裡，我們將從管理心理學的觀點討論怎樣有效地評價績效與處理績效問題。

　　筆者曾幫助過組織機構成功地實施了評價制度，基於這種經歷，我們將探討如何診斷績效問題。然後規劃解決策略與方法，最後，驗收及確定工作的結果。它有助於管理者把評價作為實現人員管理目標的工具。雖然我們的討論未必能夠涵蓋管理者的評價制度所要求管理者盡的所有職責，但它卻包含了花費時間多且最難評價的診斷績效問題、解決策略與方法以及確定工作的結果，這些就是管理者在持續管理過程中所要解決的績效問題。我們將討論以下三個議題：

1. 診斷績效問題
2. 解決策略與方法
3. 確定工作績效

一、診斷績效問題

　　在診斷績效問題之前，管理者應該確定，首先要對哪位員工進行評價。優先的人選應該是這樣：

(1) 與大多數員工做同類的工作，一般的員工能勝任工作，但他有些方面需要改進。

(2)管理者與他相處得還好，他不是讓管理者頭疼的人，但也不是管理者的深交者。

1. 診斷工作計畫

管理者事先要制定診斷績效工作計畫：

(1)整體目標，規定管理者要求每個員工到年終所達到的水準。

(2)具體目標。規定一年中每個員工要完成的活動。

(3)評價議程的結果：針對其體目標，對工作績效提出具體要求。

(4)管理者需要找出可能妨礙員工實現各方面目標的問題。

2. 績效問題診斷

有一個簡單的方法去探討績效問題的關鍵，幫助管理者周密地思考為什麼員工達不到管理者的標準，或者說，為什麼在承擔新的責任和任務時會有很多困難。下列四個問題都牽涉到績效的影響因素，也可用來預料員工在從事新工作時可能碰到的問題。

(1)他有做這方面工作的知識和經驗嗎？

(2)他有應用知識和經驗的技能嗎？

(3)他對工作有正確的態度進而使他能夠得心應手地運用他的知識和經驗嗎（態度包括信心）？

(4)有他不可控制的外部障礙使績效不佳嗎？

管理者可以把這四個問題的答案組合成一個淺顯易懂的圖來概括管理者對員工績效問題的診斷。

3. 問題思考

(1)從績效問題員工名單中，選擇一個管理者希望受評人在特定方面有所要求提高的工作要素。

(2) 思考在這方面績效差的原因，利用四個標題組織管理者的思路。把此診斷圖畫在單獨的一張紙上。

(3) 用它記錄管理者的想法。

一般而言，診斷圖表明評價員工最普遍的難題是混淆了態度與技能。例如，很難確切知道員工實際上是缺乏技能，還是缺乏信心，如果管理者不能確定，就把它認定爲態度問題比較有把握。我們希望管理者覺得這項活動簡單易行，且對管理者有幫助。

這個方法是澄清管理者對受評人績效看法的一種簡單工具。特別是它促使管理者客觀地分析員工績效差的原因，並且爲管理者幫助員工提高績效奠定了基礎。

二、解決策略與方法

一旦管理者認清員工績效差的原因，管理者就該思考策略和尋找具體的解決方法來幫助員工解決問題，以實現管理者自己的預期結果。我們首先討論解決績效問題的兩種不同策略，然後探討每種策略所包含的具體解決方法：

其一，**管理策略**：主要任務是改變員工的工作態度或工作環境。

其二，**發展策略**：主要任務則是提高員工各方面的工作能力。

1. 解決的策略

解決績效問題。基本上還是要參照前面所指的四項問題。包括：

(1) 工作的知識和經驗。

(2) 應用知識和經驗技能。

(3) 正確的態度。

(4) 不可控制的外部障礙。

如果管理者只有一個問題，管理者就可以很有把握選擇合適的策略，如果不止有一個問題，下列的假設可以幫助管理者決定首先解決哪些方面的問題：

(1)如果有外部障礙，管理者應該首先考慮在權限內是否能排除它們，或至少減少其影響。

(2)如果情況如此，管理者應該採取管理措施以最大限度限制外部障礙的影響。

(3)如果存在態度問題，管理者必須要在解決發展問題之前對此加以解決。

(4)態度問題必須被解決：如果不解決態度問題的話，一切預期的變化不可能發生。發展活動可能同時進行，但是它絕不能代替對態度的解決。

(5)如果缺乏知識、經驗和技能，最好首先解決知識和經驗問題。

2. 解決的方法

我們已經探討了績效問題診斷所討論的策略，下列診斷圖幫助管理者如何選擇必須的策略及解決問題的順序。這顯示了管理和發展策略所涉及的一些可供選擇的方法，它們適合於解決各種原因引起的績效差的問題。

發展解決方法

問題	技能
獲得經驗的機會	實務培訓
自我管理的學習	在職訓練
任務分配	重新規定職責
制定明確的目標和標準	組織內影響變化
高水準的幫助	促進交流

根據管理者具體的工作環境，管理者也許能在此基礎上考慮到其他方法。當管理者考慮哪種方法更適合時，應該注意以下四點：

(1) 管理者不應該用解決發展前瞻性問題的方法來處理一般性的管理問題。前瞻性的員工績效發展策略應該盡可能包括在職培訓學習。這是員工學習新知識的最佳途徑，因為他們有機會把學到的東西盡快運用在工作中。

(2) 在職培訓的發展解決方法，主要包括創造學習機會和提供在職訓練以便幫助更新工作所要求的知識，以保證員工充分利用學習機會。

(3) 實務培訓是針對需要的員工提供在日常工作問題的單純培訓，它雖然與具有前瞻性的在職培訓的目標不同，卻是發展策略的解決方法的基礎。如果有效，實務培訓也一定納入在職學習在內的廣泛發展策略的一部分。

(4) 管理者應該和學員一起討論發展策略和解決方法，力求在討論中與學員取得共識，以便他們也能發揮作用，並全心地投入對預期目標與結果的追求。

3. 問題思考

請花一點時間思考一下：

首先，管理者怎樣處理推銷員在擴大生意方面績效差的問題，選擇何種具體解決的方法。例如，管理者需要解決推銷員的態度問題的方法時，取決於他是何種人格特質類型的人。

其次，管理者是否可以採取直截了當的方式找他談話，直接告訴他管理者對他工作態度的關注，以便說服他改變他的想法。

第三，如果管理者認為如此做他不會接受這種方法，那麼管理者如何採用與制定嚴格的目標的方法會更有效，這個目標顯示他能否增加銷售額會直接影響績效的評定。

為了提高他推銷的能力，管理者首先要提供他更多的推銷機會，就派他與更有推銷經驗的員工一起推銷。然後管理者應該幫助他總結經驗，以使他能自己進行類似的促銷宣傳。在讓他獨立推銷之前，管理者可以與他一起進行促銷宣傳，鼓勵他的工作並給予及時的指導。

4. 評價計畫問題

針對評價計畫中的每個問題，找出解決的方法。要設身處地的從受評人的角度考慮，他可能偏好的管理者能接受的解決方法，最後再考慮是否還有其他的可行的方法。

管理者如此做的原因是促使管理者：

(1)考慮受評人對管理者採取解決方法的反應。
(2)避免受單一種方法的限制，要備有多種選擇方法，以便在評價面談中靈活運用。

實際上，有時管理者努力尋找其他方法，可是最終只有一種方法可行，但是管理者也不要多慮，沒有充分的準備，也許連一個解決的方法也找不到。

三、確定工作績效

與員工的評價面談的議程安排好之後，下一步要確定管理者期望從討論工作要素中得到的結果，這些結果說明了管理者期望員工在績效各個方面的改進，這也是順利完成具體目標的保障，也代表管理者想透過討論達到的目的，這有助於管理者進行組織討論。如果沒有明確的預期結果，管理者很難左右面談的效果。

1. 結果與辦法

不管有效性怎樣排列，管理者都必須為每一項工作要素確定明確的討論結果。當管理者為一個評價作準備時，管理者會發現對不好的績效的評

價很難進行。事實上，管理者大部分時間都被考慮如何處理這方面的難題所耗盡。克服這個難題並確定高績效和低績效的結果都很重要。

就我們的經驗而言，管理者在評價中碰到的許多問題是由於結果確定不適當，有時是因為管理者沒有用充分的時間認清他們期望的結果，有時是因為他把結果確定錯了，正確的結果是很難確定的。

注意情境的變化。許多管理者由於沒有區別清楚培訓結果和解決辦法而給自己造成許多麻煩，這不僅發生在評價中，而且發生在任何交談場合。在績效管理上，兩者區別如下：其一，培訓結果是管理者期望員工在績效方面的改進。其二，解決辦法則是員工績效改進的方法。其三，培訓效果的優劣則取決於所採取的解決辦法。例如，管理者想要某個員工改進他的時間管理：這是管理者期望的結果。為達到這個結果，管理者決定派他去學習：這就是管理者的解決辦法。

管理者常犯的錯誤是，沒有以取得結果為目的，而陷入尋找解決方法的困惑中，並且還試圖說服某個員工接受解決辦法。也就是說，讓員工接受培訓而不是改進他的時間管理。如此做有兩種失誤：

(1) 獲得結果的方法大概不只有一種；管理者提出的解決辦法不一定是最適當或最有效的。
(2) 管理者的行動很可能使員工對具體的解決方法產生抵觸情緒，一旦這種情況發生，更難對結果達成共識。

2. 個案討論

以下有三個個案提供參考：

個案一：有一位管理者想從一名上級主管那裡得到一些資訊。他安排了一次會面，結果被取消了。接連安排三次會面，也都未如願以償。他感到非常沮喪，可是他沒有考慮透過其他途徑獲取資訊，而只是一直要求與上級主管見面。實際上這不是獲取資訊的唯一方式。不適當的方法：只試圖用會見上級主管的方法來獲取資訊。適當的方法：從別處獲取資訊。

個案二：一位高級技術人員受委託去改進工廠的工程師與實驗室技術員之間的關係。他的方法是安排他們兩星期會談一次。只會談了兩次，他們就不再參加了，結果雙方之間的關係越來越糟。不適當的解決辦法致使願望落空。不適當的方法：讓雙方定期會談。適當的方法：讓工程師與技術員合作融洽。

個案三：有位高級管理者想要提高一名屬下的交際能力。派他去學習這方面的技巧，因為厭惡培訓，這名屬下非常不情願，尤其對人際關係不感興趣，他性格內向害羞，不喜歡與同事們交往。在培訓時，他拒絕接受任何知識，回來工作時，抵觸情緒更大，他與管理者的關係變得更糟。不適當的方法：讓他接受人際交往技巧培訓。適當的方法：讓他在集體性的會議中發揮實力。

針對這三個個案的情況而言，可能有若干解決辦法來達到預期結果。

請花一點時間可思考一下，管理者自己是否有這種經歷：

(1) 由於注重解決辦法，管理者卻忽略了預期的結果？

(2) 如果該管理者沒有如此的經歷，他的管理者同事是否有如此的經歷？

(3) 管理者是否想出各種可能的解決辦法？

3. 觀念和行動

我們曾經觀察一位管理者在評價中試圖說服一名工程師確實了解安全措施對工廠是十分必要的。這位管理者失敗了。

(1) 觀念問題

這位工程師認為安全是必要的，並有工廠最佳安全記錄，但是在他看來措施過於繁雜，又非常浪費時間，他有更重要的事情要做，他不願意跟那些總部辦公室官僚們的爭來爭去。對此，他們爭論了好久。

後來這位管理者告訴我們，如此談話不止一次。每次談話，他們

幾乎都是針鋒相對，但從未取得任何進展。令人遺憾的是，雖然這位工程師是工廠最好的，可是這位管理者因他沒執行安全措施而未推薦他晉升。結果這位工程師滿腹牢騷，徹底失望。因此，對他的管理也更加困難。

這位管理者的問題是，他選擇了說服這位工程師了解安全措施非常重要，去試圖改變工程師的觀念，而不是改變工程師的行動來達到預期結果。他希望這位工程師建立安全措施的原則，不但沒有成功，還耗費了許多時間。實際上他的預期結果是讓工程師執行安全措施，所以他沒必要說服工程師贊同這些措施。倘若工程師這樣做了，當然很好，但這不是必要的。如果這位管理者把行為作為預期結果，他就會要求工程師按他的要求去做，然後讓工程師權衡如此做的利弊。

最適當的建議：讓他下個月嚴格執行安全措施。

(2) 問題思考

請花一點時間思考一下，管理者有無如此的經歷：

A. 是否用強調改變觀念而不是行動的方法來取得結果，而使自己陷於困境？

B. 如果沒有，想想其他的管理者同事是否有如此的經歷？

C. 如果管理者預見其部屬對他所期望的結果有抵觸或反抗情緒，該如何處理？

D. 管理者是否把注意力放在行動上，而不是觀念上來取得預期的結果？

以上四個思考問題有助於管理者解決下列問題：

A. 避免無益的重複爭論。

B. 控制討論的範圍和重點。

C. 制定有效戰略說服受評人。

4. 循序與速成

循序漸進和一步到位。管理者確定的結果太脫離實際，難以一下子達到預設的結果。很多時候，我們給員工確定的結果也不符合實際，這是因為我們沒有預料到他們在學習我們已熟知的事情時所遇到的困難。

對我們來說最好是逐步達到結果。這有助於我們評價分批完成是否更有利。例如，我們曾經幫助公司新調來的一名員工分析他的工作重點。為了給公司留下好印象，他試圖同時做許多事情，其結果卻適得其反。後來，他對我們說：他想要盡快熟悉每項工作，他沒有充分利用和我們交談的機會，因為他要討論的問題太多。

(1) 逐步而行

首先，我們決定讓他適當安排工作時間，他對此表示贊同，但他又覺得很難做到。他對新工作環境非常渴望證明自己的能力。在這種情況下，我們的決定仍不夠好，對他要求太高。於是我們確定更具體的結果：讓他計劃好充分利用與我們面談的時間來討論學習重點問題。

第二個結果相對容易達到。為取得更重要的結果邁出了重要的一步。同時，面談使雙方都有收獲。透過對我們每次面談學到的東西深入地思考，他明白了如何決定工作的重點。以後，他在其他工作領域也能熟練地運用這種技巧。

最合適的結果：充分利用培訓者。

(2) 問題思考

請花一點時間思考一下，當管理者遇到不切合實際的麻煩個案，想想其他同事是否有如此的經歷。如果管理者預料到員工達到管理者的結果有難度，那麼管理者要循序漸進，而不是尋求一步到位，這有助於管理者：

A. 減少行政改革的阻力。

B. 找到可行的解決方法。

C. 避免一事無成。

5. 計畫活動

　　計畫活動讓管理者提供確定計劃評價的對象，以及所期待的結果。在確定第一階段評價計劃中每個議程的討論結果，管理者要注意以下三點：

(1) 重要的是結果而不是解決辦法。

(2) 注重行動而不是觀念。

(3) 循序漸進而不是一舉完成。

　　在結果確定之後，把第一階段的關鍵工作要素抄在下圖內。然後在相應的行裡記下每個工作要素的預期結果，注意在這個階段不要填寫解決方法（如果管理者不想寫在書上，把這圖複印在另一張紙上）。然後進入第二階段的工作。

關鍵工作要素	預期結果	可能解決的辦法
1.		
2.		
3.		

　　許多時候好的績效結果比工作要素的結果更難確定。因為工作要素所需要的改進是顯而易見的。管理者可以從三個方面發揮員工的長處：

(1) 保持員工他們目前的績效水準，特別是如果他們的工作條件有可能變化或在以後變得更困難時。

(2) 提高員工已有的能力以使他們能實現難度更大的目標，達到更高的標準。

管理心理學

(3)調換員工他們的工作，擴大他們的職責範圍，最大限度發揮他們的作用，以此來發揮他們的長處。

一般而言，許多管理者時常抱怨他們沒有足夠的時間計劃合乎他們意願的評價。這可能是事實，但一般來說是他們沒有有效地利用時間。

請花一點時間思考一下，根據管理員工績效的三個階段：管理者如何將管理者在本節學到的計劃評價過程的知識應用到人員管理和其他工作方面。這有助於管理者鞏固在本節所學的內容。在下一章「人員管理的操作實務」，它會教管理者發揮實際的人員管理的效益。

 思考問題

1. 解決績效問題的兩種不同策略是什麼？
2. 如果不止有一個問題，有哪些假設可以幫助管理者決定首先解決哪些方面的問題？
3. 當管理者考慮哪種方法更適合解決問題時，應該注意哪四點？
4. 在績效管理上，培訓結果和解決辦法兩者的區別是什麼？

Chapter **5**

人員管理的操作實務

01 　有效的管理溝通

02 　友善的工作環境

03 　紓解對立與對抗

根據『人員管理的操作實務』的主題，本章提供下列三個相關主題：第一節「有效的管理溝通」，第二節「友善的工作環境」，以及第三節「紓解對立與對抗」。

第一節討論「有效的管理溝通」，主要包括下列三項議題：一、建立管理溝通模式，二、尋求雙方溝通共識，以及三、發揮明確互動效益。

第二節討論「友善的工作環境」，主要包括下列三項議題：一、友善問題的背景，二、選擇有效的方式，以及三、互動坦誠與友善。

第三節討論「紓解對立與對抗」，主要包括下列四項議題：一、對立問題所在，二、即時正視問題，三、監控情緒管理，以及四、有效處理問題。

01
有效的管理溝通

　　人員管理難度之一在於溝通問題：管理者對員工的工作指令單調、僵化、重複與持續時間太長。正因為如此，在整個工作指令中，很難保持較高的明確度。溝通時，意想不到的問題時而出現：當接受命令的人試圖迴避討論內容的時候，管理者可能會失去對溝通的控制；還可能提出管理者無法解決難題；管理者可能自己也搞不清楚：無法用別人能夠接受的方法來表達自己意思。這些問題在指派中經常出現，在別的溝通場合也會出現！有時溝通的影響不是很大，但是當問題涉及到人與績效時，它的影響就大了。因此有必要討論如何保持工作指令的明確度。我們將討論一些能夠盡量保持工作指令溝通明確的方法。雖然我們所討論的是針對一對一的人員管理的溝通，但本節所討論的內容也適用於任何的溝通場合。主要從三個方面探討這些方法：

　　1. 建立管理溝通模式
　　2. 尋求雙方溝通共識
　　3. 發揮明確互動效益

一、建立管理溝通模式

　　管理者與員工指派溝通出現問題時，其原因可回溯到溝通的最初的幾分鐘，這是因為我們下意識地往往喜歡開門見山，立刻深入溝通的主題，而不是先設想一個討論的程序。這使溝通缺乏模式，進而導致溝通不夠明確。

1. 制定議程

設計討論程序的方法是去制定「議程」，因為議程就是一種模式，它可列出該談的事情以及所談事情的順序。然而，開始時制定的議程，並不能保證在交流中一成不變。在整個討論過程中還需要積極地控制議程，這就叫建立模式，讓溝通有明確的輪廓和方向。

在建立模式方面管理者需要有兩種行動。然後詳細研究一下在討論難題時如何建立一個合適的溝通模式，最後我們將做一些練習來幫助管理者實踐這些技能，讓管理者思考對目前的溝通怎樣建立模式。

2. 指出溝通方向

把溝通當成一次旅行也許對管理者有幫助。管理者的目的地是得到預期的結果（或者說，如果管理者不清楚預期結果是什麼，管理者很可能會迷失方向。）然後，管理者可以把模式當成管理者的路線。它通常由幾部分組成：從家到高速公路，下交流道；選擇普通公路或是外環道；到達目的地。每路段都是不同的，但依次連接，最終導向目的地。每一路段都有不同的路徑：例如從家到高速公路在交通尖峰時，最好選擇車輛較少但是需要繞路的路段，避開會堵塞的路段以節省時間等等。

為溝通建立模式，需要將整個討論內容分成幾個明確的部分，或叫做議程項目，使其按預定順序發展直至達到預期的結果。每一部分內容在溝通開始之前以條列的形式描述，就像注意事項一般。

可以一起討論管理者提出的選擇方法，看看還有沒有別的解決方法。這樣，到最後，管理者將會知道怎樣做。由於人們都很想要知道溝通怎樣按照設想的方式進行。因為如此會確保可以達到預期目的。同時，透過模擬知道將要發生事情，有助於為溝通做充分的準備。

在每一個新情況出現時，管理者應該給更多的指導，去提醒將會發生的事情，並提供詳細情況：根據正在發生的情況，管理者也許需要改變方向，採取新的對策。

建立溝通模式將給管理者一個實踐的機會。如果管理者當時確定溝通模式的話，溝通會很成功。將其內容分成幾部分，寫上在開始時管理者本應指出的方向，描述管理者希望的溝通模式。

3. 矯正話題偏差

指出方向和做結論是控制溝通模式的兩個重要行動，就好像路標一樣，標明在確定路線中的重要路段。它們也同樣可以用來控制不受歡迎的話題偏差（司機知道可以避免所有交通堵塞的捷徑！）。話題偏差是溝通最大的威脅之一：它們打亂模式，使內容變得毫無次序，並造成混亂；它們使管理者迷失方向，從而使達成目標變得更加困難。

我們經常犯如此的錯誤，把話題偏差當作內容問題來對待，從而使我們陷入對已偏差的內容的討論。就是在這個時候，我們失去了對整個溝通的控制。個案研究就是處理話題偏差不當的例子。

管理心聲
個案研究

　　張組長：我們承認我們沒有很好的對待他，但真正的問題在於小謝，大家都知道他很難對付，但領班老王卻讓著他。為什麼就該我們而不是他去對付他。

　　林課長：你認為領班老王什麼也沒做嗎？

　　張組長：那麼，假如說他做了，那就是說他沒有成功，對嗎？

　　所犯的錯誤是：我們隨著張組長偏差了話題。他說的話中也許有對的地方。甚至有些內容值得進一步討論，但並不一定非得現在討論。而應該如何用指明方向和做結論的方法，使溝通又回到原先的話題中。

　　管理者承認自己可以更好地對待部屬，我們想我們現在應該考慮怎樣避免問題再次出現，這對管理者很有意義。我們認為和管理者談論領班老王的管理風格不大合適。

　　使偏差的話題又回到開頭：將溝通完全轉回到我們原來的模式上，給它一個明確的溝通方向，使之順利進行。在對話題偏差上要明確地指出：要向張組長表顯示我們不願意討論它。這也是為了避免在以後的溝通中，他試圖再轉變話題。

　　慎重處理話題偏差。管理者透過做結論和指出方向，寫下為控制整個討論，當話題偏差時管理者應該說的話。在繼續討論之前，我們對前述溝通稍做整理：

　　(1) 在開始溝通之前，建立一個總的模式。

(2) 在每項議題結束時，要做結論，以確保溝通的連貫性和一致性。

(3) 在開始討論每一個議題時，要指出明確方向，如此可澄清溝通雙方應負的責任。

(4) 將指出方向和結論聯合運用，控制想偏差話題的企圖。

(5) 對已討論和達成共識的要點做結論。

4. 確定討論重點

　　基本模式被勾畫出來了，它適用於任何形式的溝通，不論是工作指令，還是群體會談。尤其涉及人員管理問題的討論，更需要建立精確的模式，才能使討論有確切方向與目標。當我們了解到指派者討論員工績效通常採用的方法時，我們更感到確定討論重點的必要性。指派者常常因爲沒有做到這一點而給自己帶來麻煩。個案研究便是一個非常典型的例子，做練習思考一下，管理者在指派時的表現。請參考下面的對話：

　　指派者：下面我們來談談時間管理問題，從總體上看，你們覺得去年
　　　　　　的時間管理得怎樣？
　　受派者：我們認爲還可以。
　　指派者：（他不認爲受派者做的很好），爲什麼那樣想呢？
　　受派者：（變得有些疑慮）怎麼了，管理者認爲我們在時間管理上有
　　　　　　問題嗎？
　　指派者：沒有，那麼，你們是怎麼認爲……？

　　個案研究中的開頭方式通常給指派帶來困難。因爲它偏差了指派人想討論的話題：受派者的時間管理問題。但是他們卻圍繞這個問題令人不愉快，雙方都沒有談出他們眞正想談的問題，結果浪費了許多時間，溝通的氣氛受到破壞。要避免陷入這個情況，需要從一開始就確定談論的重點，以確保他們能夠提出實質性的問題。下面要談的制定綱要，可以幫助管理者做到這點。

5. 制定溝通綱要

　　制定溝通綱要包括三個階段：

　　(1) 明確目的

　　　　這是績效討論常常被忽略的問題：往往沒說明討論的目的，就開始討論。在多數情況下，我們和員工一起探討績效的問題，因爲

我們想幫助他們提高績效，但這個目的通常沒被明確指出，結果使討論不能如願以償。

管理者所明確的目的不可以是會引起異議或遭到抵制的目的，必須是：總體意圖的表達，而不是一個具體的結果或解決方法，最好是明確的對他人有利的表達。例如，管理者可以這樣說：「我們想和大家討論一下時間管理的問題，以便於我們可以確信大家能以最有效的辦法處理工作，而不致於使大家負擔過重」。這句話為他人提出批評掃清了障礙，並很可能激發起共同處理問題的責任心。

(2) 闡明管理者的觀點

因為指派者通常不願意說出否定的回饋，他們通常希望受派者承認他們的弱點。這樣他們就不用公開地指出其缺點。受派者不願意這麼做，尤其是關係到加薪問題時！許多情況的主要原因就是指派者在解決績效問題時，不說清楚自己對績效問題的見解。他對受派者的時間管理就非常不滿意，但他沒有明確提出來，可能會有以下的情形：

(a) 沒有明確的主題。使他自己陷入問題是否存在的爭論中，而不探究問題的原因。溝通結束後，卻說幾句使情況更糟的批評。

(b) 闡述對問題的看法，這有助於管理者明確自己的觀點，使管理者在討論問題時輕鬆自如。例如，我們關心目前大家工作的辛苦程度，同時也擔心如果大家不注意的話，會把自己搞垮的！

(c) 通過坦誠描述管理者的感受（關心，不高興），使批評變得委婉，易於被他人接受。

透過陳述管理者對績效方面的擔心，管理者已清楚指出：這是一個需要解決的問題。管理者要提出一些細節，來說明管理者的擔心。如果管理者認為他人績效有問題，而事實正是如此，那麼討論的重點是如何解決問題，而不應該追究問題是否存在。

(3) 澄清自己的觀點之後，管理者就可以建立明確的討論模式。

管理者如何確定工作的先後順序：先想想這個先後順序給工作帶來了怎樣的影響，並指派一下它們需要哪些改變，以及怎麼改變。然後計劃一下怎樣運用這個先後順序來調整工作量。像如此的模式使管理者能夠以具體的方法把注意力集中在一個問題上。

二、尋求雙方溝通共識

以上描述有效建立模式的方法，有助於管理者確保談話各方清楚溝通的程序。我們現在看一下怎樣確保雙方對溝通的內容有共同的理解。

1. 如何提出問題？

管理者在每一個模式階段結束時，應進行必要的總結，可使管理者達到部分目的，這給管理者提供了一個檢查自己是否理解和觀察對方是否同意的機會。當然有些時候，在某部分的討論中，管理者需要澄清對方說話的意思，這樣做有利於增進溝通的雙方對溝通內容的理解。在這時，澄清事實非常重要，用提問題的方式確保雙方能達到共同理解，要注意下列三個問題：

(1) 管理者的意思是屬下知道管理者需要什麼，但不合作；還是他不知道管理者想要什麼？
(2) 管理者是說屬下從不跟任何人合作嗎？
(3) 於是管理者認定在這個問題上與屬下對抗會使事情變得更糟？

如果能提出像如此的問題是成功的溝通者的象徵之一，因為他們顯示了良好的傾聽技巧。這些問題向對方指出：管理者已聽到了對方所要闡明的意思，並渴望更好地理解它。這為溝通營造了良好的氣氛，並有助於消除溝通中的混亂和模糊不清。

2. 如何澄清事實？

如果管理者能澄清對方意思的話，討論的結果可能會更好些。寫出五個問題。如果管理者問了這些問題，將會提高溝通的清晰度及溝通的品質。因此，提高明確度的提問，還有許多其他用途。將各種用途綜合起來，對人員管理方面的溝通有重要的作用。其他的用途還有三種：

(1)鼓勵對方進一步深入思考。

(2)對看法提出挑戰。

(3)用提建議的方法暗示有不同的意見。

用這種方式提出的問題是有效溝通的強有力手段，它有助於管理者控制討論並影響他人的觀點。

三、發揮明確互動效益

在人員管理溝通中，有兩個重點。一方面管理者想理解另外一個人在說什麼；另一方面，他們想知道管理者對他們所說的話的反應。提問題幫助管理者理解對方的意思，但也可能為管理者的反應設置障礙。因為當我們提問題的時候，我們的反應力不足。我們太集中於思考問什麼樣的問題，以致於忘記對我們得到的答案做出明確的反應。反應不足會引起對方的疑心和焦慮，進而對溝通的氣氛帶來不利的影響。

明確的反應無論是管理者或員工都有助於對溝通的清楚了解，也對氣氛有積極的正面影響。我們不願意表示不同意見或者我們無法明確地表達不同意見，這都會影響我們與他人進行清楚明白的溝通。

只要管理者有對反應行動的平衡能力，就沒有理由不去表達反對意見──它不會被認為是消極的，甚至有的人可以從中得到寬慰。另一方面，還有一些充分的理由，來說明管理者為什麼在人員管理的溝通中，應該明確且堅定地表達不同意見。

1. 向自我認識挑戰

若有人向管理者提出不同的意見時，管理者要及早提出管理者的不同意見以便使討論更富有針對性。例如：

受派者：我們認為已經準備好採取更積極的方法與客戶打交道。

指派者：我們認為你們沒有做好準備，但我們想探討一下可以採取哪些措施使你們找到自己的方式。

受派者：我們對獨自去拜訪客戶沒有十足的自信心。

指派者：我們不敢肯定這是不是自信問題，我們想詳細知道你們做此事的顧慮。

2. 控制話題偏差

在前面我們已經討論過為溝通建立模式已有一個例子，它說明了為了控制話題偏差，有必要表達不同意見。例如：

受派者：瑪姬常讓威廉一起去拜訪客戶，他的資歷比我還短。

指派者：我們認為工作時間長短不是要討論的問題，我們想主要討論與客戶相處應具備的技巧。

3. 終止無效益的辯論

一般而言，當討論問題時，管理者有時會發現自己陷入一種不知所云的辯論中，將管理者自己從這些無效益的辯論中脫身出來是非常困難的。從中脫身的關鍵是明確地表示不同意見，以警示不能再這樣爭論下去。例如：

受派者：我們認為問題不在於我們，我們認為是那些銷售人員只要他們能得到獎金，他們才不管造成什麼後果呢？如果我們和他們一起出去，他們不想讓我們和客戶溝通，以免我們弄壞銷售。所以我們認為管理者把責任推到工程師身上有點不公

平。

指派者：我們沒有把問題推給工程師們，我們也沒有偏向銷售人員，我們想看一下管理者是怎麼處理銷售與工程部門的關係，以避免再出現類似問題。

在以上例子中，及早明確地表達不同意見，能使管理者控制整個溝通，集中討論管理者想討論的問題。即使有人可能對管理者表示異議，只要管理者用不時的同意作為平衡，這對整個討論氣氛也不會有不利的影響。如此很可能節省管理者許多時間。在每一種情況下，要想達到控制討論的目的，首先要先明確表示不同意見，其次指出方向，把兩者結合起來非常重要，因為縮短對方反駁的時間，為討論的話題提供一個積極的能夠有良好進展的討論方式。

如何清楚表達不同意見？如果管理者對他人清晰地指出反對意見的話，討論結果可能會更好一些。寫下管理者應該說的話，運用表示不同意見和指出方向的兩種行動方式。不同意見，將討論重新引向一個明確的方向。許多人不願意表示反對，其原因是害怕得到不良的反應。管理者也許感到不能夠那樣表示反對，並且發現很難表達。如果是這樣的話，我們建議管理者，先思考一下管理者想要表達的不滿的意見，然後在一個風險較低的溝通中，實際練習一下，管理者會發現表示不同意見並沒有引發所擔心的反應，結果往往是與預期相反的。

思考問題

1. 為何要制定議程？
2. 如何避免將話題偏差當作內容問題來對待？
3. 制定溝通綱要包括哪三個階段？
4. 用提問題的方式確保雙方能有共同理解，要注意哪些問題？

02
友善的工作環境

　　有效的管理溝通最好能夠在友善的環境下進行，以使其效果更穩定與持久。影響工作環境的因素有許多，例如，員工對工作活動的態度，對工作指派員工的感受，這些都對討論工作環境有重大的影響。探討管理者與員工互動的友善環境問題，管理者著重於以下三項關鍵課題：

　　1. 友善問題的背景
　　2. 選擇有效的方式
　　3. 互動坦誠與友善

一、友善問題的背景

　　管理者的態度對提供友善環境扮演了重要的角色。管理者可以營造各種工作環境，例如輕率的、互不信賴的、謹慎的、好鬥的、開誠布公的、建設性的、挑戰的、提供幫助的。管理者營造的工作環境直接影響著管理者要達到的工作指派溝通結果，也影響管理者與員工們雙方在工作指派溝通活動中的職責。

管理心聲
問題思考

　　請花幾分鐘時間思考一下：首先，管理者最後一次在工作指派溝通時的氣氛。用一些關鍵詞來描述它（例如，誠實的，虛偽的，積極的，消極的，批評性的……）。其次，管理者認為如此的工作環境合適嗎？例如不合適，用另外一些詞句描述管理者喜歡的工作環境。

關鍵詞	使用	改換詞
誠實的		
建設性的		
虛偽的		
積極的		
消極的		
批評性的		

1. 考慮不同環境

管理者在列出描述工作環境的詞語時，給管理者一般工作環境的指標，管理者可以把它運用到管理者的工作中去，然而，基於下列三個因素，每次工作指派溝通都需要考慮不同的環境：

(1)牽涉到受派人的個性。
(2)牽涉到管理者與受派人的關係。
(3)牽涉到管理者期望的工作指派溝通結果。

一般而言。在工作指派溝通的領域中談論工作環境是件容易的事，但是這對所有的管理溝通都是一樣的。他們都有各自的工作環境，都被人際關係、期望和對問題及員工行動方式的感受所決定。在這部分，管理者主要研究：如何去營造能達到管理者預期的管理溝通結果的工作環境。

2. 營造工作環境

在討論有效工作環境時，有三種營造工作環境的方式：

(1)讓受派人參與工作指派溝通議程的安排，使管理者與他共享指派權力。
(2)利用基本準則確定管理者想營造的工作環境。
(3)選擇迎合受派人需要的幫助方式。

接著，管理者必須將這些步驟與管理者在管理溝通中的行動結合起來，才能營造合適的工作環境。

二、選擇有效的方式

我們提供管理者三種方式：指令式、指導式和授權式。這些方式的主要特點是講與問同時並用。例如，授權式是問得多，講得少，當管理者在與員工談話時，管理者面對如此的抉擇，譬如：如何平衡講與問，管理者

講多少？管理者問多少？

　　一方面由管理者對具體情況的反應所決定，一方面由管理者的習慣行動所決定。隨著年齡的增長，管理者的行動已形成固定的模式，它決定了管理者對事與人本能的平衡。例如，大多數人在談話中往往講得多，問得少。怎樣平衡這兩者，依據不同情況而有所不同，但是模式在不斷變化。有的人不分析談話的具體特點，講得許多，幾乎不問。還有的人問得多，幾乎不講。

　　請花幾分鐘時間思考一下，管理者怎樣描述自己，管理者是以下的哪一種人：

(1) 講得多，問得少？

(2) 以講為主，以問為輔？

(3) 提許多問題？

　　由於每種情況都不同，我們很難給上列問題提供標準答案：管理者通常不清楚花了多少時間在講，儘管管理者講的肯定比較多。這是因為在講話時，管理者的大腦忙於思考正在講的內容和將要講的內容。對內容的關注使管理者很少注意到是如何行動的，以及管理者的行動是如何影響員工的。然而在提問題時，管理者往往比較清楚自己的行動，因為提問題比較困難：「管理者不僅在思考說什麼，還在思考想要對方說什麼，以及怎樣讓對方準確回答管理者的問題。」管理者通常知道何時提問題，因為有所考慮，當管理者講話時話語是脫口而出的。

1. 講與問的技巧

　　這裡有兩個小活動幫助管理者準確判斷管理者在談話時，講與問的平衡程度。其一，聽自己的：挑選一次談話，並加以錄音或錄影。看看管理者在溝通中有多少次本能的講話；多少次提問題。其二，徵求回饋：請最了解管理者的人給管理者一個回饋，他們是否認爲管理者講得多？

　　要想成爲高效率管理溝通者，首先要注意自己講話的程度。通常，至少有一半的人是講得多，問得少。因此管理者教他們學習何時及怎樣問更多的問題，以提高他們的工作效率。因爲在多數情況下，講得多、問得少的方法，很不適用，也毫無效率。在人員管理的管理溝通中也是如此，講與問的關係對工作環境影響很大。

　　有一個基本準則可以學習，在談話友善環境的開始時，雙方互相對話，這是典型的管理溝通方式。知道應該提問題比實際問題更容易！只有一方講話會產生消極的工作環境，這使受派人感到沒有自主權，有一種被控制、被疏遠、受挫折的感覺。雖然這個影響並不總是如此極端，但是工作指派溝通者講得多，問得少，這種方式幾乎對任何工作指派溝通都不適用。但是就培訓而言，學員需要獲得知識和指導，在這種情況下，培訓者採用指令式可能更有效。

　　問得多、講得少有利於爲工作指派溝通營造積極的工作環境。透過提問題，管理者可以向受派人表明：

(1) 管理者對他們回答的內容很感興趣。
(2) 理解他們的觀點。
(3) 尊重他們的想法和意見。

　　這樣做的話，管理者能激起參與討論的積極性，贏得合作。管理者更容易獲得所需的訊息，幫助管理者做出公正的判斷和建設性的決策。對非正式管理溝通也是如此：提問題對工作環境有積極的影響。如果管理者明確了情況需要管理者多講，那麼管理者就可以採用講得多的方式。

2. 提問題的技巧

如果管理者講得少，問得多，談話會更順利嗎？寫下管理者用來營造積極工作環境並產生良好效果的問題。

在此闡述在人員管理中提問題的價值。如果管理者是一個善於講話的人，又想少講，首先就得問更多的問題。這會減少管理者講話的次數，尤其在管理者傾聽員工的回答的時候。在後幾章，將詳細探討哪幾種問題可以被用來幫助員工理解和在經驗中學習。

三、互動坦誠與友善

提問題促使員工參與討論，但是並不能促使他們向管理者透露他們真實的想法。要想使管理溝通成功，雙方必須要坦誠。管理者希望受派人對他們的工作、績效、將來的發展、包括對管理者的看法吐露真情。管理者也希望學員真實地告訴管理者他們碰到的困難、憂慮、失敗和成功。

讓某些人吐露真情非常困難。他們不願意如此做的原因有許多：他們性格內向，對自己所說的話的價值缺乏自信心；因自己的表現不好而感到不安；他們懷疑管理者從他們那裡了解訊息的目的。在多數情況下，他們不願意吐露真情是因為覺得沒有安全感。我們的主要目的是幫助管理者營造坦誠的工作環境。管理者針對兩種行動方式，來探討怎樣使員工感到吐露真情很安全：有所反應和表現坦誠。

1. 適當的反應

影響員工對管理者坦誠因素之一是管理者對他們談話內容的反應方式。管理者的反應可以是及時回饋的形式，可以判斷他說的是否恰當。管理者的反應能鼓勵他們談的更多，並引導他們發揮自己的才能。在人員管理溝通中，經常出現兩種失誤：一種是反應不夠：因為管理者認為如果明確表態，可能妨礙員工表明自己的觀點。實際上，若管理者阻止他們講話，就意味著拒絕他們的回饋，會造成他們心理不安，妨礙他們的坦誠。

另一種是反應過份主動：經常因爲管理者太想營造積極的工作環境。遺憾的是如果管理者的反應總是肯定的，員工會懷疑管理者的積極性的價值和眞實性。它看起來像一個策略，而不是眞誠的反應，這更可能造成不安和妨礙坦誠。

管理心聲
問題思考

　　請花幾分鐘時間思考一下，管理者在討論績效時，是反應不夠，還是積極反應，思考一下他的反應行動對別人的影響。

　　如果管理者認為積極反應很難做，這可能是因為管理者的善於對談話內容給予清晰的反應，在此情形下，管理者不太注意他的行動。如果他的反應不夠，他的行動就會對管理者產生影響，這種影響可能是戲劇性的。當管理者沒有得到回饋時，管理者會認為員工不同意自己的觀點，雖然情況未必如此。對分歧的恐懼使員工坐立不安，需要謹慎之。

2. 反應技能

以下的「反應技能」練習能夠幫助管理者準確估量管理者的反應行動的影響。為了獲得反應行動的真實情況，管理者需要從員工那裡得到回饋。找一個合適的機會，管理者單獨問他們對管理者的行動是否感覺到以下的情形：

(1) 管理者給他們足夠回饋。

(2) 他們非常清楚管理者對他們的看法及他們談話的內容。

(3) 管理者的積極回饋是真誠的。

(4) 管理者經常不同意他們的觀點。

(5) 管理者不同意他們的觀點和批評太多。

此外，還有三點值得管理者注意，它們是：

(1) 確保管理者對員工的講話有所反應。如果管理者同意，表達出來；如果不同意，也表達出來。管理者若不說出自己的想法：受派人可能會誤解為管理者不同意。

(2) 不要過多給予過份積極的回饋與反應。它們未必會營造一個良好的談話工作環境，並且冒著減少積極行動價值的風險。只有反應是真誠的，反應才能引起積極作用。

(3) 不要擔心有分歧！員工常錯誤認為分歧對營造良好的管理溝通工作環境有負作用，其實並不是如此。如果分歧是理智的，是經過深思熟慮的，它很可能具有有益的作用。如果分歧太多，而且又沒有足夠的積極的回饋平衡它，那麼分歧就會起負作用。如果管理者表明管理者的不同看法，管理者的積極回饋對受派人更有價值。

3. 表現坦誠

反應明確是促使員工坦誠的一種方法。另一種方法是先表現管理者自

己的坦誠：提出模式，以表明管理者想要員工坦誠的程度。為此，管理者首先要明確坦誠的意義。與管理者分享想法和感情；員工可以與管理者分享一切，包括他們的的恐懼、幻想、絕對秘密，管理者對他們的感受，管理者對他們的看法等等。不同層次就像梯子的階梯，就大多數交往關係而言，管理者先從梯子第一階梯友善環境的開始。管理者是否走下一步的抉擇基於管理者是否覺得如此做安全。安全與否主要取決於管理者認為員工是否也準備邁出這一步。

　　親密關係的形成就是在坦誠線段上小心爬行，一次一步，雙方同步前進。當其中一人爬得快時，交往關係就會出現問題。若管理者比員工感到更坦誠，這是合適的；若管理者要求員工回報以同樣的坦誠，但是他並不同意，這就會造成不安、焦慮、尷尬的工作環境。

 管理心聲
問題思考

　　請花幾分鐘時間思考一下，在坦誠線段上，管理者與員工之間的距離在什麼位置出現了問題。在大多數工作指派溝通中，工作指派溝通者想要受派人自己移向坦誠線段的上端：這使得他們處於易受傷害的境地，這不是管理者的本意。假定工作指派溝通是一種權力天平傾斜於工作指派溝通者的管理溝通，那麼，大多數受派人拒絕合作就沒什麼了。管理者如果想要受派人坦誠，讓他們感到如此做很安全，唯一辦法是管理者自己也釋出坦誠的態度。假定管理者是有權力的人，管理者要首先有所表示。

　　管理者可以透過與員工分享管理者的內在想法和感情的方法來表現管理者的坦誠。比較下面四個句子。

1. 「去年做得不錯。」
   「管理者對去年的績效很滿意。」
2. 「應付額外工作極好。」
   「應付額外工作的方式給管理者留下很深的印象。」
3. 「實驗室安全記錄不很好。」
   「管理者對安全記錄很失望。」
4. 「坦誠地告訴管理者，從管理者這裡需要什麼。」
   「管理者在工作指派溝通中沉默寡言感到不安。」

　　雖然這幾對句子說的是相同的一件事，但是對接受者有不同的影響。每一種情況的第二個句子都是在鼓勵坦誠，這有兩個原因：管理者在談論

自己的同時，也在談論員工——大多數句子都以「管理者」開頭；管理者在表達管理者自己感情的詞——「滿意、印象深刻、失望、不安。」

　　我們如此做，表明管理者願意坦誠，且想邁出這一步。管理者的暗示清楚，因此管理者對員工表現的那樣坦誠的模式。他們也許依然不想做出同樣的反應，但是最起碼他們覺得顯露真情很安全。

思 考 問 題

1. 基於哪三個因素，每次工作指派溝通都需要考慮不同的環境？

2. 溝通的有效方式有哪三種？以何種因素為基準？

3. 提問題的技巧是什麼？

4. 不願意吐露真情的原因有哪些？

5. 反應技能練習有三點值得管理者注意，它們是？

03

紓解對立與對抗

「紓解對立與對抗」是『人員管理篇』的最後一項議題，同時也是人員管理相關任務的結論。前面討論過的議題包括：人員管理的基礎，人員管理者的角色，人員管理的投入，人員管理的培訓，發揮領導的功能，人員管理的績效，有效的管理溝通以及友善的工作環境等八個項目。

現在我們要進一步討論「如何紓解對立與對抗」，這些項目構成了整體人員管理的關鍵課題；尤其是「如何紓解對立與對抗」，在人員管理問題上最為棘手。由於管理人員難免經常會以否定態度面對下屬的時候，這可能是因為他們未能達到管理者期望的標準，或者因為他們有不合適的舉動，也可能因為管理者與部屬們之間的關係緊張。無論是何種原因，管理者必須讓部屬明白，他們的所作所為是不能接受的。同時，員工也會反應對管理者的不滿，因而造成雙方的對立與對抗。

1. 對立問題所在
2. 即時正視問題
3. 監控情緒管理
4. 有效處理問題

一、對立問題所在

許多管理人員在面對面與員工討論對立或對抗問題時總感到不安。因為要處理好面對面的溝通是很困難的，若有一點差錯，事情就會變得更麻

煩。根據過去經驗，我們在人員管理培訓中，碰到的多數學員都要求在面對困難局面和提出批評回饋的技巧上得到訓練。這是他們在人員管理中感到特別困難的一點。他們感到對這些問題很難處理完美，有很大的壓力。

1. 理解對立問題

根據管理心理學的觀點，我們可以從兩方面來理解對立或對抗問題：一方面有的管理者傾向於避免面對面與人對抗，企圖透過建立信任關係來應付員工不良行為的問題，希望以增強信心的方法來處理員工的低績效問題；另一方面有的管理者在面對問題時，不能很好地處理問題，他們要求加強有效對抗的技巧。首先，探討一些涉及決定是否與某人當面對抗的原則；其次，去考察一些有關有效傳遞否定訊息的技巧。

2. 問題思考

請花一點時間思考一下，管理者的自信心和面對困難問題時的處理能力。以下三個問題值得深思：

(1)管理者認為在問題出現時會正視它們嗎？

(2)管理者會去逃避它們嗎？

(3)當管理者正視問題時，管理者認為能有效的處理它們嗎？

在我們繼續深入之前，我們要澄清這裡強調的正視問題與衝突的區別。用正視問題來描述積極地處理一件與員工的困難問題的過程，衝突卻是在逃避正視問題或雖然正視了問題但是處理不當時才有可能發生的事情。

二、即時正視問題

面對對立與對抗問題，我們的任務是盡早面對問題。如果在不滿情緒累積之前管理者不面對問題，管理者是不能有效地處理對抗的。管理者的情緒將會扭曲管理者的判斷，阻止管理者清晰地溝通，就像不會整理東西

的人，把所有的東西毫無次序的堆在地板上，並認為這是無可奈何的最好辦法。

1. 感受和問題

有時我們會很快的且立即與某些人面對面的對抗。我們讓員工知道我們的感受和問題將如何解決，但是我們以這種方式只能從一部分人那裡獲得安全感。通常我們不對此加以評述，希望問題會消失，因為說得越多，反而會出現大的危險。可能的危險情況：

(1)變得過度敏感和易受傷害。

(2)變得吹毛求疵和不滿。

(3)不易溝通和不被理解。

(4)使員工感受難堪。

(5)引起戒備和受傷害的反應。

(6)引起不解決問題的不滿反應。

(7)造成比問題更糟的衝突。

2. 小題大作

所有後果都是可能的，但是管理者想像的可能要更多。當我們不願做某件事情時，往往我們會誇大風險，為我們的行為找藉口。我們時常使自己進入一種與員工談論某些問題的狀態，此時，他們做出了理智和積極的反應，以致我們明白了真正的小題大作是什麼意思。在許多時候，實際的風險比管理者所想像的小得多。

需要記住的事情是，不正視問題的風險總是要超過正視問題的風險：首先，因為問題不會自動消失。其次，問題拖延時間越長，要說明事情就越困難，這不僅僅是因為不滿情緒的累積，而且因為當我們缺乏見解時，我們就趨於相信不管我們說任何事情，員工將給予否定的反應，換句話說，擱置問題時間越長，風險就會增加。正視問題的關鍵是在風險較小和

管理者有能力控制它時，盡早去面對它。

三、監控情緒管理

雖然逃避問題的後果是易懂的，要真正面對問題卻相當困難。在循環的早期面對事件相對容易，但是並不意味它容易去做。第一步是要監控自己的情緒，以利於管理者意識到自己不滿情緒開始累積的時間。

1. 自我監控

從心理學的觀點看，我們處理面對困難的風險的方式之一是隱瞞對問題的了解。我們將告訴自己它不重要或假裝它沒有發生過，但是不滿情緒的累積是一個潛意識的過程。它不會被有意識的自我欺騙的企圖所蒙蔽。如果我們隱瞞了早期對困難的了解，我們的不滿情緒就會累積。我們將驚奇地看到我們的情感的力量有多麼大。下面是幫助管理者監控自己情緒的一些步驟：

(1)當員工做某事使管理者不安時，不要逃避它：記下發生的事和管理者的反應。

(2)如果它十分煩人，在管理者意識到自己情緒穩定平和且能夠有效溝通的情況下，就盡快地面對這些問題。

(3)如果問題不太嚴重，等待看它是否再次發生。如果它確實發生，監控管理者的反應。

我們通常能意識到我們的不滿情緒是否可能累積。如果會的話，就要計劃如何盡可能更好地面對問題。如何在困難形勢下，管理者怎麼控制自己的情緒。

2. 問題思考

請花一點時間思考一下，當某些人因某事激怒或擾亂管理者時，管理者怎樣控制自己的情緒。

(1)管理者試圖隱瞞它們，希望問題消失？

(2)還是管理者承認情感的力量且認識到潛在的問題正在發展？

每一個管理者都有情感的觸發點，它是心理與情感歷程的一部分。特殊的事情往往比平常的事更擾亂我們，觸動到觸發點，造成反射及引爆極端反應的動作。我們想知道何時被觸發，因為我們能感覺到這潛意識的力量。不管管理者的理智如何，有自知力的自我在不停地說服管理者：管理者真傻——情緒就在這裡，它們不會消失。

四、有效處理問題

做出盡早正視問題的決定是最佳的處理策略，現在該考慮如何去有效地處理這些問題。以下是四個要點：

(1) 了解意圖。
(2) 面對事實。
(3) 有效的回饋。
(4) 紓解阻力。

1. 了解意圖

有效地相互影響的先決條件之一，就是管理者必須清楚自己的意圖。這一點在管理者面對困難問題時尤為重要——如果管理者不清楚希望達到的目的，那麼要從不斷升級的矛盾爭論中解脫出來可不是一件容易的事。

在這種情況下，透過逃避惡性循環來明確管理者的意圖是相當複雜的。當管理者的不滿情緒累積時，管理者的目的將從希望解決問題轉化為懲罰和責備員工。管理者面對他們是因為管理者要證實他們的缺失，揭露由此引發的後果，使他們因為給管理者帶來的傷害而感到尷尬。這是為什麼在逃避惡性循環的後期很難有效面對問題的原因之一：管理者需要回到原點！

2. 面對事實

要有效地面對事件，第一步是弄清楚管理者希望達到的目的。管理者是真正要解決問題呢？還是要懲罰他人呢？在這裡做到誠實地面對自己是重要的。如果管理者的真正目的是懲罰員工，那麼正視問題將可能導致對抗。很少有人喜歡被懲罰，並且他會產生情緒性的戒備反應，這種反應不會是理性的，這時解決問題將更困難。

如果管理者確實有懲罰的意願，必須認識到情感力量將影響自己有效控制溝通的能力。當然，管理者也不可能將情緒放在一邊。盡可能明確要達到的目的，再去面對員工。

(1) 明確的目的

思考一下，管理者在績效或行為的討論中與員工對抗的困難場合，這種逃避惡性循環中的過程，以及管理者的目的是要懲罰還是去解決呢？

(2) 界定問題

當員工激怒或擾亂我們時，我們相信這是個問題。他們正在做我們不喜歡的事，他們在錯的一邊。當管理者沿著逃避惡性循環走下去，對問題的解釋會變得固執和極端——因此，意願會轉向懲罰或者責備員工。如果管理者要解決這種情況，那麼對問題不同角度的解釋將會有所幫助。這裡顯示問題並不僅僅是員工和他們的行為，也包括管理者和管理者對他們的行為的反應。問題不是管理者中的任何一個人的，它是管理者與員工之間新的東西。

接受對問題的這種界定可能很困難，如果管理者發現他人對這個問題與管理者有相同的反應，這將會對管理者有所幫助。如果在會議上，只不過是因為一名客戶作出了不好的行為就退席的動作，會驚奇地發現其他同事卻若無其事，與會的人對會議的經歷是完全不同的。離席的人不能夠理解為什麼自己會如此激動，即使他和其他人有相同的感受，也不可能把客

戶視爲問題所在。

3. 有效的回饋

　　我們依據界定問題的方式影響我們如何與員工對抗，它嚴格約束我們的措詞。透過我們表露不滿的三種方式可以了解這一點：批評、建議和回饋。

　　首先，批評。當我們不喜歡員工的所作所爲時，必不可少地對他們及其行爲加以批評。所以當我們說某件事情時，總趨向於批評。諸如：「不應該那樣做」這可能不是恰當的詞語。但是員工聽到的基本訊息是一樣的：「不應該開會遲到」、「不該犯這麼多的錯誤」、「不該感覺如此遲鈍」。這些句子中的關鍵詞決定著管理者所發出的基本訊息是「管理者」。管理者視他們爲問題所在。因而增加了他們戒備反應的可能性。員工會否認問題，或者背後攻擊管理者。

　　其次，建議。因爲我們都知道人不喜歡被批評，所以需要經常努力更準確表達自己的不滿，透過建議告訴員工如何改正他們的行爲或績效。用建議來代替批評，可以這麼說：「你應該這麼做」。「別人打電話時，你應該安靜」。「你應該要按時參加會議」。「你應該認眞做該做的事」。「你應該多聽別人的意見」。管理者表述的句子的關鍵詞決定管理者的所發出基本訊息是「管理者」，告訴別人，管理者視他們爲問題所在。因爲這個訊息，建議和批評得到的是同樣的效果。有句格言：「不必要的建議聽來和批評一樣。」

　　最後，回饋。批評和建議的替代方式是回饋。要讓員工了解他們的行爲給我們造成的影響。可以這麼說：「我們有個問題」。「當與客戶通話時有人說話太大聲，我們發覺要聽到對方的話很困難」。「昨天有人不能按時來開會，我們很著急」。「有人不仔細檢查自己的工作，我們感到阻力很大」。「如果對我們所說的都不感興趣，我們會很失望」。在這些句子裡員工感受到的基本訊息是「我們」，這個「我們」告訴別人，管理者

把問題定義為發生在所有人之間的事。正因為員工聽到如此的訊息，認為問題的焦點是大家共有的，增加了正確反應而不是抵觸性反應的可能性。

回饋比批評與建議更有效的另一個原因是：管理者相當於提供有用的訊息——他們的行為方式影響了管理者。我們通常不知道的事情是自己對別人構成的影響。我們可以想像別人對我們有什麼樣的感覺，但是這僅僅是我們對感覺自己的一個投影。假如不告訴他們的行為擾亂了管理者，那麼管理者會拒絕來改變這種狀況。

逃避惡性循環的特徵之一是因為管理者認為他們故意這麼做來打擾管理者，因此，管理者就相信別人知道他們的行為如何影響管理者。其實在許多時候，他們根本對管理者的反應不清楚，如果管理者讓他們知道真相，他們可能很感激。有一些關鍵詞描述：「困難」、「著急」、「阻力」、「不滿」。當管理者面對員工時，管理者要員工盡可能開誠布公，這同樣也是對管理者自己的要求。

當員工聽到他們的行為給管理者造成困難時，他們不可能爭辯這些事實：他們不能否認管理者被激怒或被打擾。他們認為管理者不應該以那種方式對待他們，但是他們不得不接受那就是管理者的反應。除非他們沒有興趣與管理者保持友好的關係，否則他們將會考慮管理者的感受。

當管理者採用回饋方式去面對困難局面時，需要記住三個原則：

(1) 把問題具體化

處理問題對事不對人，要具體化而不是廣泛化。例如，管理者打電話時，給出的回饋應使他意識到如何影響管理者，而不是僅簡單的說明他是如何地吵鬧。

(2) 把問題最小化

處理一件事情而不是多件事情。不要提到可能已經累積的令人厭煩的記憶。例如，僅提一次在管理者打電話時他特別吵鬧的經歷（而不是：「每次打電話你都……」）。

(3) 把問題最近化

處理員工清晰記得的近期的事，如果已超過兩週之久，除非有特別的必要，否則不應該提起它。例如，提到管理者打電話時他最近的一次打擾。

用這三種方式來強調管理者的回饋，管理者將使回饋容易被員工接受，並使回饋更有益於推動問題的解決。一旦管理者進入逃避惡性循環，要提出有效的回饋將很困難。一旦管理者的目的轉變為懲罰和責備員工，管理者將會攻擊員工的人格而不是他的行為，甚至說出許多使員工無法接受、空泛的過去經歷。

4. 紓解阻力

思考別人抵觸情緒的可能基礎，並且確定要以何種方式處理爭論，以使管理者可以順利領導作為。處理情緒抵觸涉及高水準的技能，然而，管理者明白為什麼許多溝通會變得如此麻煩，要如何更有效處理問題的思路。

利用在本節所學習的概念與技能繼續練習。管理者必須在低風險的形勢下實踐本章所探討的技能。如果管理者感覺在前面運用的事例不太恰當，就要找出適當的方式來處理問題。

雖然以上所述將對管理者有所幫助，但是改變管理者的行為、發展管理者的技能不是那麼容易的，它需要耐心與實踐。我們希望可以達到以下的目的：

(1) 使管理者更加認識到當管理者與員工相互影響時，管理者所作的本能選擇。

(2) 為管理者的選擇提供了幫助。

(3) 提供給管理者提高效率的替代方法。

管理心理學

 思考問題

1. 為什麼會產生對立？
2. 為什麼要及時正視問題？
3. 為什麼要監控自己的情緒？
4. 幫助管理者監控自己情緒的步驟是什麼？
5. 逃避惡性循環的後期很難有效面對問題的原因之一是什麼？

Part 3

團隊管理篇

Chapter 6

掌握團隊管理的特性

01 團隊工作定位

02 團隊中的個人

03 團隊運作管理

根據『掌握團隊管理的特性』的主題，本章提供下列三個相關主題：第一節「團隊工作定位」，第二節「團隊中的個人」，以及第三節「團隊運作管理」。

第一節討論「團隊工作定位」，主要包括下列三項議題：一、團隊問題所在，二、工作團隊的意義，以及三、區別團體和工作團隊。

第二節討論「團隊中的個人」，主要包括下列四項議題：一、個人的成就感，二、團隊的認可，三、職業的威信，以及四、讓情緒昇華。

第三節討論「團隊運作管理」，主要包括下列三項議題：一、團隊的會議管理，二、團隊意識與動力，以及三、團隊的危機管理。

01

團隊工作定位

　　每一家企業都根據其規模擁有不同數量的人員，但是，其經營績效與規模並不單單靠人數的多寡，而是看人員工作的效率，特別是團隊工作的整合與合作。本節將根據「團隊工作定位」討論三項相關議題：

1. 團隊問題所在
2. 工作團隊的意義
3. 區別團體和工作團隊

一、團隊問題所在

　　管理部門覺得各業務組之間關係有改善的必要，便深入了解各部門相互關係的特點，從而激發起更積極更有效地管理公司。

1. 識別問題

　　通常來自工作組織成員的初步的反應是：我們的工作很順利，我們認為我們不需要組織工作團隊。我們不是工作團隊，我們是一群自我意識極強烈的個體。組織之間關係問題，部分是由於公司的結構，特別是論功行賞與獎金制度。

　　尚有另外部分原因在於：管理部門無法解決有關特定個人、特定關係的問題，認為這是無可避免的「小問題」。於是造成：不但認為組織工作團隊不合適，而且認為這樣做有反效果，讓人誤解公司具有實際不存在的法人團體的特性，進而掩蓋公司真正的問題和職責所在。應該主張明確、

公開地歸納出眞正問題交由有關人員以適當方式處理。

2. 團體與工作團隊

要分清團體和工作團隊的區別；爲改善團體效率原本應做的工作用工作團隊神話蒙混了事。首先要弄清到底是團體還是工作團隊，弄清這點才能規劃工作方案。

二、工作團隊的意義

在認識團隊問題之後，我們要爲團隊下一個適當的定義：何謂工作團隊？我們從下列兩個因素來判別什麼是工作團隊而不是團體：知道內部相互依賴程度嗎？大家擁有多少共同點？

1. 相互依賴的程度

公司的每個人各定各的收入指標，各人憑各人的本事賺錢，培訓計劃基本上也是各定各的，偶爾才在一起工作。公司也只指望各人靠自己的努力來實現目標，之間的相互依賴程度實際是零。部分收入是來自爲其他部門的項目服務，但無論從什麼角度看都是單打獨鬥。

企業和機構有不少團體正是這麼工作的。其中某個人要順利完成任務並不需要依靠別的成員。例如學校教師雖然同在一個組，同事之間相互依賴的機會極少。這種團體雖從早到晚都在同一個空間活動，但活動的性質使得相互依賴的水準很低。而且這個團體的成果並不取決於像工作團隊成員那樣出力。所以這個團體也不必像工作團隊那樣共同工作。

在注重整體效率的企業裡，有些團體的相互依賴程度比較高，每個人的工作都和其他成員的密切相關，而且其他人沒有成果，也與自己有關。工作團隊相互依賴，要求大家協同工作，個人的活動和行爲必須與其他人密切配合。團體的需要壓倒一切，大家都必須服從。這種團體要想成功就必須按工作團隊來運作。多數業務團體處於這兩極之間，有點相互依賴但不一定太多。有些任務可以獨自完成，有些則要求互相合作，互相支援，

相互配合。這類團體正是處在連續系統的中間某個位置，一端是個人的聚集，另一端是緊密結合的工作團隊。

2. 擁有多少共同點

團體和工作團隊區別的另一個因素是：有多少共同點，也就是看團體的目標在多大程度上凌駕各成員的個人目標。衡量一個人的成功，比較同事之間的業績，這樣就營造出一種競爭環境，個人業績比小組業績重要，大家都一心想讓自己的業績超過別人。就是因為這兩個原因，相互依賴和共同點都不多，所以組成工作團隊不合適，當然有時合作不夠也會出問題。在工作上需要個性主義化、競爭化的地方，去強求推行工作團隊方式注定會失敗。

總之，只有共同點很強的單位才算是工作團隊，才能按工作團隊辦事。和上述相互依賴程度一樣，共同點多和共同點少之間也有大量中間地帶，而且大多數團體也是處在兩極之間。決定共同點強弱的因素有以下幾個：組織的價值觀、工作性質、成員的動機與個性。共同點可以在一定程度上人為加強，不少想籌組工作團隊的人往往從統一思想、強調共同任務著手，但效果不能持久，因為人為安排不敵自然條件，一時硬湊起來的共同點總是被團體內部自然的限制條件所磨滅。

請注意，高共同點只對某些情況適合而且可能實行。個人目標越重要效率就越高。最好是由工作熱誠十足的個人組成的團體，而不要把沒人感興趣的共同目標強加在一起。這樣的團體需要特殊的管理風格，不過一個具有共同目標的工作團隊也要有特殊的管理風格。

管理心聲
個案研究

　　楊總經理曾經委託我們籌組一個工作團隊。當時這家大公司處在迅速擴大和不斷變動的情況下，要找5個人來協助高層經理管理大規模變革的項目。他擔心這些人完全不按工作團隊的方式運作：各做各的、不能有效溝通、不溝通資訊與經驗，注重與顧客聯繫而很少與工作團隊其他成員打交道。

　　針對楊總經理談的情況，我們分成兩個不同的問題：

　　第一個就是團隊特性問題。應當籌組工作團隊，但隊員們不做。

　　第二個是溝通問題。溝通不足，楊總經理把兩個問題混在一起，用後者彌補前者。

　　楊總經理認為不是因為工作團隊而溝通不善，工作團隊特性越濃就越好溝通。這兩個問題毫不相干，是不是工作團隊，溝通都可以改善。我們為楊總經理做的工作首先是看他的小組是不是籌組工作團隊才能有效運作。按他講的情況，相互依賴程度不高，成員都是獨立作業的，主要時間都是為自己個人的內部顧客工作。共同點也不多，沒有重要的全組目標，只有改善公司的項目管理算是共同的。

　　小組成員的動力來自對個人項目成功的要求。成立這個組的目的正是如此。他們沒有必要按工作團隊的方式行事。那是公司各部門單獨運作的鬆散組合。「好極了！」楊總經理明白這一點之後高興地說：「不必將個性很強的人硬拉在一起籌組工作團隊真是如釋重負。」不必像那些低能的

經理一樣做錯了才明白。

　　第二項要做的事是了解小組對溝通的實際需要，弄清楚為什麼不能自然實現內部溝通的原因。原因有的是很實際的，例如：幾個人一天難得有半個鐘頭能聚在一起，有的牽涉成員的個人衝突，有的還涉及楊總經理的管理風格。這些籠罩在工作組合特性上的盲點一旦澄清，我們的工作只剩下直截了當地說明問題，擬定解決建立有效溝通系統的實際方案。

3.工作團隊連續關係

我們確定企業基本上是一個團體：它是由許多工作團隊所組成的，因此要注意工作團隊連續系統。我們按團體的相互依賴程度和共同點多少建立一個「團體」工作團隊連線。任何工作團體都可以按照這兩個因素在連續系統中找到自己的位置。

首先，工作團隊連續系統的一端是一類工作團體，實際是一種個人之間的鬆散組合，不太需要合作。這些人聚在一起完全是因為組織上的理由：容易找到人，方便管理，辦公室好分配。他們不用相互溝通，不用做太多的集體決定（沒有也行，當然有更好）。需要經常到現場工作的工程師就屬於這一類，他們湊到一起的時間不多，早上接受任務時才見面。

其次，工作團隊連線系統另一端是緊密結合在一起的工作團隊，他們的成績取決於能否緊密、有效地合作。個人貢獻毫無價值。這些人倒不一定非要成天在一起不可，也許還不在同一房間辦公，但必須保證互相工作協調，有效聯繫，在團體內解決可能對工作團隊有負面作用的壓力。設計工作團隊是這一類的典型。

最後，工作團隊連線系統的中間位置是一些共同工作的團體。要看成員的合作程度才能確定他們在兩極之間的位置。若有一定的相互依賴便需要合作。相互依賴的程度越高，團體就越應往連續系統靠。根據我們的經驗，絕大多數團體是處在兩極之間。高級經理一般應在中間，盡管他們喜歡說自己是工作團隊，實際上只是由主要負責自己部門的個人組成的團體。合作程度視特定情況而定，一般要求相當低。高級經理一般是個有效的決策者，但並不要求他參加工作團隊。好的決策並非工作團隊才能做。

三、區別團體和工作團隊

個案研究中的楊總經理的小組，都是錯把團體當成了工作團隊，是錯誤判斷組織特性的個案。個案楊總經理對他的小組特性發生疑問，製造了不必要的壓力，弄得他本人和團體都不好。

像和現實的脫節導致人們弄不清互相應有什麼要求，進而弄不清應如何互相對待。楊總經理正是這種情況，他不明白人們對他的要求，也不明白自己對自己的要求。擺脫自己應當是個工作團隊領導人的錯誤概念，他就可以放手執行他實際應當擔負的協調任務了。實際往往是工作團隊需要領導人，團體需要管理者。我們在上面介紹了團體和工作團隊的不同要求。這些不同可以歸納為四點：共同期望、有效溝通、運作方式和親近程度。以下逐一進行探討。

1. 共同期望

工作團隊的概念討論涉及對成員關係性質的期望問題。這些共同期望特別表現在參與、投入、合作與支持等特點。真正的工作團隊要求成員嚴格做到這些特點。各個隊員期望自己做到。成員如果覺得別人認為他做得不夠而不受尊重也是合理的，當然要求他改變態度也是正常的。

我們按照團體－工作團隊連續系統往左移動，對參與、投入、合作與支持的期望便逐漸減少。如果一個團體只是共用工作場所和做相同工作的個人聯盟，這方面的要求可能只是簡單的和睦共處，絕少相互支持與合作。在公司裡，要使團體成為緊密聯結的工作團隊的願望成了不易達成的期望。例如，如果外出為顧客工作，就希望同仁回辦公室以維護工作團隊的同一性：雇用合約的條件之一便是住處不能遠於辦公室10公里。但事實上如果不是工作團隊，把成員關在一個辦公室裡的好處太少，壞處倒很明顯，對在外面花時間太多的成員尤其不利。

如果公司能按自己在團體－工作團隊上的精確位置確定期望，它的雇用政策、後勤政策以及成員的工作熱誠和業績都會大不相同，甚至改變整個公司。不同的團體與工作團隊的期望可能對組織有重大的影響。

2. 有效溝通

我們知道除非一個團體處於團體－工作團隊連續系統的極左位置，為保證有效合作總要相互溝通。困難只在怎樣確定溝通的內容、手續、場所

與頻率，形成一個團體的溝通結構。不論是不是工作團隊，任何團體都有自己特定的要求，而且這些要求必須明確才能建立合適的溝通結構。

實際上許多團體都抱怨溝通不足，又抱怨沒能籌組他們心目中的工作團隊。這些都是鬆散的工作團隊，可揣摩的問題很多。我們認為首先應當問：你們是工作團隊還是團體，這樣能了解團體的適當的期望是什麼。對抱怨溝通不夠的單位也可以提類似的問題：你們實際需要怎樣互相溝通？我們參加過無數會議，顯然這個問題還沒有想透。

如果公司每星期一早晨開一次週會，每月有一次月會匯總月度報告，但執行得不好。對這個溝通結構不重視的一個原因是會議不夠正式，所以許多事都能排擠這些會議。同時大家不清楚這些會議的作用是什麼。最好改變成：定下幾個必要的座談會，保留星期一早上的週會，用於溝通一週工作，是正式的業務會議但時間不長，每個人都得參加。另外每季度召開一次進度檢討會議，溝通經驗、互相學習、討論有關的問題，會後聚餐。每月交一份報告但不用開會，由專人負責收集和整理有關資訊，而大家有義務提供資訊。

以上是一個有關溝通結構的個案。不論處在團體－工作團隊連續系統的任何位置，每個團體都有必要明確自己最好的結構。可以是一對一的交談、小組會議、全體會議，工作時間業餘時間都可，在不在辦公室都行。許多團體的溝通結構都是憑直覺建立。如果要求比較複雜，大家做起來有困難，弄清要求和建立結構就比較麻煩。許多團體研究溝通結構時，並不考慮大家意見，只是想像這是必要的，沒有細想究竟必要到什麼程度。這樣的假設需要檢驗，籌組的結構也應當按需要的變化來不斷改進。

一般來說，工作團隊要求比團體有更複雜的溝通結構，因為對資訊溝通、集體決策、進一步開放、建立更多關係等的要求都比較高。不管什麼情況，溝通結構應當越簡單越好，否則太浪費時間。

3. 運作方式

工作團隊要求有更高級的溝通結構的另一個理由是：它更注意運作方式，就是共同工作的方式和管理相互關係的方式。當然這是所有團體的課題，不過對工作團隊更是關鍵，是成敗的關鍵。由於相互依賴程度高，工作團隊要求大家有較高的配合默契。因為做到這一點對大多數人都不容易，實現這一點的運作方式需要認真對待。有時有的工作團隊合作得很好、很自然，大多數工作團隊很不易運作順暢。有必要經常有意識地深思並明確怎麼合作才能保證有效合作。如果不夠重視運作方式，很可能出現影響工作效率的嚴重問題。相互依賴程度高是既要求講究運作方式又容易在方式不佳時，引發嚴重失誤。

有效率的企業團體不用太多相互依賴，所以不用太講究運作方式。管理得好更能順利工作，但對管理工作要求也不高，也不容易在管理不好的時候出大的問題。

4. 親近程度

我們必須區分一個團體是否為真正工作團隊的原因，是這個區別有利於我們決定合適的親近程度。親近程度指大家應在什麼程度上相互了解，從而應在什麼程度上相互分開。如果我們是在真正的工作團隊工作，就會安排各種機會讓成員多一些相互接觸，以便增進同事間相互了解，特別是各自在有關目標意識、原動力和成就感等方面的傾向。

要做到適當親近程度，需要互相透露一些事情和想法，這裡面有些困難與風險，所以我們只要求做到有效開展工作所必須的程度。大多數團體沒有這方面要求，因為他們的工作不決定於親近與否，頂多了解相互之間的喜好、有什麼工作風格以及相互有影響的東西。親近程度越高，組織內不穩定的可能性越大，這是造成團隊工作活躍的因素之一。

要求公開透露個人一些事情和想法，相互依賴程度又高，成員就比較脆弱了。這可能成為工作團隊的弊端，特別在工作團隊受到壓力或情況不

佳的時候。人們可能濫用平時相互了解的資訊而造成危害。還有一種可能是太過親近，一部分成員或全體都因此失去客觀評價的能力，最終給共同工作造成困難。成員間親近程度應由相互依賴的程度與性質決定，應當盡可能直接由團體的一致性與活動決定。

有些情況親近會造成失敗。互相親近使氣氛活躍，團體也變成相當熱鬧，但這會蒙蔽成員的眼睛。時間一久，親近就變得虛幻，甚至被誤導。這是因為不是根據團體需要而是領導者喜歡提高親近程度。迷信工作團隊神話的一個表現就是以為公開就好，卻成了教條。最好把公開當成一種策略，而且要謹慎使用。

 思考問題

1. 如何識別團隊問題？
2. 何謂工作團隊？
3. 如何區別團體和工作團隊？

02

團隊中的個人

按運作方式的階層結構往下研究底層的社會層次時，很明顯發現團體的運作方式實際是組成團隊的個人的態度、需求和反應的累積表現。

團體動態由相關的滿意程度和自我實現程度來形成。如果員工在團隊工作很喜歡自己的業務並得到團隊的認可，團體的動態就是積極的，運作方式的社會層次也不會有什麼問題。這樣雖不能保證大家都和諧相處，至少人際關係的偶爾緊張不至於對團體造成破壞。在此我們要探討團隊中的個人自我實現的四種途徑：

1. 個人的成就感
2. 團隊的認可
3. 職業的威信
4. 讓情緒昇華

一、個人的成就感

員工不能從工作實現自我時，就要從相互關係中尋求滿足和動力。這樣的話，人際關係中的緊張和挫折就益發顯得重要。員工不滿意、不高興時很容易表現負面情緒，將原因歸咎於周圍的人的行為。自己不順心就責怪別人，經常如此，自然就會出問題。作為管理者經常要理順整個團隊的運作方式，同時還要照料每個成員的活動狀況，幫助他們從工作中獲得滿足和自我實現，幫助他們處理好不滿和挫折，以免形成負面的團體動態。

1. 個人成就感

　　從管理心理學的觀點看，個人成就感是員工從自己日常活動產生的滿足感覺。重點在感覺而不在成就。很可能每天自己覺得很了不起，但還是得不到個人成就感。您可能看到別人做的事本身就很令人滿意，但是別人做了也不一定有個人成就感。團隊的每個人都有自己的個人成就感來源，這正是成員喜歡做什麼和喜歡怎麼做的決定因素。

　　員工失去個人成就感時會產生疑惑、活力和動力受挫、心懷不滿，無精打采。員工埋怨工作與同事，一切的失意都來自環境。沒有個人成就感，員工就不會花時間在解決問題上。解決問題是員工獲得刺激和滿足的源泉。在團隊中，員工本人很可能成了問題，更有可能以負面的感覺所引起的興奮來取代個人成就感。

2. 兩個因素

　　因此，領導者應認清團體動態的問題有時是來自一些人的成就感不足。這時一定要找出原因，看自己能否幫助他們獲得必要的個人成就感。

　　首先，要了解得不到個人成就感的原因。可能有兩個項目：對工作本身不滿意或工作方式不當。自己認為好的工作不一定能給別人帶來成就感（反之亦然），可能是工作做太久了，感到沒意思，也可能是工作本來就不能令人滿意。

　　對此，有時要做調換工作。繼續做一件沒有個人成就感的工作與另尋高就的風險一樣大。有時一件工作的這一方面令人失望，另一方面卻有所補償，這要看工作內容安排是否靈活，是否能創造足夠的機會充分發揮工作的優勢部分。如果一位秘書對工作安排不盡滿意，主管盡量為她找到更好的任務，但最後還是離職。事實是她再也不想當秘書了，早就發現秘書工作不是她獲取成就感的源泉。

　　其次，有時個人成就感不足不是因為工作本身，而是工作方式不當，就是對工作量的安排、管理不當。例如先後次序不妥，或者變動太多，由

於無法完成任務而情緒低落。這些情況只要幫助他們安排工作就行。工作計劃先後有序，時間分配合理，再加上完成工作之後，一定能得到個人成就感，在工作中的表現就會大大改觀。有時其實只需要小小的改變，便能使自己能夠駕馭工作，可以看到工作的進展。

如果發現團隊中有個人成就感不足的，可以安排成就感提升的計劃。建議考慮以下兩個步驟：

(1)研究改進工作內容以便令他們滿意。
(2)調整工作負荷以便容易獲得個人成就感。

二、團隊的認可

員工對團隊認可的需求也是管理心理學能發揮專業能力的，並使其產生活力和動力。如果工作不能獲得團隊的認可也許就會失去動力，不願再投入。員工常由於採用不適當手法獲取團隊的認可，進而減少成果並容易導致負面效應。

1. 三種認可形式

首先，有以下有三種團隊的認可形式需要我們去識別與確認：

(1)獲得讚許。員工要獲得滿足感，需要別人讚許。
(2)獲得尊重。尊重員工。
(3)獲得被接納。員工有被他人喜歡與接納的願望。

針對上面三種認可形式，現在請花幾分鐘時間想想團隊認可的動力。首先，我們要考慮員工以下的情況：

(1)他們需要哪種團隊的認可形式？
(2)考慮他們的工作情況如何？
(3)工作能滿足他們對團隊的認可的充分需求嗎？

2. 認可的不足

其次，如果工作隊伍有人提不起勁，至少部分原因是團隊的認可不足。也可能是工作不足以提供他們需要的團隊認可。這是個嚴重的問題，也可能是工作做得還不錯，但是老是得不到團隊的認可。這時管理者就應當要幫助他們得到團隊的認可。下列問題有助於考慮自己的行動，如果自己沒有得到所需的團隊認可，可以想想以下十個的問題：

(1) 做得不錯時，管理者是否給以足夠正面回饋？

(2) 管理者能保證旁人也認識到他們的優良業績？

(3) 管理者是否已給足夠機會發揮才能？

(4) 是否幫助他們在組織中樹立較高形象？

(5) 有無鼓勵他們更有創意更敢冒風險？

(6) 有無給機會讓他們表現才能？

(7) 管理者在他們作出貢獻時有無表示尊重？

(8) 管理者有無鼓勵別人表示尊重？

(9) 管理者有無機會讓他們表現對工作隊伍的控制力？

(10)管理者是否已將工作授權給他們？

3. 被接納程度

最後，如果沒有獲得所需的被接納程度，則應考慮下列四個問題：

(1) 管理者有無表示喜歡部屬？

(2) 管理者有無提倡一般的友好工作氣氛？

(3) 管理者有無提供充分機會讓他們與別人一起工作？

(4) 管理者有沒有給部屬機會去幫助、關心他人？

請逐一研究員工以確定幫助他們得到更多所需認可的方式。可以將上面的問題用作為出發點，但是不限於此。

我們要找到幫助下屬得到更多團隊認可的辦法也不容易，即使找到一

些，管理者的能力也不能保證他們一定會高興。不一定能找到他們喜歡的職務，因為還要考慮他們的能力是否合適。不過管理者還是可以在一些小地方做點工作，例如管理者往往低估自己的回饋對滿足員工的團隊的認可要求的重要性。如果能按員工要求斟酌自己的回饋內容，對員工的積極性可能有意想不到的效果。

如果不能給員工帶來團隊認可就比較麻煩，比如有人喜歡與大家熱熱鬧鬧，而他的工作卻偏偏是個冷酷無情的商業環境。有人渴望得到尊重，而自己的工作卻使他覺得與自己希望的社會地位不相稱。這種情況會引起不滿和不快，並以間接的、破壞性的方式流露出來。工作單位本來不合適，主管卻想盡辦法讓他接納，肯定要失敗，還不如幫他找一個合適的工作或者幫他去學習，取得調換工作的資格。這樣做比主管的任何設想都要好，不必弄到最後自己認為已經做到仁至義盡，而人家卻自求多福了。

三、職業的威信

在討論過個人成就感與團隊的認可之後，我們要思考如何幫助員工建立自己的職業或工作威信。從管理心理學的觀點看，員工樹立職業的威信的方式，即職業的威信來自獲得成就感和團隊的認可這兩者的結合。換句話說，員工要想在任何領域樹立職業的威信都要透過適當的貢獻，這種貢獻能給他帶來他需要的認可以及內心的滿足。

1. 職業威信問題

職業的威信不易界定，但是不難感知。它的對立面也一樣，缺乏自信、不夠自重、懷疑自己。人的天性是很容易發現誰沒有職業威信而且對這些人是不知如何是好。

現在請花幾分鐘時間想想員工下屬的職業威信問題。關鍵問題如下：

(1)哪些人有建立了職業為威信？

(2)為什麼能夠建立？

(3)他們是如何建立？

(4)哪些人沒有，爲什麼？

2. 提供機會

員工要在特定領域樹立職業的威信，必須要有機會好好發揮。不做就得不到個人成就感和團隊的認可。要有人支持他敢冒風險去做，支持者的回饋也絕不可少。例如，員工想幫一個人透過展示會來樹立職業的威信。要保證展示會成功，會前就要有人支持，成功了才能獲得個人成就感。會後也要有人支持，有好的反映，好的回饋，才得到團隊的認可。

如果管理者想幫屬下樹立職業的威信，必須給他事做，還要在旁指點。也會出現兩難：想讓他冒風險承擔某個任務以便樹立職業的威信，但是他的職業的威信還不足以令人相信可以把任務交給他。要解決這種兩難局面需要主管和屬下共同努力。但是管理者必須先跨出第一步，既要創造機會，還要提供支持和回饋，以保證這個機會能成功地被運用。

四、讓情緒昇華

在討論個人成就感、團隊認可與職業的威信之後，還要面對一個嚴肅的挑戰：如何處理員工的負面情緒——幫助他們把負面情緒昇華，把可能的阻力變爲助力，從管理心理學的觀點看，這是屬於社會層次問題，通常都是出現了強烈的情緒。員工對團體的動態十分憤慨、極度沮喪、心煩意亂或心灰意冷。因運作方式的社會層次有問題而引起情緒波動的極端個案。

面對員工的負面情緒，管理者要想在團體動態方面做點改善工作，必須考慮情緒劇烈波動的問題。要注意大家的情緒，也要注意自己的情緒，注意情緒對自己的判斷和行爲的影響。下面介紹一種管理自己情緒波動的方法，叫做負面情緒昇華。其理論是人的情緒無時無刻不在變動，一種負面情緒昇華會產生同樣大小但是方向相反的情緒昇華。如果我們考慮到這

種變動的必然性，就能更好地管理負面情緒昇華的規模，不讓它太過於極端或帶強制性。負面情緒昇華有下列三個課題提供參考。

1. 讓情緒靜止

要讓員工負面情緒昇華的第一步是如何讓員工高漲的負面情緒靜止，預留空間幫助他們清醒、思路恢復正常，客觀的分析情勢。在做決策時最好處於這種狀態，讓員工真正了解自己的實力，有多大能耐處理好變動的事務。離開讓情緒靜止，走向負面情緒昇華的另一端。

2. 讓情緒淨空

員工生理或情緒上感到空虛時，走向負面情緒昇華的情緒淨空端。在離情緒靜止區不太遠處還屬於可耐受的範圍，這時人處於愉快的低調之中，這是緊張但是滿意的工作之餘的單調感覺，有時是痛快地吐一口氣。低調對人可能有益，這時略帶疑慮、憂鬱的情緒令人多想，願意重新評價甚至挑戰那些一直在支持自己生活的假設。愉快的讓情緒淨空提供一個重要的重新評價的機會，但是若繼續再從情緒靜止往外走得更遠，就到了強制性情緒淨空區，那就不甚愉快了，這時的情緒對人對己都有害無益。

當處於極端情緒淨空時，員工只想到自己一生中的不如意事，只想到外部世界給自己的痛苦和不幸，甚至認為自己一無是處，一事無成。任何積極的東西都聽不進去，不承認人間還有歡樂和前途。這時員工完全被負面情緒牢牢控制而無法解脫，彷彿墮入無底深淵，連生活也失去了意義。員工處於悲觀的強制性情緒淨空時，就會失去分析問題的眼光和判斷人的標準，無法作出正確評價。此時情緒內向，抑鬱難抒，認為自己是個失敗者、犧牲品、一文不值、無人理睬、更無人理解。這時往往自惹麻煩，自怨自艾，做不出一件像樣的決策和行動，看人也是盡找缺點，拒之門外，不但是不接納別人的幫助，用惡劣的態度對待別人。這時員工深陷在消沉沮喪的情緒中，只有部分自我希望得到拯救，其他部分早已向困難投降。

3. 情緒昇華

當員工處於活力的高潮並從極度負面情緒轉向讓情緒昇華端。一旦處於強制性情緒昇華，員工就不能清醒認識自身和周圍的人，意識不到自己的所作所為以及對別人的影響。有必要控制好情緒，以便既激發出活力和勇氣，又不致失去清醒頭腦。情緒高昂時容易感覺到自身的力量，但是這時感覺的力量要比平心靜氣時感到的大得多。這時往往把權力與實力混為一談，自以為無所不能，只看到積極一面，看不到任何負面因素。這時候的決策也往往是錯誤的，採取的行動往往過於輕率魯莽。

處於強制性情緒而不能保持清醒時也會傷人，因為這時目中無人，無法正確判斷別人行為，胡亂猜疑別人意圖。這時的情緒反應往往比正常時候激烈許多，完全不成比例。

管理心聲
生涯成功因素

　　在工作生涯發展過程中，就像下棋一般，只要主宰棋盤的你考慮清楚，會發現有許多棋步可以選擇。工作選擇太多，增加考慮的困難，導致舉棋不定。選擇愈多，造成遺憾的壓力似乎也就愈大，使得選擇更加困難。因為，一次只能選擇一條路，也就等於放棄其他所有的路。到底該如何思考工作的選擇呢？生涯規劃顧問認為，選擇每一步棋時，都不能遺漏以下的思考要素：興趣，是選擇工作的首要考慮。美國哈佛大學企管學院的企業心理學家華陸普（James Waldroop）與巴特勒（Timothy Butler），根據十二年的研究發現，生涯決策過程中，最常見的錯誤，就是不考慮興趣，完全以擅長的科目來選工作。不管你在學科的表現上有多麼優異，少了興趣，就很難有出色的表現。完全依照興趣而不考量其他因素，也不是明智的選擇方式。在現實的生涯發展中，有許多變數與波折，要全靠興趣得到滿意的結果，非常辛苦。生涯在不同的階段，會有不同的選擇重點。巴特勒指出：

(1) **創造機會**：首先，個人在二十歲時，選擇的重點是：「創造機會」。因此，在規劃時思考的問題是：什麼樣的工作能夠開拓我的世界？什麼樣的工作能給我較多的選擇？

(2) **集中焦點**：其次，在三十歲以後，選擇的重點是：「集中焦點」。經過一段工作的經歷，開始了解自己的精力不可能負荷所有的事，想要有出色的表現，就必須縮小興趣範圍，集中發展。

(3) **經常反省**：最後，在這所有選擇的過程中，都需要：「經常反省」。如果不反省、思考每一次選擇成功或失敗的真正原因，就會一再犯下同樣的錯誤，在連續不斷不快樂的工作中打轉。

在棋盤式工作生涯規劃中，從起點到目標阻力最小的路，通常不是直線。你不妨多給自己一點機會，可以另謀打算，學習第二專長，也可以暫時出國遊學，培養語言能力，累積文化體驗。只要掌握選擇的要素，所有的經驗與選擇都會值回票價。

 思 考 問 題

1. 團體的運作方式實際是什麼？
2. 何謂個人成就感？
3. 有哪三種認可形式？
4. 如果自己沒有得到所需的團隊認可，可以想想哪些問題？
5. 何謂職業威信？
6. 如何將負面情緒昇華？

03

團隊運作管理

　　本章迄今一直在探討團隊與團隊管理的基本問題，包括第一節團隊工作的定位問題：團隊問題所在，工作團隊的意義，區別團體和工作團隊，以及第二節團隊中的個人：個人的成就感，團隊的認可，職業的威信以及讓情緒昇華。因此，在本節裡將討論團隊管理的實務運作問題，這些包括三個項目：

1. 團隊的會議管理
2. 團隊意識與動力
3. 團隊的危機管理

一、團隊的會議管理

　　我們所以把團隊的會議管理列為團隊運作管理的首要項目，是因為幾乎最後的管理運作決策都必須透過會議來形成共識，然後交付執行的。另外，由於團隊會議牽涉到人的問題，包括決策者、領導者與執行任務者等，所以被格外的重視。人們對會議管理程序的人，不論他是主席還是團隊的領導人，都要求能執行以下三項功能：

(1)能夠掌握會議的方向和結構內容。
(2)能夠推動與會者的參與和投入。
(3)能夠保證會議內容能被清楚了解。

假使你是一位團隊領導者，請想想自己會議管理的效能，檢視自己是否在這三個方面盡到了職責：會議的方向和內容結構正確；與會者表現出一定程度的參與和投入；會議內容未被誤解。

1. 掌握會議方向與結構內容

會議方向和結構主要涉及兩種行動，也就是會議引導和會議小結論，其中引導和小結論發揮了指標的作用。這兩種行動在會議的重要關鍵對控制會議的去向與內容有重要影響，實屬會議主持人不可缺少的技能。讓討論內容的與會者重新注意程序，以便會議可以按既定程序進行。

會議一開始的時候需要引導，以便會議按一定方向發展。引導可由主持人或整個團體實施。方向一經確定，主持人的任務便是設法讓大家沿這個方向前進，按規定時間結束會議。會議過程中適時地引導或小結論可防止與會者偏離討論的內容結構。

假使你是一位會議主持人，下次請注意管理討論過程而盡量減少討論內容。特別注意兩個指標的行動即引導和小結論，得以保證會議的結構與方向。

2. 控制偏離主題

不論主持人怎麼引導，討論時偏離正題總是難免的。雖然會場比較熱絡，但時間寶貴。這是主席的難題，必須行使權力拉回正題。解決偏離主題就是引導和小結論。把剛討論的問題歸納一下，告訴大家下一步怎麼按原定計劃進行。可以用比較溫和的辦法阻止偏離主題。

管理心聲
個案研究

　　會議在繼續討論之前，先小結論一下前面的：剛才研究了去年的進貨策略和今後兩年的需求。現在就來安排優先項目吧！其他問題之後再說，現在還不急著解決。用這種方式控制偏離主題要注意下列三點：

　　第一，**速度要快，不要等大家開始閒扯。**還未很偏離時就拉回去當然比較容易。

　　第二，**要給帶頭偏離主題的人一個話題。**有個話題對方就容易把剛才偏離主題的內容忘掉，回到正題上來。

　　第三，**把其他人的注意聚焦回來。**因為有時帶頭偏離主題的人不聽，只好讓其他人回來討論正題，讓帶頭人孤立。但有時也有離題是對的時候，大家都支持帶頭離題的人，這時應當重新安排討論的內容結構，因為大家談的內容重要。

3. 處理混亂情況

在主持會議時，有時可能發現情況很糟，因為有的人不能配合而無法掌握會場，或者因為主持人太關心討論內容就顧不了其他，當然就談不到引導和小結論了。如果有可能，參與者可以主動做一些引導和小結論的工作，以改變會議的混亂局面。因為參與者不是主席，所以要考慮自己與討論內容應當不會離題太遠，也不能讓主持人覺得有人喧賓奪主。說不定有的主持人見有人幫他處理，最好是不著痕跡就把會場扭轉過來。反正遇到混亂的討論，參與者總是可以從會議方向和結構內容上幫忙。

4. 鼓勵參與和投入

所有參加會議的人總是希望主持人能關心他們參與和投入的情況，他們就可以關注討論內容，不怕沒有發言時間或者妨礙別人。如果這個團體對運作方式很注意，大家也互相照顧，開會就只需要注意發言時間的安排就夠了。但在多數場合，主持人必須隨時掌握發言時間的分配才能讓會議達成目標。

會議主持人為了大家的參與和投入的情況，應當了解團體內發言時間的自然分配模式。必須在某種程度上脫離討論內容，才能注意是否有人壟斷會場，有人想發言而插不上話，有人本來有好的主意但是沒辦法提出。掌握這些情況，主持人才能適當規劃發言時間的自然分配模式，使之分配更趨合理。這種作業包括兩種行動：

(1) 公開提出邀請。
(2) 尋求與會者提供資訊。

提問題是主持人的主要策略。他們不僅可以透過提問來控制誰談什麼，而不用直接就討論內容發表意見或想法，就可以引導影響會議。他們可以用提問來影響討論、決議及與會者的關心焦點。另外提問還可以幫他們使用下列幾種辦法，讓自己想讓其發言的人有機會發言。請注意以下四

種情況：

(1)對想發言但苦無機會的人，可以提問題來打斷持續說話的人，為他們創造發言機會。

(2)對於生性緘默，不會搶發言時間的人，可以為他們找出空隙。

(3)對於與他們觀點一致的人，可以發表與當時討論內容無關的意見。

(4)對於不積極參加討論的人，提問可以讓他們積極與會並明確表態。

主持人使用提問的方式管理參與和投入時，有時需要同時採用邀請別人發言的方式，這便形成刻意要某人積極投入會議的局面，而且提問也就變成邀請。這類提問也可以是一般性的例如：

您怎麼想？

您有什麼補充嗎？

此外，也可以提特定的問題以便出現自己需要的結果，例如：

您同意某某的看法嗎？

您去年不是也碰到過這事嗎？

這類問題到了主持人手上便可以透過對過程的有效管理來影響討論的內容。

5. 讓與會者清楚了解

參加會議的人會希望主持人能讓他們清楚了解會議內容。有兩種方式可用，例如：詢問了解程度，做會議小結論。這兩種行動要形成固定模式，而且讓與會者都藉此管好自己的發言，這樣普遍提高大家對會議內容的共識，可以減輕主持人的負擔。當然主持人始終要確實執行這兩件事才

行。我們在前面已經談過，不僅是結束時做小結論，會議中途及時簡單小結論一下對會議的方向和內容結構也有引導作用。這是小結論的正式用途。它還有以下四種重要的特殊用途：

(1) 把複雜的發言或討論簡要歸納一下，以便讓大家都了解。
(2) 歸納爭論焦點突出分歧和優缺點。
(3) 指出爭論各方的論點，便於與會者考慮取捨。
(4) 會議進程太快或氣氛太熱烈緊張時，歸納一下可以平靜或冷靜會場。

再者，詢問與會者了解程度的做法也可能解決這些問題，有時候這種詢問和歸納、小結論也難分開使用。但詢問還有以下三種用途：

(1) 讓人們進一步澄清或對某些術語、專有名詞等再作解釋。例如：您剛才提到的HDTV，是不是高解析度電視？
(2) 幫助人們理清思路。例如：剛才您說的是整年度的數據還是整季的？
(3) 指出人們發言中的容易誤解部分。例如：您是要讓大家針對全國還是全球的市場變化？

詢問與會者了解程度的做法用途很廣，當然僅僅是幫助大家清楚了解會議內容就已經很了不起。人們開會都是只聽自己想聽的部分，誰會在散會之後還去查問究竟講了什麼？只有事到臨頭要交業績報告的時候或要執行計畫時，才發現很多不清楚的細節。主持人如果經常善於運用詢問的做法，對大家弄清會議內容實在是大有幫助。

二、團隊意識與動力

在團隊會議中，主持人與參與者都難免有個人的觀點。例如，批判意識對有效管理團體動態特別重要，因為沒有這種意識，團體得不到發生該

處理問題的資訊，無法在其升級之前加以彌補。同時對問題有認識也是解決問題的重要步驟，而且往往只要有所認識，問題也能獲得解決。

1. 環境的影響

一般而言，人們都不大關心周圍的人和自己行動對周圍的影響，一旦知道這種影響就會改變行動，至少也要讓問題有所控制，不會完全任其蔓延。意識對所有的人都必要，例如：如果在談話中經常無意之中觸犯到別人的宗教信仰，讓對方很苦惱。自己不知道有這麼嚴重，但是雙方要互相尊重與了解，將彼此的誤會化解。

有時只要意識到了便能解決。但在大多數情況下，意識能在兩個當事人之間造成一種積極的動力，使雙方能增進了解和關心，相信只要有這種動力，人們就會有解決問題的願望和辦法。同時認為如果急於去進一步解決，反而會破壞這種積極的動力，使別人提高戒心，阻礙解決問題的願望（有時我們由於要人讚許以及成就感作怪，總想急於獲取共識），人們希望事情發展讓大家能夠接受，只要有了這種積極的動力，問題自然逐步解決。

基於整個團隊保持對問題的清醒認識，進而產生的積極動力有個明顯特徵，就是當事人認識自己應該為了團隊而培養這種動力，為團隊消除彼此之間的緊張關係。

2. 批判的意識

有時候，對問題有了批判意識不一定產生積極動力，或者所產生的動力還不足以解決問題。這主要是由於雙方的共同立場還不夠堅定，要對方改變行動而對方不做。

根據管理心理學的看法，影響人際關係問題解決的障礙往往來自一個或幾個當事人內心深處的苦惱。要解決問題，必須先解決各個成員的心事。大家都理智地處理團體動態中的問題才行，但由於各有各的心事，便不可能作出理性的反應。不想解決問題的藉口不論表面多麼有理，都應當

認真研究這是否是內心深處的情緒反應的一種障礙。有的人編造藉口的本事特別高，要想點破它們不是真正的原因，還真要努力想想。

三、團隊的危機管理

在有效的團隊運作管理中，以團隊的危機管理最難處理。有時團體動態中的問題極其錯綜複雜，成員已經採取公開衝突或不理不睬的手段使關係破裂。這時回饋與需求機制已不足以應付，應當在意識清醒和提高正面動力之前消除危機。可惜大家碰到這類危機時的初步反應往往適得其反，讓情緒火上加油，加深相互之間的誤解。

既然團隊運作的危機是難以避免的，我們就要勇敢地面對。如果被捲入團體動態中的危機，牢記以下三點注意事項：

(1)情緒昇華的理論。
(2)注意運作方式，少考慮內容。
(3)跳出圈外省思。

1. 情緒的昇華動力

在團隊管理運作中，難免要面對與會者情緒高漲的危急情況。昇華的理論的用處之一就是面臨動態中的危機時了解並管好自己的反應，特別有助於人們掌握好反應的時間。由於人們面臨危機時，自然反應必定向上昇華，鼓起人們冒險犯難或自衛的勇氣，這也是很重要的，不可低估其價值。有時遇上危機應採取發洩的方式查出衝突原因。處於高昇華時人們勇氣倍增，不會像平時那樣能忍就忍。情緒的發洩實際也是一種強烈的回饋，當然這樣做風險也大，發洩起來可能不易收拾，釀成無可挽回的傷害。

從管理心理學上來看，情緒處於高位就不是保持平靜。不平靜就不能理智進行評估，不能控制行動。如果想不加深危機，可以使情緒昇華轉向平靜，這時有利於恢復正常判斷能力，客觀理解對方處境，平心靜氣地著

手處理。但危機一爆發，人的情緒就向高處昇華移動，所以必須設法恢復平靜，在不良反應出現之前就能趨於平靜。恢復平靜的步驟有：

(1) 脫離現場

越早離開衝突現場越好。去喝杯咖啡或者散散步。體力消耗能幫助控制情緒昇華。到了不同的環境裡，也就失去刺激昇華轉向高位的因素。

(2) 反省自己的感情

想想自己對危機的情緒反應，不必去想對方做了什麼事。如果只想人家的做法，一味責怪別人挑起事端，就會扭曲自己的認識，加深自己的不良情緒。反過來反省自己的情緒，看自己是怎麼作出這種反應的，有助於自我控制。為什麼發起火來，為什麼這麼不高興？

(3) 尋求回饋

請局外人講講對這場危機的看法和原因。要注意這個人必須不是有意偏袒自己，能直言相告的人，說出來不中聽不要緊（人們往往專找支持自己的人）。

以上三個步驟能幫助大家保持客觀，實事求是。這些步驟本身並不能一定使人平靜，尋求回饋時也可能怒氣衝衝地講一番經過。如果希望控制自己情緒的昇華，希望恢復平靜，採取這些步驟肯定有用。

2. 注意運作方式

團體發生危機就是運作過程有了障礙。團體要想脫離危機及有效運作，必須對此有所認識，應當承認這屬於運作方式上的問題並加以處置。但人們習慣糾纏細節真相，就是針對危機的內容，而忽略危機的本質與影響力。例如，某人是怎麼說的要弄清楚問題的細節。不是說細節無關緊要，但這些事實放在危機處理的環境裡是不適宜的。請注意：在會議中與會者雖然不會這麼衝動，一定有別的因素在左右事件的一面。一句話，一

個舉動，的確是激發了危機，但並不是危機的原因。原因在人們的關係以及關係造成的動態之中。

面對難題，糾纏事實無助於問題的解決。人們要在內容上大做文章，指責別人，要求處罰別人。但有什麼用呢？只有認識到內容只不過是更深刻、更有實質意義的問題的反映，只有肯放棄內容去尋求可以運作的方式，才能阻止事態越弄越糟。這會比較難，因為會去想要辯得誰是誰非，千方百計證明對方不對，要讓他的醜態暴露在眾人面前，讓大家都來反對他並支持自己。難在撇開事實來討論關係，即人們的情緒為什麼如此極端？有時候不容易了解人們憤慨情緒的原因，更難用言語來形容，但要想管好危機，非做不可。

3. 跳出圈外省思

最後，在面對管理危機時有一條簡單原則叫做「跳出圈外省思」，省思的含義包括以下三點：

(1) 當人家說自己什麼，只管聽，不要當真。不要理會對自己的看法，那充其量是某些人自己的看法而已。

(2) 注意不把事實和意見混為一談，要知道回饋的內容對說的人、聽的人同樣有效，都離不開自己的情緒。因此別人的回饋並不反映自己的真實情況，只不過是有用的資訊。

(3) 聽到回話不必辯護，保持心平氣和加以思考，從中汲取有益的東西。

當團體動態發生問題，並醞釀、爆發危機時，人們就陷入混亂了，會因事態的惡化而沮喪，感到受了傷害，心懷不滿與怨恨，不論談什麼問題都帶有情緒，都有意無意傷人。開口就責備別人，希望懲罰別人。成天罵人，成為人身攻擊，隨時帶著放大鏡與麥克風，擴大自己所看所聞。在這種情況下，很有必要省思，同時切不可拘泥內容，要找出運作方法。聽這

些人的話難免生氣或委屈，但必須看到這是團體運作過程出現障礙，只能聽，不能認真。內容當然可能反映某些值得深思的東西，但沒有必要當真，最好一笑置之。

面對危機如果跳不出來，就可能受兩種衝動的驅使。一是以眼還眼，以牙還牙，使衝突升級，兩敗俱傷。二是全盤否定對方言論乃至人品，從此斷絕來往。這種反應對受到人身攻擊的人來說可以理解，但這樣做會使危機加深，激發負面的動力，進而破壞彼此關係。

思考問題

1. 會議主席還是團隊的領導人，都要求能執行哪三項功能？
2. 會議方向和結構主要涉及哪兩種行動？
3. 會議中如何鼓勵參與和投入？
4. 會議中途及時簡單小結論一下對會議的方向和內容結構也有引導作用。這是小結論的正式用途。它還有哪四種重要的特殊用途？
5. 恢復平靜的步驟有哪些？

Chapter 7

加強團隊整合與合作

01　加強團隊向心力

02　團隊工作的領導

03　發揮團隊的合作

根據『加強團隊整合與合作』的主題，本章提供下列三個相關主題：第一節「加強團隊向心力」，第二節「團隊工作的領導」，以及第三節「發揮團隊的合作」。

第一節討論「加強團隊向心力」，主要包括下列三項議題：一、團隊的成就感，二、取得團隊認可，以及三、掌握團隊目標。

第二節討論「團隊工作的領導」，主要包括下列三項議題：一、確定領導的模式，二、選擇領導的策略，以及三、掌握領導的風格。

第三節討論「發揮團隊的合作」，主要包括下列三項議題：一、領導者的力量，二、部屬配合態度，以及三、部屬間的合作。

01
加強團隊向心力

在前面第六章我們談了團體和工作團隊的不同特色、個人資源及其對團隊工作任務的影響。第七章根據管理心理學的觀點，再詳細探討如何加強團隊向心力。特別是領導者個人在團隊裡的貢獻有何作用，以便加強團隊的向心力與凝聚力量，不論是作爲團隊一員還是作爲領導者。將涉及幾個概念，這些概念可用來了解人，進而更有效地管理個人在團隊裡的貢獻。這些概念主要包括下列三個項目是：

1. 團隊的成就感
2. 取得團隊認可
3. 掌握團隊目標

一、團隊的成就感

成就感有別於物質上的滿足，是屬於心理層次，因此團隊領導者有義務幫助成員們除了取得更高的薪資外，還要擁有它。例如，有一位鄰居每星期六早晨擦車，不但擦，還非常自得其樂。擦時趣味盎然，擦後四週環視，顯然對車子、對他自己十分滿意。他得到了成就感，這種完成某件事務的幸福感是人的重要基本需要之一。擦好車是一種成就，但更重要的是這件事給他帶來幸福感與滿足感。成就感就是一種完成某件事務後的滿足感，使我們對自己感到滿意。

1. 成就感來源

　　並不是每一個人擦車時都有這種感情。我們也喜歡車子很乾淨，但擦車引不起成就感。我們不願擦車，寧願花錢也不願自己動手。每個人都有自己不同的成就感來源。其實，成就感是我們一天奔波的原動力。我們每天開始工作之前，都要找一點微不足道的事來做，因為我們需要有成就感來提神，準備應付一天工作裡的困難。成就感是我們得到所需滿足感的工作動力，也可用來管理工作活力，並計劃一天裡的工作。

　　如果人們得不到足夠的成就感，就會陷入苦惱。對工作的人而言，他會洩氣，對自己做的工作，做得好壞都不在乎。他會設法從另一項活動中尋找成就感，而這項活動很可能與團體的目標和關係相抵觸。例如他可能設法做一些與管理人員搗亂的事，以此獲得對管理者的抗爭勝利。

　　現在請花一點時間回顧自己在工作中的成就感。

(1)您的成就感的來源是什麼？

(2)能不能主動安排自己的工作量以便獲得成就感，進而保持衝勁？

(3)獲得充分的成就感了嗎？

(4)如果沒得到，對您工作和行為有什麼影響？

　　我們曾經研究了管理人員選擇策略時應考慮的內部影響因素，做了一個從自己做到培養人的連續系統。剛擔任主管的成就感常與他們一直從事的活動有關。例如售貨員賣出許多東西就覺得很成功。把業績很好的售貨員提拔為銷售經理的風險就是剝奪了他們的成就感來源。除非他們對管理別人有成就感，否則他們會停留在連續系統的原來位置上，而不可能把團隊管好。

2. 日常的成就感

　　不少人想從事管理職位是因為認為這是唯一能獲得認可的途徑，不管是地位、權力或報酬都行。盡管這種認可也會令人高興，但無法代替每天

的成就感。這使得有些人在管理職位上對工作本身並不滿意，或者不如以前高興。他們受不了管理工作的吵鬧爭鬥，這實際上是反映他們沒有從管理工作獲得成就感。他們失去了心安理得做自己時的成就感。

成就感不但支持著人們日常的工作，還有助於人們經歷的發展。有些人對自己一直做了20年的工作仍有成就感。有一個人天天修理鐘錶，但他很滿足。如果一個人經過5年仍做同樣的工作，仍舊不感到順利，必然會影響工作的品質，更加影響情緒。體會到這點，就應該考慮今後要做什麼，並且擬定一個實現的計劃。

二、取得團隊認可

有的人從種花、種菜中獲得成就感，而自己做不到，為何如此？我們都各自從自己在世界上做的事情中獲得成就感，都只做那些能得到成就感的事。那麼我們為什麼要從不同的活動中選擇和獲取成就感呢？答案之一是我們需要認可，做事情是為了得到團隊或他人認可，我們需要的認可會影響我們做什麼和怎樣做。種花除了自己欣賞以外，如果獲得別人的讚賞，成就感就更加提升了；種菜除了自己食用以外，如果分送別人享用而獲得他人由衷感謝，也是一種成就感。

1. 認可的基礎

由於受到需要尊重的推動，有些人除了自己家門外的環境打掃清潔外，也將鄰里周圍環境整理得乾乾淨淨，希望別人因為他如此照料大家共同的環境整潔而尊重他。我們有讚許的需要，希望別人稱讚自己不辭辛勞無私奉獻。

每個人對讚許、尊重、被接納三種認可都有一定程度的需要，有些人顯然特別受其中一項所激勵，有些人則三種因素都同時起作用。讀者由此可了解有些人的行為是需要稱讚所致，也有些人很難說哪種因素佔主導地位。人們小的時候有一段時間可能幾乎完全受愛和接受的需要支配，長大

成人後，物質回報可能上升爲主要需要，這些都由他們有關的生活所決定。

現在請花一點時間想想：

(1)自己對讚許、尊重、接受等有關認可的需求如何？
(2)是三種都同等重要還是有一項特別起作用？
(3)回答這些問題有些困難嗎？
(4)是否可以徵求別人意見再拿來比較？

2. 認可的選擇

對特定認可的需求對人們在世上的貢獻有決定影響。對接受這種需求很高的人往往選擇教育職業，例如護士、教師、社會工作等等。希望多得稱讚的人，則追求知名度高的職業如演員、政治家。會計師應該是被尊重激勵的，而他們的貢獻即對物質的控制也給他們帶來尊重。工作是人們透過貢獻來博得認可的主要平台。

日常生活也是如此，每天從工作獲得認可。例如身爲培訓講師講得精彩，參加的人會給我們讚揚。幫助別人改善關係以及多接觸各種人，對於別人接受的需要，自己從中得到滿足；講到輕鬆話題讓大家開懷的笑了，自己也高興。諸如此類的日常活動，直接間接都給自己帶來認可，而我們需要的認可也影響培訓講師的工作態度。

有些人不能透過工作來滿足認可需要。他們認爲是因爲沒有爬上更高的位置（尊重），或者是冒險不夠、主動性不夠（讚許），或者是聯繫的人太少（接受）。這樣的話，他們的動力和投入都會有問題。他們可能對工作失去興趣，可能感到幻滅和憤世嫉俗，可能採取不適當手段來滿足需要，就好像政客要討好選民，小丑用不好的方式將現場氣氛吵熱。

3. 讚許和尊重

讚許和尊重一般是團隊領導者最希望得到的認可，而且也反應他們不

同的資源和風格。需要讚揚的人一般有較多活力和影響力。需要尊重的人一般有較多專業知識和控制力。但也不可一概而論，有的人由於專業知識強而產生對讚許的需要。但在了解管理人員的特定行為的動力時，還是以前面的規律為準。有些很需要讚許的人可能容易採取先鋒模式的領導風格，有些人則由於很需要尊重而容易成為領導者，這些也能幫助我們了解人們為什麼有不同的行為。

不過，管理者試圖從團隊裡獲得對被接受的滿足卻是不明智的。希望討好成員會妨礙管理者對團隊的公平而有權威地領導，容易引起混亂和不滿。這不是說您不需要成員好感，但一種能被接受的需要卻是危險的。怕得罪人即怕不被接受，往往令管理者不能做出困難的決策。當人們無法從所做的工作中得到認可時，工作的衝勁和效率都會下降。

如果自己要求讚揚的願望過於強烈，也會使自己變得遲鈍，因為只顧讓團體滿足自己的要求，反而會忽視幫助大家滿足要求。一名管理者如果無法從自己的領導工作中獲得需要，他的領導效率就會減低，特別不利於他樹立威信。

三、掌握團隊目標

成就感、對認可的需要和威信的樹立，三者緊緊相聯繫不可分離，對認可的需要決定人們做什麼，做了就能獲得成就感，兩者相結合便樹立了威信。這些概念又引導出另一個概念：目的。支持人們一生的正是目的感；早晨靠它起床，白天靠它忙碌，困難時靠它拯救，有它才有前進動力，有它活著才有意義。目的是人們最主要的活力資源，沒有目的，也就沒有活力、方向、自信、鬥志。目的感強的人，便有了有意義的生活的基礎，就知道為什麼做，做什麼，就知道前途，就有了眼光。

1. 一生的成就

成就感是目的的一個部分。完成任何一件事就是一個小小的目的感。

這時的目的意識是孤立的，膚淺的，暫時的，還不足以構成他一生的基礎，只不過是做某件事的動力而已。但清洗辦公室窗戶的人就不同了，工作內容雖然差不多，目的感可不同。從擦窗得到的成就感雖然不大，但這項工作負擔了全家人的經濟。這是與許多人一樣的基本目的，有它才有動力，日復一日地擦著相同的窗戶，倒不見得很欣賞自己的工作。

但是這位擦窗工還常參加環境保護運動的推廣，在反核運動的積極性更令周圍的人見識到他對生活的熱情，就如同別人的宗教、政治、運動一樣。這種熱情是他支持人生的深層目的。

2. 三個層次

這種熱情使他一生有所專注，使他生活更有意義，支持他的一生。這些例子說明了目的的三個層次：

(1) 膚淺的

膚淺的目的是成就感的累積。它僅能激勵人們一天，或很短的時間，但不能再多。許多失業的人一生就只有膚淺的目的，因為沒有東西把他們許多小的成就感，串成一個有意義的整體感覺，只是一天天打發日子。

(2) 基本的

基本的目的更為有價值，更加長期。基本的目的來自一種願望，要透過一定時間的努力來建立職業、家庭、家族以及社會生活，以實現自己的成功和價值。基本目的能支持我們相當時日，但總是有限的。項目完成了，事業結束了，孩子長大離家了，關係告終了，基本目的便告一段落。其中家庭和工作是最常見的。

(3) 持久的

持久的目的使人生變得有意義，高於家庭和工作。持久目的是無限的，在事業結束、孩子離家、關係破裂之後仍然存在並持續。它可能是一種主義、激情、使命，高於人們日常的現實和職責。

人們的活力、充實和形象都植根於持久的目的。

上述每一種目的都是由成就感的某一部分所形成。三者的區別僅僅在於成就感賦予活動意義的程度不同，在提高人們成就意識方面的深度不同。工作是大多數人的基本目的，是保證家庭生活和安全的手段，是我們的方向與未來。這個基本目的也促使我們長期堅持同一件工作，或者另覓高就，進一步開發潛力。有時工作本身雖不能令人滿意，但它為我們的生活提供保障，我們也能賦予它重要意義。

現今就業模式發生了極大變化，基本目的已經不能由自己控制，這一點必須認清。如果對此認識不足，一旦失去基本目的，有人可能承受不了這種毀滅性的打擊。如果過於依賴基本目的作為生活的意義，一旦失去工作便會感到無路可走，正如有的人當孩子離家便感到茫然不知所措，生活也失去了目的。

3.一種使命感

對有些人來說，工作並非基本目的。工作不僅是職業，更是一種使命感，藉此養生、受教育、創造、設計規劃和修養。工作已經能夠實現他的基本目的和持久的目的，而且是兩種目的強有力的結合。他並不依賴工作去實現目的，退休以後仍舊能設法繼續原來的活動。持久的目的使他能夠輕鬆應付諸如裁員之類的打擊，這種人一般都是擁有無窮活力和崇高威望的。

有的人與工作的關係，要看工作能為他們實現持久目的提供多少幫助，如果工作太花費他們時間精力，或者給錢太少，就失去動力，要考慮另覓高就了。

現在請花一點時間想想自己的目的意識。

(1)當前的工作是屬於持久目的和基本目的？

(2)是否持久目的在工作之外？

(3)如果是這樣，工作對您的持久目的有利還是有害？

4.團隊的共識

有時具有領導個性者會把大家凝聚在一起並找出大家的基本目的，在這個團隊工作便成了大家生活的固定內容。如果這些目標與人們的持久目的相關聯，凝聚力就更強。如果每個人都關心團隊的銷售策略、下一步科學技術的發展，那麼共同的目的就會使團隊更加團結一致。許多的情況是團隊成員各有不同程度的目的意識。有的人毫不懷疑工作的價值，有的人只是為錢，有的是來學點技術，有的人另有自己更有興趣的持久目的。如果了解這點使我們能夠更加豁達大度，不去挑剔別人。因為指望工作能成為大家的持久目的是不現實的。

目的意識太強的人有一種錯覺。他們認為是他們從事的活動給他們帶來動力、活力、投入、熱情。並認為別人只有從事同樣的活動才會有同樣的動力，但事實是動力來自實現目的，一種活動若不能實現人們的目的是不會給他們帶來動力的。許多家長因為孩子沒有與他們相同的熱情而沮喪，許多管理者因為屬下不如他們投入而失望，那並非孩子或屬下就一定沒有目的，而是目的不同。

特別是工作團隊領導者應了解自己對工作的投入是因為目的在實現，並不是因為工作的性質。我們希望同事也有這份激情，否則就不高興。同時希望他們像我們一樣投入以幫助團隊的績效提高，因為我們認為他們來工作的目的只有這一個。對有些人來說就是一份工作，一種支付生活費用的辦法。當我們接受這點之後，甚至不僅接受而且尊重這點之後，我們的領導工作就做得更好了。

 **思考問題**

1. 請以自己的經歷說明成就感？
2. 請舉例說明認可的三種形式（讚許、尊重、被接納）？自己是偏向哪一種？
3. 成就感是目的的一個部分，請說明目的的三個層次。
4. 請說明持久目的與基本目的之差異。

02

團隊工作的領導

在前一節討論了「加強團隊向心力」，內容包括：團隊的成就感，取得團隊認可，以及掌握團隊目標等項目時，就涉及領導問題。本節只是探討領導者必須做的選擇以及可以採用的若干方案。在這個大題目之下我們要談三個方面：

1. 確定領導的模式
2. 選擇領導的策略
3. 掌握領導的風格

一、確定領導的模式

領導者怎樣工作以及團體對領導者的互動要求。這提供我們明確概念：一個領導者必須選擇的兩種策略或領導模型。一是先鋒領導模型，二是填補領導模型。每一種模型代表一種團體領導職責的方法。

1. 先鋒領導模型

先鋒領導模型也是傳統的領導模型，領導者站在前頭指導、激勵他的團體跟上來。領導者只考慮自己對資源的偏好，不管成員有什麼資源。他只考慮自己的力量，試圖透過榜樣灌輸給其他成員同樣的品質。先鋒領導把自己看成先驅，開闢前進的道路，在組織的常規舊俗中克服困難，希望成員一起努力，具有領導者的活力和觀點，按標準辦事。如果隊員們不這麼做，領導者就感到挫折、失望、孤立無援。領導者只會埋怨他們不跟

進，不研究自己的選擇和期望。

這種領導者，並非不關心他人。也許自戀，但是對隊員是關心並支持他們，花時間精力培訓他們。這方面自己也獲得滿足。但是還有另外一個傾向，至少身為領導者要影響團體，要改變不順眼的東西。正是這種觀點決定了我們對領導任務的主要選擇，使自己成為一個先鋒領導者。

我們並不認為先鋒領導模型不好。先鋒領導可能效率很高，能夠實現目標，形成很好的團體形象與風氣，積極的心態以及互相關心的成員關係。但是有些情況下，先鋒領導模型就不合適了。領導者高高在上，不注重大家的要求獨裁領導，只能導致挫折、不滿、競爭、衝突。我們曾遇到過一位領導者，他緊緊掌握資源不放手，獨斷專行，橫加干涉，結果鬧得埋怨沸騰，群起而攻之。

2. 填補領導模型

我們認為填補領導模型，又稱為「赤字領導模型」（Deficit leadership model）是現代管理主義領導者的做法，他從整體領導，估計團體內有多少資源可用，根據薄弱環節規定領導為填補差距應做多少工作。團體欠缺活力，他就提供活力。團體欠缺控制，他就提供控制。例如，一個團體活力旺盛，領導者也是活力過人，人們就會首先發現那裡不需要那麼多活力，接著發現活力需要疏導和控制。大家認識到他們最有用的貢獻是提供控制，哪怕這並不是自己想接受的任務。填補模型領導者將為團體的利益壓制個人的要求。這樣做既保證團體有控制，又令其他成員得以充分貢獻才能，不讓活力方面出現競爭。

有時團體的填補正好是領導者所希望的（例如一個很會控制的領導來到一個控制不力的團體）。在這種愉快的組合裡當然工作愉快。這種情況下兩種模型並無區別。先鋒領導模型是要對資源進行激發，填補領導模型則尋求資源最大分佈，為大家充分發揮才智提供空間和支持。如果成員比較靈活，就能夠根據自己所領導的團隊來安排自己的貢獻，需要活力的給

活力，需要控制的就施展控制才能。先鋒領導模型領導注意的是對團體要求什麼，填補領導則著眼於團體對他們要求什麼。

因為對領導才能的需求增加，專業知識反在其次。他們所領導的人比他們的專業知識還強，所以迫使大家多用填補領導模型。這種模型要求在估計專業知識的同時，還要估計其他資源並找出薄弱環節加以彌補。重點已經從管理工作轉向管理人和運作方法，這項轉變也迫使人們多用填補領導模型，把認識人和人的關係方面的強弱點化為有效管理工作的基礎。

儘管有填補領導模型的增多趨勢，並不能說它用在哪兒都是對的。趕流行的時候也不要忘了靈活性，必須根據情況來評價並選擇合適的方案。有的公司想找先鋒領導模型的，也有因為領導者不懂得應當採用填補領導模型而始終陷於困境的。以下簡要介紹選擇模型的主要準則並用個案研究來說明。

管理心聲
工作團隊的領導模型

現在用三條準則來看管理者應當選擇哪種領導模型。

(1) **資源**。專業知識水準中到高；活力水準高，特別是其中一人；控制水準低，盡管其中一人有潛力；內部影響力水準低，只有一位有點外部影響力。

(2) **工作**。這是個服務團體，提供有關管理的專業知識以幫助企業的其他工作團隊有效管理。

(3) **環境**。企業的活力資源充足，發展快，變化大，很有活力，管理人員經驗比較少。

由於工作和企業的性質，管理者部分時間花在工作團隊外面，為客戶服務，也想從外部影響企業。他把工作團隊的管理交給一個非常勤勞有活力的人，但是工作團隊需要的並非活力。工作團隊內部影響力的狀況則是四分五裂、多所怨言，大家強烈要求有明確的方向和目標。平時運作沒有太大問題，大家都會自我調整。大家要求主管大力領導，但是主管卻不做，他認為那等於是先鋒領導，他做不來。其實，工作團隊對他的要求只不過是加強對內部的影響力，他把領導工作委託一個人就不管了，這就打擊了工作團隊的士氣，同時也打擊了這個人，結果一團糟。

以上個案說明有時領導者面臨的選擇很複雜。外人容易對情況作出估計，能看出有什麼需要。內部的人就比較困難，他們受本身需求的影響、情緒的影響。團體的變化也不易捉摸，但是前面介紹的方法能幫助思考分

析，找到解決問題的原則。不過多數情況下問題沒有這麼複雜，關鍵是領導者要弄清可用的資源及其按企業環境、工作性質應做的適當安排。如果資源不足，或者組織的惰性太大，先鋒領導模型領導較為合適。對資源雄厚的單位，用填補領導模型更為有效。問題一旦明確，讀者便可以利用現有的資源（包括自己的資源）做更多的工作，同時對團體的活力造成積極影響。

二、選擇領導的策略

以下有四種資源可以幫助領導者確定自己的領導職責，也影響領導者如何選擇管理自己的時間及精力和屬下工作的策略。

1. 時間與精力安排

領導者對自己時間與精力的安排次序有三種基本的策略選擇：自己做、委託別人以及做培訓。

(1) 自己做

領導者認為自己的工作首先是完成任務實現目標。他們不願委託別人做，喜歡作出榜樣，盡量多做團體裡的工作，領導工作也是採用先鋒領導模型。對這種人來說，對人的管理主要是確保屬下在規定時間裡完成分配的工作，很少花時間培訓團體成員的能力。

(2) 委託別人做

這種領導也是以工作為重心，但是達成目標的策略不同。他們盡量把自己的工作負擔委派下去，以免陷入繁瑣事務，妨礙他們進行更多策略性的管理工作。做好委派的領導者保證屬下能夠完成分派的工作。這種人也是以工作為重心，比較不去培訓部下的能力。

(3) 做培訓

這種領導者把自己的團體完成任務達到目標作為主要工作，也是盡量把工作負擔分派下去，以便自己有時間考慮團體內外的策略性問題。但是他與委託別人做的領導不同之處在於他將部下接受培訓能力計劃當成指派工作去執行。他花很多時間鼓勵和支持屬下擔負更多工作和責任，所以有機會就選填補領導模型。

以上三種類型只是大略劃分。大多數管理人員都重視實現目標，都委

派一定工作給部下，也都在一定程度上關心屬下的發展。

2. 外部因素影響

　　主流趨勢是填補領導模型，現代企業的外部因素也越來越要求管理人員注意人員培訓。新出現的用語也說明了這點：教練式領導者、促進派領導者、能學習的組織。影響這種趨勢的原因有：

(1)階層結構變平了、管理層次減少，領導者管的寬了。

(2)採用矩陣管理和項目管理的增多。

(3)管理職級與技術職級分離。

(4)要求領導者改變重視能力而重視管理。

(5)由於技術變化快，管理人員在團體裡更多依靠技術專家。

　　但是也與工作團隊變得流行之後一樣，意識形態凌駕現實的危險又出現了。趨勢鼓勵管理人員競相培訓部下能力是對的，但是也還要看具體條件。為主管工作的人的業績和特別是前途必須有發展的潛力和願望。沒有這種絕對必要的前提，不能投入時間精力去挖掘潛力。

　　團隊工作的性質要求人們發展能力並擔負更多任務和職責。如果沒有發展的空間，投資於發展不可能有大的回報。管理工作內容必須分成能分派出去的單元，而且分派之後要有利。例如有領導者的工作包含策略、遠景規畫、決策，而且經常被短期問題困擾，不能集中在大部分，應該適當分出一些。

　　現代企業文化和價值觀要求將培訓部下能力列為可行的策略。如果企業要求領導者自己做，不宜逆潮流而動。如果企業希望領導者培訓屬下的能力，做起來就比較順利，不做反而不好。

3. 內部因素影響

　　大多數領導者通常傾向自己做，特別是在剛剛上任的初期。這很容易理解，自己做最容易，何況這次能夠提升還不是自己做的結果？經驗多

了，管理工作順手了，自然慢慢傾向當培養別人的人。不過，我們還是有不少各級管理人員不肯多花時間來培訓屬下。其實他們並非不願意，而是另有內情。想做而實際沒做的原因大都是內部的，跟個人本性有關，而自己一般不容易意識到它的影響。以下是妨礙我們採取培訓部下策略的幾個因素。

(1) 信任問題

自己做的人通常相信只有自己能將事情做好，不相信別人能按一定標準做好工作，所以不肯委託他人。相信別人的人才可能是培訓別人的人。

(2) 風險問題

培訓屬下能力的人一般比較敢冒風險。培訓別人總要讓人去做，做就有失敗的風險。自己做的人就是不肯擔這個風險。

(3) 控制問題

自己做的人總要親自嚴密控制各方面工作才能安心。委託別人就是放鬆控制。培訓人的人較能做到遙控，較少做屬下的工作。

自己做的人從做事中獲取成就感。別人成長發展無法使他有成就感，那是看不見的。培訓人的人樂意看到幫助別人學習的過程，也對別人潛力得到發揮感到滿足。

4. 委託工作

作爲一名領導者最能確定他採取什麼策略的莫過於看他把什麼工作委託別人。最極端的自己做的人除非萬不得已是不委託別人的。另一個極端就是盡量委託別人。

委託他人工作的問題，容易產生新工作來煩擾自己！委託過程給領導者製造的麻煩會使他覺得若時間允許還不如自己做。給受派者帶來的工作會讓領導者認爲他們本來已經超負荷。所以在委託之前必須明確目標及價值。您的目標將決定您的委託方式，特別是您需要保持的控制力。如果目

標是完成工作，就應當設法讓對方理解對他的要求並使之能夠按要求完成。更要讓對方自我管理、自我學習。

委託他人的另一個問題是別人怎麼也不可能做得和您一樣好。怎麼做領導者不是問題，但是那是自己的做法。對被委託的人能做到什麼程度，領導者也知道，這兩者之間的差異常會使人洩氣，這也是人們往往決心自己做的原因。期望應當根據目標來定，降低標準的代價應當從節省的時間和別人得到發展當中求得補償。

三、掌握領導的風格

管理者管理屬下和相互作用的方法反映兩種基本的風格：(1)指揮式的，(2)商量式的。

1. 兩種風格

(1) 指揮式領導

一般比較直率的領導者都是指揮式的。他們作出決定然後告訴部下為什麼、怎麼樣去做，什麼時候完成。完成之後按實績給以肯定或否定的評價。屬下參與決策和決策的機會很少。決策已經制定，他們只管接受和執行。

(2) 商量式領導

與指揮式正好相反，因為比較複雜，不容易做好，所以也少有人用。其實這種風格最適合填補領導模型的培養別人的策略，因此現在採用的人也逐漸增多了。領導者讓部下參與決策和計劃工作，徵求他們意見，在決策裡反映他們的正確意見。指揮式領導風格主要是告訴人怎麼做，商量式風格是主要採取發問的方式啟發別人提意見，也使別人更多了解問題和關係。

兩種風格都各有長處，是否有效還要看用在什麼地方。成功的領導者能夠得心應手地根據情況需要選用。大多數人習慣用指揮式領導，比較容

易，有時會碰到困難和危機。但是有些人也只能用這種風格。有的人自然而然就採用了商量式風格，也有人透過痛苦的實踐或培訓學會了商量式風格。也有些人是因為過去的領導是商量式的，所以自己也學會了。

2. 選擇領導風格

選擇合適的領導風格主要看具體情況，特別是商量式的要看團體內運作的情況、什麼問題、什麼樣的部下都在考慮之列。選擇領導風格，有五個需要考慮的因素。

(1) 人員配合

即屬下對指揮式和商量式領導風格的接受程度以及他們對不同風格能作多大的配合。有些人願意受人指揮，甚至把商量看成類似邊界糾紛談判的東西：那是您的工作。有些人贊成商量，但是缺乏知識或經驗來配合。有些人是願意領導者與他們商量並配合得很好的，他們因此有了被尊重感，受到鼓舞。

(2) 人際關係

即主管與部下的關係性質。如果屬下承認並尊重領導者的權威，而且相信領導者有能力作出正確決定，那是指揮式比較合適。如果相反，指揮式領導只會引起不滿、反抗甚至公開衝突。受到尊重的領導者也是可以採用商量方式的，但是不受尊重時更有必要。

(3) 工作負擔

採用哪種風格常常要看工作量。商量要花時間，可能令領導者更忙。告訴部下怎麼做不僅比較容易，也比較快，除非發生意外，有意外時也許費的時間更多。有時有些尖銳的問題要快速決策，採取商量方式可以逃避責任。

(4) 部屬反抗

即部下對領導決策的反抗或可能反抗的程度。如果屬下將要反

對，指揮式風格很危險，勝負難料，他們也許勉強按領導者意圖去做，也許會拒絕領導者的權威。商量式風格的風險低，但是必須能說服他們相信這是為了他們的利益。如果辦不到，只能冒險使用指揮式領導，但是要注意勝利不能以長期對立為代價。

(5) 品質問題

屬下的知識與經驗不同，採用商量式領導有可能獲得高品質的結果。原因有二：首先，可以得到不同的意見和觀點，與自己的想法比較。其次，屬下會更加投入，因為他們參與了決策過程，對成果有一種擁有感。

3. 主要領導風格

領導者首先需要從授權、培訓和商量式風格中選擇適當的風格。授權是1990年代興起的流行用語，反映一種管理思潮，指領導者應當賦予部下更多職權去掌握自己的時間精力。預期的好處是提高員工的主動性、投入與責任心。

授權是將部分領導權轉給過去無職無權的員工，是向傳統上下級關係的挑戰。這種在企業與個人之間關係中引發根本變化的思潮很敏感，值得關注。但是這是一種思潮，不是一種策略。思潮要有時間發展。需要什麼策略須根據特定環境考慮，思潮轉變需要時間才能完成，而且要真正尊重被授權員工的需要與願望。若授權原則被強加給員工，採取的方法完全與思潮的精神背道而馳。

實現授權之後，管理人員就應當選擇培訓部下能力的策略，採用商量式的領導風格。特別要讓人們了解這種思潮轉變的結果，讓他們能夠負責地、有效地使用被轉移的權力。管理人員真想授權，必須了解為什麼使用這些策略和風格，必要時還應學習相應的技術。他們還應當了解填補領導模型的必要，因為那是授權思潮的邏輯結果。

4. 次要領導風格

　　領導者其次需要從權力、控制和統治選擇領導風格。談到權力問題，要注意權力和統治的細微差別。有的人經常抱怨他們主管太嚴，這表示領導者可能有較多的控制資源和影響力資源。換句話說，他們把權力和控制混為一談。簡單說來，影響力大的領導者希望自己在團隊裡有權力，能影響討論和決議，使之符合自己的思想方法。他們要支配的是團隊的成果，具有很強控制力的領導者往往想完全控制大家藉以獲取成果的方式。他們想控制的是團隊的運作方法。

　　擁有資源的領導者並非一定要成為管理很嚴的人，雖然影響力過大的人難免擅權。只有在影響力和控制力都很強大的情況下，領導者才可能實行壓制下級的管理。權力和控制力集於一身，即成果和運作方法都由這個領導者決定，下級就很難意識到自己的權力和價值。有時有必要嚴格管理，特別在其他成員影響力和控制資源都很缺的情況下，只有領導者能彌補了。而且如果領導能夠節制並巧妙地使用這些資源，員工的貢獻可能會很大。但是大多數情況下管理過嚴是不必要的，對生產是有害的。造成管理過嚴的原因主要是領導者不能區分權力和控制，其次才是不能按填補領導模型來評估自己的權責。

　　領導者容易管理過嚴雖是掌權人的天性，但也是有辦法避免，那就是把權力的兩個組成部分，即對成果的影響和對運作方法的控制分離開來。不同時掌握這兩點，只關心一點，就有可能保持權力而分散控制，或者保持控制而將權力分攤給別人。哪種做法好取決於團體內可用資源的情況。如果控制資源很可靠，控制運作方法的職責可以分出去。如果擁有影響力，影響成果的職責可以分出去。對於特定的關係和相互作用，分攤權力的控制的概念並不難理解。領導者日常有許多選擇都必須以區分權力和控制為重要前提。

 思考問題

1. 何謂先鋒領導模型？
2. 何謂填補領導模型？
3. 有哪四種資源可以幫助領導者確定自己的領導職責？
4. 請說明管理屬下的兩種基本的風格：指揮式與商量式的優缺點。
5. 選擇領導風格，有哪幾個考慮的因素？

03

發揮團隊的合作

　　團隊合作是本章「加強團隊整合與合作」的最後一節的議題。前面的兩節：加強團隊向心力與團隊工作的領導，本節要繼續前面的議題討論如何發揮團隊合作力量。團隊合作的關鍵不在於理論探討，而是如何執行，因此，我們將在這裡進行以下三項實務探討：

1. 領導者的力量
2. 部屬配合態度
3. 部屬間的合作

一、領導者的力量

　　發揮團隊合作力量的關鍵人物是領導者，從管理心理學的觀點看：有什麼樣的領導者，就會塑造出什麼樣的團隊。我們將討論下列三個項目：領導者的定位，領導者的態度，領導者的角色。

1. 領導者的定位

　　(1) 首要條件是：具有指揮資格。

　　　在一個人知道如何選擇正確的方向，並執行工作目標之前，都沒有資格指揮他人如何去做。領導統馭的一個必要條件就是發展說服他人的能力，一種使別人的目標和你自己或整個團體的目標一致的能力。

　　　領導者確實融入團體並追逐共同的目標之前，是無法說服任何人

接納你的意見的。有效率的領導者明白與人共同工作的價值，他們學會在合作中遵循指導，並以工作的表現來證明自己足以擔負大任。良好的領導者以身作則，來顯示他對部屬表現的期望。你沒有辦法強迫他人跟隨你，你只能帶動他們，使他們心悅誠服地站在你這邊。當你的言語、行為能充分顯示出，他們正為整個組織最優秀的人工作時，他們將會緊緊地跟隨你的領導。

(2) 是一位有效率的好領導者

要做一位有效率的好領導者，你要求別人完成某件事時，若告訴他：做什麼、為什麼做、何時做、在何處做及如何能做到最好，則你們雙方可以都因此而受益。團隊所有的成員都受到背景及經驗的影響。對於一項指示的認知會因為教育程度、經驗、天賦、社會環境及其他許多因素的不同而有所差異。所以良好的管理者知道要將指示解釋清楚，讓屬下充分了解。同時也不要過度限制與要求而扼殺其創意。

領導者可以藉由鼓勵員工對自己及所屬工作小組設定目標，來幫助他們擬定計劃並達成理想，並且讓他們確認自己在整體工作中所扮演的角色及任務的目的。此外，你可以建議他們偶爾檢查一下進步的狀況，然後放鬆自己，為進展慶祝一下。

2. 領導者的態度

關於領導者的態度——命令與請求。禮貌的請求總會比命令獲得更好的結果。在日常生活中，不論是商業、政治或是社會上的領導者都知道：一般人若得到的是請求，而非命令，那麼他將會有較為突出的表現。

當你在擔任管理者時，若是你能將每一道命令轉換成婉轉的要求，那麼，你往往能得到比你想像得更好的結果。你在開口時若是使用：「你可不可以……」，「你願意幫我……嗎？」或「請你……」。以上這類句子的使用，所收到的效果，絕對比脅迫為你工作的人要好得多。甚至那些不

是你屬下的人，在你需要他們協助時，與其命令他們，不如請求他們。如此一來，人們也會以較認真負責的態度辦事。

　　誘導的態度。釣魚專家知道用什麼餌來釣特定的魚種，正是希望在人際關係上有所突破的人應該學習的：就如同在與別人的談話中多聽少說，與人交往時應投其所好，而非關注於自己的喜惡。當你持續地努力以自己希望被對待的方式來對待別人，人們就會喜歡與你親近，並且尊重你、信賴你、願意成為你忠實的朋友。

　　管理者一旦學會了控制自己的情緒及自大的心態，並且時常考慮別人的需求及想法，那麼順理成章地以友善的態度及體恤的行為吸引周遭的人而交到無數的朋友。

3. 領導者的角色

　　當領導者採取了適當的態度，他還必須扮演好領導者的角色。

(1) 調解者

　　當你逼不得已要介入別人的關係時，試著做一個調解者，你會發現沒什麼人會與你競爭，尤其看到別人發生衝突時，多數人會傾向遠離是非。若涉及其中，則會採納一方的意見而對抗另一方。當然，這樣的舉動有時可以解決紛爭，但更多時候反而將問題惡化。當你若真的想解決問題，你也許會出乎意料地發現：沒有什麼人支持你。

　　人類的情感是非常複雜的，有著許多不同的感受及情緒，而我們自己並不完全了解。萬一你被夾在爭執的雙方中間，而情勢迫使你選邊站時，試著朝最能滿足雙方的安協方式去進行。

(2) 協調必須是自然的，避免矯情。

　　除了人類彼此之間的關係外，宇宙間的事物都是協調自然的。我們所處的宇宙有一定的規律且和諧的，然而人類卻必須掙扎努力才能使人際關係趨近這種狀況。事實上，合作「似乎」是違反人

性邏輯。成功的個人知道自己如何逆流而上，單獨做別人不願意做的事情。但成功的領導者，他們要學會靠合作而求得群體的利益。管理者請記住：要在任何關係中找到和睦之道，不論是生意上的、個人的或專業的關係，都要細心經營。

(3) 非常協調策略

在適當的時候嘗試應用「非常協調」的方式。當兩個或更多的人，能夠以非常協調的方式來做思想及行動上的配合，而為了成就既定目標共同奮鬥時，產生的力量將非常巨大。一個智囊團包括了兩個或兩個以上的人，為達成共同目標而不分彼此地一起努力。這樣的合作方式可以產生單一個人不能擁有的龐大力量。

請管理者要謹慎選擇你的夥伴。調整自己以契合能夠補己之短的人們。舉例來說，你若是個右腦較發達的人，那麼一個左腦靈活、富邏輯性的人，可能就是你充滿創意特性的完美互補。總而言之，挑選志同道合，能夠發掘你的長處，欣賞你的才幹，並且有著相同理想的人為合作對象。

二、部屬配合態度

一個團隊要發揮合作的績效，除了領導者之外，還需要團隊成員部屬的配合。以下二個項目提供討論：積極的反應，學習的課題

1. 積極的反應

團隊成員的反應是團隊效率的重要條件之一，有二個重要條件。

(1) 首要的條件是：接受領導者指示。

那些不能心平氣和地接受指示的人，將永遠不會被賦予重任。假使你是個不負責任且好辯的人，而且沒有接納別人指導的胸襟，那麼你注定只能在最低的工作階層。在你有任何管理別人的念頭之前，你必須先學會克制自己，並且與其他的工作者，尤其是組織中居上位的人，保持良好的關係。除非你清楚如何維持與上司

和諧相處，你是沒有辦法管理你的屬下的。

(2) 向領導者求助

試著告訴上司你的困擾，看看他會如何幫你渡過難關。近年來，人們將注意力集中於：如何提供更佳的服務，如此一來，每個人都成了贏家。當你不再侷限於什麼事是自己所不喜歡，並開始關心；什麼事對團體（公司）有利時，你會驚訝地發現，你很快就能得到別人的敬重，隨之，你就可以有效的告訴你的部屬如何工作了。

2. 學習的課題

(1) 學會容忍

團隊成員面對領導者的要求，首先，要學會容忍。友誼讓你了解朋友，包括你的主管的缺點。真正的友情，是不在意朋友的不完美，要接納他們，並作為自己的警惕。因此，要發掘好的一面，而不是吹毛求疵。

你的主管（朋友）不會喜歡你只愛批評別人的過失，卻無法接受別人規勸的毛病。當你的朋友失望灰心時，一句鼓勵的話比說教要好得多。請做一個你自己會希望擁有的朋友，做一個傾聽者，當別人要求你才提出意見，並珍惜朋友對自己的信任。對他們的成就加以讚揚，當他們失意時表示同情。避免隨意提供所謂「建設性的批評」。大部分人對自己的期望比別人對他的期望高得多，我們不需要朋友來提醒令自己深感痛苦的缺點。

(2) 要隨時注意表情態度

千萬記住：你在語氣中所透露的，往往比所講的話的內容還多。在一場衝突之中，一個建議或一方妥協可能就挽救了面臨破裂的合作關係。喪失自信的員工可以因你慎選用字而再度被激發。好的經理人知道要將眼光放遠，不要只顧現狀。但是你說話的聲調

透露出憤怒、恐懼、失望等情緒化的反應。當你能夠在語句表面上顯示智慧時，別人記得的將會是你的表達情緒，勝過內含意義。

作部屬的人要知道，在所有公司組織中，居最高位的都是懂得如何控制自己情緒的人。當你擔任領導職位後，別人就開始注意所有從你傳達出來的訊號。假使你希望鼓舞部屬，並表示對全部團隊成員都很關心的話，就得學習自我控制，及慎選對他們說話的方式。在這個背景下，作部屬的人更要有「同理心」因此，請注意：避免與主管對抗，你就會覺得舒坦多了。

(3) 團隊整體配合

良好主動的的分工合作總是會帶來報償，因為這種團隊合作的行為造成積極的心態，而無視前方的障礙。不論如何努力，一定會遇上困難。有時是技術問題，有時是彼此意見的分歧。你要主動樹立起開放溝通的典範，然後你會發現，你的工作小組具有足夠的精神與心理準備來克服難關。

一群人若信賴他們的領導，而且不會為了建立自己的聲望而彼此欺瞞，人們就會集中心力來解決問題並從中獲益。他們會主動分享資訊及理念。如此，訓練有素的領導者，就可以由互動的行為中找出問題的解決之道，但這種情形一定要建立在和睦且誠實的基礎上。

三、部屬間的合作

關於團隊成員之間的相處關係，有二點提供參考：合作關係，相互包容。

1. 合作關係

團隊成員之間必要建立良好的關係以便共同為團隊效力。

(1) 自願合作

自願的合作方式可以產生持久的力量，強迫的方式反而造成失敗，沒有任何一個偉大的文明，是建構在對人民的不當對待之上。例如，暴君或許可以暫時迫使別人為他工作，但卻無法長久。除非人們獲得應有的尊重，才會有維護組織或社會的意願。

管理者若是對每個成員以公平合理的原則為基礎，來建立一家公司，或一個組織，那麼，你也同時創造了持久不變的力量。團隊成員的配合也相對的重要，特別是成員之間的自願配合與合作。

要確保他人會遵守承諾或繼續維持合作關係，最好的方式，先替別人設想，俗語說：「己所不欲，勿施於人」。要設身處地為他人考慮，你就會獲得別人忠實且熱誠的回報。為自己及別人設下標準，然後善待合作的夥伴，放手讓他們去做，他們將會創造出你意想不到的成績。

(2) 友善合作態度

不論在任何行業，友善的合作態度都比惡意的批評為佳。當你以自己希望得到的禮貌與尊重來對待競爭對手時，多半都會有相同的回應，而你也會擁有穩定、富創造力，且充滿利潤的事業。相反的，若市場中有的只是惡性的循環、不道德的競爭者，則這項事業毫無前途可言。

當別人問到你所提供的服務或產品與其他公司比起來如何時，要以謹慎且禮貌的方式來敘述你的競爭者，然後用問題來代替誇大自己的公司或產品。略微提及別人的優點即可。你假使只是批評別人，顧客將認為你隱藏事實，所以在確實比較產品之前，他們不會花錢購買。

(3) 要以和睦的態度與人合作

和睦地與人合作永遠不會有壞處，只有正面的影響。與人和諧相處與分工合作的精神是最高尚的人際關係。廣義來說，合作就是

對你的同伴以行動來表示關心。當你能與別人合作無間時，你正是遵循著許多宗教與社會上所要傳達的基本觀念。

每個人偶爾都會嘗到嫉妒帶來的痛苦，且通常這種痛苦又伴隨著問題或困難。一個真正成功的人知道：只要繼續專心於自己的工作，並盡量協助他人，終究會達成自己的目標。要讓自己始終保持友善及充分合作的態度，並不容易的，但是，你最後一定會發現：這樣的努力是值得的。

2. 相互包容

在團隊關係中最重要的學習功課是：相互包容。

(1) 除非你自己願意，別人將無法傷害你的感覺。

沒有一個人可以激起你情緒化的反應，除非你允許他這麼做。你的感覺及情緒，總是交由你自己全權負責的。當你對自己的生活有明確的目標，你就不會容許外來的干擾，讓你脫離自己的規劃。你立下雄心壯志並努力不懈怠，很快就會了解到你根本沒有時間為一些瑣事發脾氣而耽誤自己的事業。

(2) 避免嚴重人際衝突

機器運轉不順只需花錢維修，但人與人間的衝突會耗盡雙方的精力及財力。與任何人的關係出現不協調的狀況時，多半有著經濟問題的關連，但對人際方面的影響，則更重大得多。當你被扯入充滿紛爭的環境，原本可用於完成生活目標的精神及體力，被毫無意義地浪費在一些爭吵算計之中。很不幸的，不論是什麼原因造成這樣的衝突，都會對所有當事人造成極為負面的影響。

因此，當你發現自己處於緊張衝突的氣氛時，有一些方法可以化解。一是解決自己的問題，二是乾脆離開那個環境。只有你自己才知道何種解決方法最好。但假使不能離開那個環境，那麼最好的辦法可能是拋棄你的自尊，來謀求每一個相關的人都肯接受的

方式而加以解決。要是你做不到，也許這是結束合作關係，另謀出路來實踐人生目標的時候了。

(3) 在團隊中避免與人爭論

即使你不同意他人，至少也應避免與人爭論。當你捲入與人爭辯的狀況時，一旦你與他人辯論，即使你贏了，你仍然將過多不必要的壓力加諸在自己的身上。

你心中充滿憤怒、怨恨等不良情緒時，就不可能再保持正面、積極的心理態度了。沒有人能真正地激怒你，除非你允許他們這麼做。與其跟對方爭吵，不如問一些沒有威脅性的問題，像是：你為什麼會有這樣的感覺？我做了什麼事讓你這麼生氣？我要如何改善呢？你也許會發現，整件事可能不過就是個誤會，很快就可以改善。即使問題比想像中嚴重，你積極處理的方式對解決問題也是大有幫助。

(4) 至少要兩個人才吵得起來

兩人吵架。請經常提醒自己：至少要兩個人才吵得起來。當你極不同意對方的說法時，很難記得爭論要雙方參與才會產生。不妨試著想：當你已經贊同對方之後，別人是無法反對你的。這並不是在建議你放棄原則去妥協，而是告訴你：尋求雙方的共識來說服最初不同意的人，同時保持自己原有的信念是可能的。

別人在因為你或你牽涉的某種狀況生氣時，讓他們明白你確實了解他們的感受。由他們的角度來看問題，找出衝突的根源，看看如何解決才能顧及所有人的利益，而你對整個事件能有什麼貢獻。當你努力謀求解決的辦法而不是加入抱怨的行列時，別人大多會以寬容的態度回應。

(5) 以和諧的人際關係為基礎

最後，團隊成員間的關係要維持長久，要以和諧的人際關係為基礎。大部分人在人生的道路上都無法單獨行事，不論在事業或個

人生活等，各方面皆是如此。我們在達到成功路途中始終需要別人。此外，當我們擁有一切卻無人可分享的話，又有什麼意義呢？

你當然可以選擇與人共同努力，你也可以忽視旁人，又或許你選擇與人對立，但你想在生命中獲致偉大的成就時，就必須與人和睦相處，共同奮鬥。當你個人的目標恰巧與另一個人相同時，共同合作不但會使你減輕負擔，而且產生的效果遠比你獨立運作所能達到的程度為佳。

 **思考問題**

1. 領導者的條件什麼？
2. 領導者的態度有哪幾種？
3. 領導者的角色有哪些？
4. 團隊成員面對領導者的要求，要怎麼做？
5. 試說明團隊的合作關係。

Chapter 8
有效的團隊管理運作

01 發揮團隊影響力

02 提升團隊的效力

03 掌握團隊的實力

根據『有效的團隊管理運作』的主題，本章提供下列三個相關主題：第一節「發揮團隊影響力」，第二節「提升團隊的效力」，以及第三節「掌握團隊的實力」。

　　第一節討論「發揮團隊影響力」，主要的議題包括以下三個項目：一、團隊影響的模式，二、團隊影響的差異，以及三、團隊影響的策略。

　　第二節討論「提升團隊的效力」，主要的議題包括以下三項目：一、界定團隊資源，二，確定團隊任務，以及三、職責分配與分擔。

　　第三節討論「掌握團隊的實力」，主要的議題包括以下三個項目：一、確定團隊的責任，二、提高團隊生產力，以及三、團隊的危機意識。

01

發揮團隊影響力

在前一章裡我們研究了兩種主要的領導模式：指揮式和商量式。這兩種模式表現形式各異。例如領導人與屬下的溝通程度，決策時徵求多少部屬意見，與屬下在一起的時間多長，在一起的時候做什麼，都不盡相同。但最明顯的表現形式就是如何施加影響的方式。想要屬下幫您做什麼的時候，領導者固然要發揮強有力的影響，在他們不願做而這種阻力必須克服的時候，領導者的技巧就表現在既不讓他們心理有負擔，還要讓他們心甘情願去做。好的領導最重要的就是要有發揮影響的技巧。在這裡我們準備探討有關發揮團隊影響力三方面的詳細情況：

1. 團隊影響的模式
2. 團隊影響的差異
3. 團隊影響的策略

一、團隊影響的模式

由於文化背景差異，團隊影響有許多不同的模式，從管理心理學的觀點看，以指揮式和商量式領導模式最被企業管理所採用。同時，這兩種領導模式發揮了兩種影響力：

其一，**推力**。領導人讓部屬做事時只關照怎麼做。決策完全由自己做，不讓部屬參與，除非要讓他們明白意圖才徵求意見。

其二，**拉力**。請部屬一起討論應該做什麼，怎麼做。領導人主要召集

大家一起討論、決策和制定行動計劃，主要在設法啓發部屬了解任務和幫助他們克服困難。

我們爲說明這兩種模式的區別，請設想自己想去看電影，而且希望說服配偶或朋友也去。下面介紹兩種模式兩種做法。

1. 推力模式

以對話的模式進行模擬演練。主人（領導者）與朋友（部屬）的對話。

主人：今晚電影院上映《明天過後》。我們去看吧，7點開演。

朋友：今晚不想出去。

主人：走吧！出去走一走。看完了還可以去吃宵夜。你前天不是說很想看這部電影嗎？

朋友：是啊，不過太累了。在家看電視不行嗎？

主人：電視節目沒有可看的，所以才想去看電影。別拖了，我開車載你去。

2. 拉力模式

主人：今晚有什麼節目嗎？

朋友：沒有，太累了，看看電視！

主人：有好節目嗎？

朋友：我也不知道，打開看看……沒什麼好看的。

主人：太累了？不想出不去嗎？

朋友：不想動。

主人：那就去電影街看看有什麼好片吧？

朋友：好，看完後就直接回來，不能熬夜了。

這兩個個案不能保證哪種模式較爲有效。大多數領導人都是習慣用推力去說服部屬。每天要用許多次。看到屬下寫信給顧客，我們要他改這改

那，用的也是推力。對大多數人來說，不僅習慣推力，而且只會推力。他們不知道還有拉力，知道了也不會用。當他們擔任經理職務之後，因為只會推式，所以幾乎只能當指揮式的領導人。有效溝通是兩種說服方式都能用，而且知道什麼場合用哪一種。

二、團隊影響的差異

兩種團隊影響方式在效果上有四個層次的不同：

1. 暴露程度的差異

用推力的領導人，在一開始就暴露了自己的意圖。過早暴露意圖會削弱自己地位，本來不想反對，一聽到對方意圖，就容易表示反對。使用拉力時不用暴露自己希望的結果。在上例中可以從頭到尾不露目的。這樣可以根據當時反應改變說法或論據。顯然推力不如拉力靈活，風險也大，因為暴露了意圖，對雙方而言，就會有成功與失敗的問題。有許多場合是最好不讓對方了解意圖的。

其實，許多場合推力也不錯，在工作上也可以用。推力還是比拉力容易一些。特別是有意識選擇團隊影響策略的時候，拉力有一定難度。請屬下發問，再整理訊息，還要慢條斯理一步步展開，不如推力直截了當，告訴對方要做什麼就得了。但有時候不能用推力，特別是碰到只能成功不能失敗的情況，用推力更要慎重。

2. 使用條件的差異

因為有時候推力雖然能說服人，但品質和對方的熱心程度都不理想，所以要改用拉力。哪個方式好呢？下面幾個因素可供參考：

(1) 問題是否重要

想要人做的事如果不太重要，不太迫切，不太複雜可以用推力。一般都屬於這類情況。這些人際影響很重要，做不成也沒有什麼大不了，這種情況還不值得費神實施拉力。一般都是推力，但有

時成，有時不成。但假使一件事很重要、很緊迫、很複雜，後果影響很大，那就不能掉以輕心。有無特別需要用心得看報酬，可能的話，拉力總是比較安全可靠。有重大事情需要說服人的時候，養成先考慮該用哪種方式的習慣，不失為明智之舉。

(2) 力量的平衡

假使用推力，成功的希望主要決定於領導者與對方的力量；領導者的力量來自組織中的地位或自身人格。假使力量比對方大，推力比較容易成功。但採用推力必定要有權力相伴才能有奇效，這正是經理和主任動不動就用推力的道理。

反之亦然。假使力量比對方弱，採用推力不會有多大效果，對方會使用自己的力量來反對。因此對於團體的上級用推力很不明智。除非你的專業知識確能賦予權力與權威，否則對方不可能聽任擺布。用拉力一般比較安全，特別是因為既不暴露意圖又有回旋餘地。

3. 機動空間不同

領導者採用哪種方式也還要看有多大的機動空間，也就是解決問題可以用多少辦法。假使有很多辦法可選，調整或妥協的餘地很大，當然能夠應付自如。在有機動空間時用拉力更可以創造必要的氣氛和條件，便於選擇適用於對手的措施。如果擁有多種解決辦法時，為什麼一定要使用某一種呢？

沒有機動空間時採用拉力不易。不是完全不能用，不過要很小心引導對方順著自己的步驟走。假使對方有可能拒絕的話，就不要用拉力，否則會適得其反，理由有二：對方因此會抬高他們對結果的影響力，同時可能因此使對方有機會不厭其煩地——反駁領導者的想法。換句話說，假使有可能在拉力方式不成之後，反過來還得用推的話就不要拉力，因為一個人與別人商量半天，自己的意見還是被全盤否定了，他的失望肯定比一開始

就讓人用推力來得大。

4. 抗拒程度不同

決定採用哪種方式的最後一個重要因素是抗拒程度。假使勸說某人辦事時，對方抗拒不太強烈，可以用推力。因為生活中就都是這樣，所以人們常用推力。假使對方就是一個喜歡挑毛病抬槓的人，遇事總有各種理由來反對，要勸他就不容易了，這時該用拉力。這主要是因為用拉力不會太早暴露自己意圖，不到最後不給他機會表示反對，而到最後還有辦法動搖他抗拒的基礎。

問題在於往往不了解對方的抗拒程度。遇到這種情況，最好先弄清楚這一點，多提問題，用拉力。用推力假使遇到意外的抗拒，目的已經暴露，再推也不行了。拉力一開始是提問：試探抗拒的程度和原因，然後可以想辦法克服它。

有時抗拒實在太強烈、頑固不可說服，多高明的拉力也難奏效。一般是讓人做了沒什麼好處，而自己機動空間又不大，容易出現這種情況。假使問題很棘手，也不容易找答案，只有一推再推，告訴對方沒有別的選擇，然後大家一起商量怎麼解決。一般是只有碰到抗拒十分劇烈、難以說服的時候，人們才會認真考慮以上的影響與條件。很多情況是因意外的抗拒而不能成功說服別人。準備打交道的團體最好是歡迎您本人以及您想勸他們做的事，不會反對。但只要遇上團體的態度欠佳，企業的效益無法提升，或者領導模式有問題，想讓屬下做點事都很困難，那才是考驗意志的時候呢！

三、團隊影響的策略

團隊影響的策略包括以下三個項目：1.檢視問題所在2.發展需要的策略3.克服抗拒的策略。

1. 檢視問題所在

管理者的首要策略是：檢視問題所在。部屬反對變革是一個複雜的過程，反映出個性以及對所要求變動的是與非的理性思考。但這一過程的基礎無非是下列幾種簡單的評估：

(1)這一變化本人將要付出多大代價？

(2)這一變動對自己有什麼好處？

(3)利益能超過代價嗎？

對於大多數部屬而言，每當要他們改變做法時，都會本能地評估一下。要想說服他們，想讓他們按自己的要求去做，實際是想影響他們的得失。這裡有以下兩個主要成分：

其一，**代價**。包括成本、費用、時間、精力、麻煩、失敗、下台等等。

其二，**好處**。包括賺錢、時間精力的節約、工作條件改善、工作更加順心、更多發展機遇、賞識之類。

假使某項變動的預計代價大於預計的利益，就容易遭到反對。了解其中緣由就可以分解它的成分，即價值和需要。變動帶來的利益由兩部分構成：

其一，**價值**。估計變動將帶來的價值。

其二，**需要**。人們有改變當前所作所為的需要。

這兩點很類似但實際有很大差別，領導者在勸說別人的時候常混淆需要和價值，同時總以為自己所估計的變革的價值，就等於別人對變動的需要的考慮。為了弄清別人反對的原因，首先應當研究他們的需要。

2. 發展需要的策略

管理者在檢視問題所在之後，第二個策略是：需要的發展。人們需要變革與否要看人們對現狀的感覺以及對當前問題的認識。您的反應會完全取決於原來的計劃有無改變餘地。假使很堅決，就不去做。如果並未完全想好，就有可能聽從別人的鼓動。領導者可能因以下幾點而猶豫：

(1)沒有好節目可看。

(2)太累了，睡不著，安靜不下來。

(3)感到孤獨。

(4)心情越來越壞。

(5)不想漏掉任何事情。

(6)訂了餐廳而不能去吃。

需要隨著時間而發展。對變動的需要通常是由於對現狀略嫌不足，或者擔心以後會出什麼事。這時還不會去採取行動，這時的需要不強烈。假使越來越不開心，需要也就改變。到很不高興的時候就迫切需要行動了。主要考慮的是原先的安排並不如意，但也還沒有放棄。

3. 克服抗拒的策略

針對內心需要的發展過程的某些環節，決定我們可能遇到的阻力以及要費多大勁才能克服這些阻力。一般都是設法加速對方需要發展的進程，不能等到時間不夠了才行動。

關鍵在於領導者對部屬的需求意識施加影響。問題是我們想得很美好，但不一定就心想事成。有些事情對自己來說肯定沒錯，完全可以做，也應該做，但別人不一定這麼想。所以有效的團隊影響工作的主要前提是：正確的東西不一定有說服力，這點絕對重要。人們認為自己做得對時，容易低估對方的抗拒，不相信別人會反對，所以也沒準備應付阻力。這時只著眼於價值。

團隊影響失敗往往是由於只談自己的決定以及自己認爲的好處。這是在證明自己的正確，其實你正確與否並不要緊，關鍵在於想讓人做的事是否符合對方需要。因爲人們總以爲首先應當做得正確，所以總是想讓人家明白改變一下的好處，其實應當努力的是促使對方的需要發展。

　　爲克服對方抗拒並使之樂意投入，可採取下列四個步驟的策略：

(1) 發展其對變動的需要

　　從對方對現狀不滿及對未來之擔憂著手，提高其對改變的需要的自覺是第一步。例如不滿與擔憂可能是原來已經感覺到的，但也可能是本人當時尚未感覺的。

(2) 提高對變動的價值的認識

　　僅僅不高興還不足以說服某人採取行動。有時是因爲不高興但不嚴重，有時是因爲變革的代價太大。所以團隊影響策略的第二步應是提高人們對變革的價值的認識。解決眼前的不滿和存在問題一般都有價值，當然也有其他方面的認識不到的價值。

(3) 使對方對改變有擁有感

　　應盡可能使對方捲入領導者企圖令他做某件事的行動中。讓對方實際已參與團隊而影響他的行動，同時還會讓他感到以下四點：

① 對情況有一定影響力。

② 領導者對其解決自身問題的能力表示尊重。

③對最終方案有擁有感。

④ 他本人的擔心已被考慮在內。

　　前面說過，使用尋求方案的拉力有助於鼓勵對方投入，效果較好。

(4) 解決問題花的代價最小

　　前面談到了抗拒的三個要素中的兩個，即需要和價值。團隊影響策略無非是把人們對價值的認識設法提高，使之認識到價值遠大於代價。這一方法即使獲得成功，代價的因素也應加以利用。

最好到最後要決定問題的階段再涉及代價因素，因為怕價值不足以抵消代價，也因為過早涉及代價問題不利於說服別人。對代價心中有數，基本上可以解決一切問題。但這樣做也不一定都見效，任何變革都必定要付出代價。不過明確提出問題，研究解決辦法，說明領導者有幫助降低代價的願望，這對鼓勵對方投入、最終被說服有很大好處。

這四個步驟的順序不能打亂，因為必須遵循以下兩個基本原理：

A. 最好在提出最終解決方案之前先激發對方的需要。對方感到需要某種解決時才能配合。

B. 最好先讓對方充分了解價值，然後再設法降低代價的分量。對方了解變革的價值之後，就不大在乎代價了。只有充分認識到價值才肯設法去降低代價。

 思考問題

1. 指揮式和商量式領導模式，這兩種領導模式發揮了兩種影響力，試說明之。
2. 推力與拉力的團隊影響方式在效果上有哪四個層次的不同？
3. 想讓別人按自己的要求去做，實際是想影響他們的得失，包含哪兩個主要成分？
4. 為克服對方抗拒並使之樂意投入，可採取哪些步驟？

　　根據上一節討論過「發揮團隊影響力」的背景，我們更進一步探討如何讓團隊的效力適當發揮。在《團隊的智慧》（*The Wisdom of Teams*）書中作者（Jon R.Katzenbach & Douglas K.Smith）指出：假使團隊空有革命情感和融洽氣氛，只能造就貌合神離的團隊。企業組織要真正發揮團隊精神、提升競爭力，需要一個互相信任、互相依賴的真實團隊（real teams），只有像這樣的團隊才會對彼此無私的奉獻。在這個前提下，我們要討論以下三個議題：

　　1. 界定團隊資源
　　2. 確定團隊任務
　　3. 職責分配與分擔

一、界定團隊資源

　　企業的主要資源來自兩方面：物力資源與人力資源。從管理心理學的觀點看，人力資源比物力資源更為重要。對於員工的品質素養和對工作的影響目前有許多測試方法。許多都是各種心理測驗，還有貝爾賓（Meredith R Belbin）提出的工作團隊任務研究。這類方法通常都透過調查表收集訊息，人們回答問題時就顯露出他們的特點、喜好和工作方式。另外一種方式評估工作團隊的資源以及它們對隊員的影響，就是憑著主觀，直接觀察工作內容，用自己的眼睛看，發現問題，再根據經驗與工作

成員探討，想要的訊息全部由團體的活動來提供。

　　下面介紹一些觀察團體活動的方法，觀察的內容要包括團體行動的各個層面，這是決策的基礎。這個過程涉及團體資源的充足程度和可用程度。在以下，我們分三個項目來討論：

1. 團隊的活力

　　我們研究一個團體的資源，其中最重要最應仔細觀察的是活力。要了解一個團體能支配多少活力，哪些活力，它們的來路，經過什麼管道，有什麼阻礙，怎麼才能更有效地利用。筆者認為活力是團體最重要的資源，有活力才做得起來，才有成果。團隊活力的形式非常多樣，有的明顯可見，有的則不然。一般只要一接觸某個團體便能察覺出它有沒有活力，但是不容易清楚說明這種直觀感覺的根據。我們從以下跡象著手：

(1) 主動的精神

　　團體是否有想法，是否有創造性的想法，是否積極思考，尋求解決方案，能否發現機會，敢冒風險？

(2) 團隊的熱精

　　大家對共同工作滿意嗎？是否受工作的鼓舞，想做出成就嗎？成功對大家有無激勵？

(3) 良好的關係

　　成員相處是否融洽，能否相互鼓勵、相互支持，相互之間是否有共同的樂趣、挑戰，是否能共同承擔風險？

　　假使這些特性很普遍，那團體活力充沛，外人很容易就能感受到。也許這種活力還沒有被充分利用，但是它是極好的資源，利用它可以做許多事。假使這些活力得以順利發揮，這個團體便確實是個好單位，我們會希望成為它的一員，同享合作的愉快。假使這些活力發揮不暢，團體可能潛伏著危險，對成員和客戶都不利。活力可能表現為壓力，造成煩惱。煩惱會吞噬活力，使活力更難發揮。不過重要的是，有活力就有希望。因為只

要有活力，設法使管道暢通或加以引導，總比從零開始要容易。

假使一個團體缺乏主動精神、熱情和關係等品質，它必定萎靡不振，乃至一團混亂。工作和團隊關係都做不好，這種單位沒有吸引力，誰也不願與他們打交道，以免陷入苦惱和糾紛，無謂消耗自己的能量。對此特別要弄清原因是內部的人員的個性和關係，還是外在的工作性質或與其他單位關係。

2. 團隊影響力

對企業來說，雖然影響力和專業知識一樣，實際上卻感受不同，而被認為不太重要，但是對團體本身卻很重要。這也和專業知識一樣，但是團體在決策和貫徹執行決策的時候，影響力仍是團體能力的一個關鍵因素。在觀察團體時，要注意兩種影響力：

(1) 內部影響力

團體中有影響的是哪些人？他們的專業知識與影響相稱嗎？他們的影響力是怎麼實施的？影響力是怎麼被接受的？有沒有人應當具有更大的影響？為什麼沒有？能有嗎？

(2) 外在影響力

在較大的組織中有哪些人是應當去影響的？團體了解嗎？有沒有施加影響的策略？團體在工作時把更大組織的需求和態度考慮在內了嗎？假使沒有，為什麼？團體裡有沒有人適合做這項工作？

內部影響力和控制這兩種資源有重合之處，所以凡涉及內部影響力的場合，都會提出控制與內部影響力。但是施加影響是實行權力的手段之一，有時候團體中權力分配問題必須直接表述。由於這容易招來麻煩，引起爭論。通常都是先討論控制方案，看能否透過對團體活力與運作方法的控制加強來緩和影響力的問題。

外在影響力和社會專業知識之間也有重合部分。外在影響力不夠的最普通的原因往往是缺乏社會的知識，所以要想解決必須透過培訓提高這方

面的知識技能，例如說服力、建立社交關係。不過有時外在影響力差是內部影響力出了問題。例如，團體內最有影響力的人物硬要挑戰上級組織，採取的辦法又不易成功，這樣就讓內部具有社會知識的人更難達成任務了。遇到這種情況，應當從內部影響力問題著手研究。團隊管理工作時要觀察與處理的各方面，希望這些成爲讀者研究自己團體的著眼點。

3. 可用的資源

團體有多少可用資源取決於團體成員的努力爭取。每人都有各不相等的活力、控制力、專業知識和影響力。我們考察團體資源時是看每個成員誰有專業知識，誰活力充足，誰提供控制，誰發揮影響力。還要從中發現每個成員能提供團體使用的資源。我們要觀察的是組織要想有效運轉就必須具備的四種資源：活力、控制、專業知識和影響力：

(1) 活力

以體育活動爲主：包括開會積極，幽默，樂觀，想解決問題，想獲得成就，創造性，支持別人，肯冒險。另一方面則有：不耐煩，不關心別人，妨害別人，不積極，輕率等等。

(2) 控制

以控制自己爲主。包括：認眞聽人說話，愼重對待別人，注意自己和別人的行爲，提問題，評價，對團體運作方式關心且參與，耐心，有觀點，周密。另一面有膽小怕事不願冒險，過於精細，拖拉，迂腐，多嘴。

(3) 專業知識

包括：發表意見提供訊息，精益求精，善於分析，不怕挑戰和反對。另一面固執己見，爭辯不休，空泛抽象，空談不踏實地，死抱自己觀點不聽他人，不提問題不聽別人意見，認爲自己絕對不會錯。

(4) 影響力

包括：果斷，循循善誘，明確，解決問題，機警，敏銳，堅定，直率。另一面有心機，多疑，粗枝大葉，高高在上，不敏感，對別人看法不感興趣，固執任性，狂妄急躁。

團隊可用的資源當然不止這些。我們也犯錯誤，對一些人在特定會議上的表現就作出判斷，後來發現不對，有時是自己誤解了別人的行為。通常都是根據以上跡象作出假設，然後親自進行驗證。

從管理心理學的觀點看，團體成員的活力大，團體的活力一般也大，但是有些場合不是這樣，還要看成員能不能把自己的活力用在團體上。有的人慷慨大方，有的人隱瞞實力。決定這些人的態度，一般有五個因素：

(1) 成員間的關係

團體成員肯不肯把自己的活力用在團體上，要看成員之間關係性質。關係能夠單獨決定成員的慷慨程度。

(2) 團隊的活動

團體從事的活動對成員是否貢獻出自己活力也有重要影響。活動假使符合成員需要（例如有所激勵），人們就願意去做。

(3) 團隊的環境

團體的工作環境也有相當作用。物質和文化環境有可能妨害人們心甘情願地貢獻活力，也可能對活力釋放造成阻力。

(4) 團隊的成就

團體達成目標的程度，以及人們對實現目標的信心程度，對成員是否發揮活力也有重大影響。成就比較不會使人喪失信心，或抑制活力發揮。缺少活力也就沒有有效使用其他資源的動力。

(5) 團隊的認可

個人和整個團體都要求自己的努力和成果得到認可，所以認可也是使團體能利用活力的重要條件。得不到像樣的認可，人們的積

極性降低，不肯出力。

二、確定團隊任務

當團隊已經擁有相當的資源，設法使現有資源滿足需求是團體給成員分配任務時必須做的事。換句話說，成員在團體中的任務部分取決於團體有多少資源，部分取決於團體怎樣根據內部平衡和外在需要來針對團體需求安排個人資源。

1. 專業知識的增加

當團隊成員的專業知識增多之後，團體裡的資源模式發生變化。有了知識與經驗，影響力自然就大了，領導者對此也樂於接受，但是還保持著高度的控制。仍舊合作得不錯。有領導者的控制，屬下就敢學習、敢冒險、敢創造。領導者也樂於屬下發揮影響力，認可屬下多年實踐累積的專業知識。團體擴大了，領導者去參與公司其他方面工作，讓屬下負責小組的領導。屬下的任務變了，必須更多地控制，要安排其他人及其資源。這時屬下的專業知識和影響力長進了，但是活力不減，對工作很投入。屬下自信資源充足，沒想到會出現壓抑別人的問題；或有時候會有人埋怨沒能給他提供貢獻資源的餘地，因為小組已包攬了一切工作。

2. 任務與資源偏好

應當從這四種重要資源的角度來考慮我們自己和別人在團體裡的任務。在評估團體資源的同時，也要明確每個人的任務。應當去發現那些活力充沛、善於控制、專業熟練以及影響力大的人。當然從這四方面區分任務有點籠統，團體的任務不止這些，還可以細分，但是按四類區分已經夠用。據此，我們可以了解可用的資源在團體成員間的分配，了解每個人對這種分配的滿意程度。例如有影響力的人，他們總有人會不滿自己能夠發揮的影響力，總有人想要多掌握團體的控制。

在我們團體裡的任務部分取決於我們本身的資源，部分取決於其他成

員對資源的偏好。這兩種決定因素之間常存在壓力，但是壓力使人們在團體中感到困難、需要、鞭策或值得，因為解決壓力問題並成功分配任務是一個人最大的滿足，是超越自我並成為團體一員的途徑之一。為此，必須充分了解團體的任務結構，要使自己具有足夠的靈活性，以便適應其他成員對資源的偏好。

三、職責分配與分擔

在一個團隊裡職責分配與分擔是相對的，這就像資源的分配與任務的承擔應該是一致的。

1. 職務結構

團體內資源的分配決定成員的任務，而任務能使團體確立成員的貢獻和行為的結構。這種結構與正式的任務或職責無關。例如工作團隊的領導人不一定具有影響力；主席不一定有控制力。但是正式職責提供的是職務上的結構，任務則提供非職務結構。兩者之間關係對團體效率至關重大。

職務上的結構與非職務結構對有些團體而言，是同一件事。例如，領導者是工作團隊最具影響力的人；負責資源的人正是提供控制的成員。這樣的工作團隊容易發揮效率。但是遇上職務結構得不到非職務結構支持時，就會產生問題：導致不安定的緊張、離心離德、惡性競爭乃至公開衝突。

2. 職務與非職務結構

有兩個團體曾發生職務結構與非職務結構不協調的麻煩，問題都出在高級經理身上，他們都不是天生的領導者。其中一位不能提供團體所需的活力和內部影響力；另一位擁有很強的控制資源但是使用不當，他錯誤對待兩個比他更適合當領導者的成員，破壞了整個團體的效率。這兩個例子都是任務被職務結構的壓力扭曲，更有可能是團體太拘泥職務結構。

思考問題

1. 如何觀察團隊的活力？
2. 什麼是團隊影響力？
3. 組織要想有效運轉就必須具備的四種資源是什麼？
4. 決定團隊成員的態度，一般有那幾個因素？
5. 職務與非職務結構有何不同？

03
掌握團隊的實力

　　「掌握團隊的實力」是『團隊管理篇』的最後一項議題，同時也是團隊管理相關任務的結論。前面討論過的議題包括：團隊工作的定位，團隊中的個人，團隊運作管理，加強團隊向心力，團隊工作的領導，發揮團隊的合作，發揮團隊影響力以及提升團隊的效力等八個項目。團隊任務的完成，肯定是集合每一位成員的貢獻以及整合共同努力的結果。然而，每一團隊成就的高低有別，其關鍵在於「活動實力」的強弱。根據本節「掌握團隊的實力」主題，我們要討論以下三個項目：

1. 確定團隊的責任
2. 提高團隊生產力
3. 團隊的危機意識

一、確定團隊的責任

　　團隊責任感是團隊實力的首要指標。企業團隊的責任感主要建立在團隊領導者與團隊成員的共同心態基礎上：自己是主人。假使我們要團隊建立穩固的「主體意識」，必須注重「內部公關」，讓團隊擁有「主人翁」的責任感。

　　一般而言，企業界普遍認為「內部公關」這個名詞似乎不大可能成立：公關怎能與內部連在一起呢？這裡的「內部公關」實際上指的是指企業內部公共關係在公司發展方面的作用，即在全公司範圍內營造民主、團

結、和諧的氣氛，使得每位成員都是忠心耿耿、為工作努力以赴的熱情，盡心盡力地工作，進而促進公司事業上的成功。這種公關方式是解決公司發展原動力的問題，區別於其他有關市場或銷售的公關，稱「內部公關」。

1. 內部公關

企業發展事業最寶貴的財富便是「人」，包括各級主管和全體團隊。他們之間的關係也就是企業內部公共關係，是企業提高競爭能力，在市場上贏得競爭優勢所不可缺少的基礎條件之一。沒有良好的內部關係，企業就會失去動力與活力，更談不上在競爭激烈的市場上爭得一席之地。

美國沃辛頓鋼鐵（Worthington Steel）是一家經營相當出色的大型鋼鐵公司。這家公司與競爭對手的顯著的差別，就是有一個公司經營的座右銘：「做好與顧客和下屬方面的工作，市場自然就是你的了。」如果說「做好與顧客的工作」是企業與競爭對手爭奪市場，爭奪消費者的有效手段，那麼「做好與下屬方面的工作」便是為企業參與市場競爭提供有力的支援和堅實的保障。

正如美國公共關係學家塞特（F. P Settle）所說「公共關係如果沒有良好的職工關係，想建立良好的外界關係幾乎不可能。如果公司職工不支持公司，而要外界支持公司，也一定不可能。」公共關係人員已經逐漸承認：良好的公共關係來自內部的概念。追求公司內部的協調，成為越來越多的企業家們共同關注的話題。「團隊精神」、「當家做主精神」、「利益共用」（Shared interests）等標語與行動，為企業內部公共關係注入了新的活力。

進入1980年代以後，「團隊精神」成為現代企業家的「口頭禪」，體現了努力追求與塑造的一種現代精神。隨著企業競爭的日益激烈，越來越多的企業家確信，現代企業經營成敗的關鍵在於企業是否具有團結奮鬥、共存共榮的「團隊精神」。

2. 團隊精神

企業裡的每個人在「團隊精神」影響下，都會感到共同的利益，共同的事業已把大家連接在一個息息相關的生命共同體內。在企業內部上下之間，縱橫之間都要形成相互理解、相互信任、彼此支持、彼此協助的關係。這並不是措施與物質利益，由公司提供社會福利等，而是追求一種全體成員之間的相互關切。這種「團隊精神」的形成並不是輕易地下幾個命令、辦幾場說明會或聚餐所能達到的，它需要不斷地努力與付出。這也正是企業各個部門開展內部公關的任務所在。只有「內求團結」企業公關才能「往外發展」。

美國捷運航空公司（MRT Airlines）以其獨特的經營方式而聲名大噪。該公司從成立之時起，就沒有嚴謹的等級結構與制度。全公司的職工和兼職雇員每一個人都是「經理」，每一個人都擔負一項以上的任務。其他航空公司稱之為「班機服務員」的人，在捷運航空公司則稱之為「旅客服務經理」；在其他航空公司稱之為「駕駛員」的人，在捷運航空公司被稱之為「飛行經理」，六名公司的創辦者同樣有時是「旅客服務經理」，有時負責「飛行經理」，有時又在地面檢核行李，或者幫助登機服務台工作。

3. 成員都是主人

在捷運航空公司，每一個人都是公司的主人、主管與經理。每一個人對公司的經營及形象都有不可推卸的責任。在公司裡，沒有雇員，只有「負責人」與「股東」。捷運航空公司創始人兼公司董事長、總經理席·伯爾這樣說「我之所以要開辦一家新的公司，齊心合力、共同工作……公司的名稱就是從這裡來的，對人的重視的信任也是從這裡開始。」

這就是捷運航空公司稱之為「當家做主精神」的集中體現，這種精神使得公司全體成員心理上感到前所未有的平等和滿足，更加盡心賣力地工作，進而使該航空公司獲得了巨大的競爭優勢，在競爭激烈的航空界保持

旺盛的競爭優勢。還有一種有益的嘗試便是「利益共用」。每個人都有其不同的價值觀和個人期望。企業的經營者與主管在制定各項經營決策目標時，應充分考慮企業內部不同成員的利益要求；把這些不同的利益要求，盡可能地納入企業經營決策目標之中，使企業的經營決策目標與個人目標能夠達到和諧一致。這樣就可以激發企業內部成員的積極性。對他們來說，當完成了組織的目標，同時也就獲得了個人的價值與成就的滿足。而實現既定組織目標後，除去必要的生產費用，公司應以利潤的一部分與團隊分享，讓他們切實感受自己付出的心血與汗水所得出的成果。於是企業上下合作無間，對下次工作更是信心十足。企業內部公共關係開展的方式還有許多，沒有什麼固定模式可言，但企業將越來越重視內部公關的趨勢是無庸置疑的，今後肯定會發揮愈來愈大的作用。

二、提高團隊生產力

團隊生產力是團隊實力的第二項指標。在團隊整體認同感的基礎上建立團隊成員的「主人意識」。其最大的效益是：提高團隊的生產力。因此，公司必須配合辦公環境設計，以便提高生產率。

1. 環境工程

惠普（Hewlett-Packard）公司14名環境工程師及現場服務人員置身於3000個辦公隔間之中，總面積達110萬平方英尺的研發部。他們每天工作在塞滿移動傢俱的開放式區間。他們的工作處所其實是一個強調團隊協作並盡量減少個人空間的自由空間。一條大道穿越整個辦公區。其他部門的電腦及工程人員可以在這裡碰面一起去喝咖啡，非常隨性地探討實施新專案的想法和方案。

這個自由空間項目是各企業所進行的眾多辦公設計實驗之一，試圖借此削減不動產成本並提高生產效率。有些企業正逐步放棄使用規格一成不變的隔間和辦公室。它們代之以混合方案，即留出完整的開放空間，配上

錄影機和投影屏幕，以供團隊專案和小組討論之用。而個人工作區則用於需要高度精神集中的工作。需要獨自工作的團隊可以擁有自己的辦公室，那些不需獨自工作的團隊短期內可使用小型移動工作空間。

1970年代末期，當各企業引進隔間辦公觀念時，它們未能將辦公設計與團隊的生產率結合起來。採用隔間原是為了增進交流，結果卻常常適得其反，因為團隊變得很在乎私人空間。惠普為了解決隔間造成的問題，各企業組織需要將辦公室完全改造成促進合作的方式。各企業需要採用「有隱私公開的辦公區」的方式。美國康奈爾大學的設施管理與規劃教授比爾（Bill Sims）說道：這種方式既為團隊提供了小巧、安靜的工作空間，又為他們的團隊提供了無拘無束協作的公共空間。

2. 自由互動

美國室內裝潢協會（AAI，American Association of Interior）的專家建議：將隔間交錯排列，用一條中央通道或大道貫通各個部門，而且它是去喝咖啡、去自動販賣機或自助餐廳的必經之路。這些通道為團隊提供了一個自由互動的場所。這些走道通常比其他的通道寬敞，走道盡頭是一個辦公區或團隊工作區，配有桌子、放咖啡杯的掛架和白板。

辦公區設計的改變反映了人們對最有效地開發產品及服務的觀念在不斷變化。惠普公司的聖地牙哥分部，人力資源部正在充當辦公設計者、場地服務人員及團隊之間的聯絡人惠勒（Wheeler）指出：過去，站在飲水機旁會被斥為閒談。現在則大加提倡，在那裡可以產生靈感。惠勒說：透過讓人力資源部參與討論，我們找到了辦公空間設計的不同看法：他們帶來更人性化的方法。

3. 人性化環境

根據人性化工作環境的前提，人力資源部人員與團隊碰面找出辦公方面的重要問題，辦公設計師就會更了解他們需要提供什麼裝備來代替原有辦公室的功能，例如更好的電腦或其他技術、或更大的團隊工作空間。這

是一種改變，惠勒說：「必須有明顯的互相讓步。如果團隊願意嘗試新東西，我們就應保證在其他方面給他們以回報，讓他們想去嘗試，而不是出於無奈地接受。」

辦公再設計或搬動完成後，人力資源部的工作並沒結束。還需要培訓團隊如何在新的環境中工作。如果有人說：「我們試過開放式辦公，但行不通。」其中的原因很可能是由於他們沒有參照舊的辦公情況制定相應的規章制度，以指導團隊怎樣使用新的空間。

聖地牙哥分部的辦公設計實施的第二年。雖然整體面積未變，但調查顯示自由空間專案中的團隊對其工作場所更滿意，在工作過程中具有更多的靈活性，並能參與更多的團隊協作。人力資源部成員幫助場地服務組開展了辦公場地需求調查專案並進行面談，以將每一業務部門的需求進行分類及量化。他們發現靈活性和流動性是團隊的兩大關鍵需要。

三、團隊的危機意識

危機意識是團隊實力的最後一個指標，也是難度最高，更是最容易被疏忽的項目。一般企業應該對危機意識有一定的認知和重視。

1. 無所謂文化

危機的最大的敵人是所謂的「無所謂文化」。因此，創造工作中的危機感對企業和團隊都有好處。為什麼？如果太過穩定，一般會影響團隊的工作績效。工作穩定長久以來一直是團隊的權利，如果團隊認為企業應該給他們的，沒必要靠努力工作獲得報酬，他們的效率就會降低。這不僅對企業造成損失，對個人的傷害更深。如果對自己的工作不負責任，就不會去學習如何應對變化。那麼，當變化不可避免時，他們就束手無策，這就會帶來真正的危險。

工作危機感是好事。毫無危機感的企業偶爾要製造適當的危機感來激勵團隊的工作，讓他們感到自己的工作面臨挑戰，他們就會更加自信，對

企業做出更大的貢獻。成為對企業有所貢獻者，是工作穩定的唯一途徑。如果團隊不論業績多麼差都無關緊要，結果就會造成一種無所謂的企業文化。任何企業中都存在無所謂文化，團隊無所事事，卻認為企業還是會付薪資，因為管理層創造了一種「應得權利」的文化。在無所謂文化中，團隊更注重行動而不是結果。團隊會這樣想，是因為當他們失敗或企業瀕臨倒閉時，不會對他們帶來任何後果。他們不斷闖禍，卻一次又一次地過關。這種團隊認為企業的存在是為了滿足他們的需求。

　　對團隊士氣的調查更進一步證實了這種觀點。調查中不應該問「你快樂嗎？你喜歡你的經理嗎？」而應當問：「你的經理是否不斷鼓勵你獲得更好業績，你才會有出色的業績？」1993年美德（Mead）公司的行政總裁梅生（Sieve Mason）派人將一塊680磅的巨石放在公司總部大樓的大廳裡。然後他要求每個團隊思考把這塊巨石移開意味著什麼？它並不意味著發佈更多的挑戰議題：我們為客戶提供了有價值的產品或服務，使他們滿意，就是把巨石挪開了。他以此向完成的每件事和提出的每個建議挑戰。

2. 危機對策

　　假使要打破這種無所謂文化，或激發那些惟恐失去工作的人們的積極性，就得在風險與穩定之間建立適當的平衡點。如果人們覺察不到危機感，就必須創造一種環境，讓他們產生不穩定感，不能讓他們「無所謂」。心理學上的兩個重要發現解釋了這種現象：

　　首先，隨著焦慮程度的加深，業績也會提高。當焦慮度達到一個理想水準時，業績也會隨之達到最高點。不過，如果焦慮程度過高，業績也會下降。其次，當成功概率達50%時，人們取得成功的動力最大。換句話說，如果人們追求的目標或完成任務具挑戰性，但仍有極大可能成功時，人們追求目標或完成任務的動力最大。這說明企業的團隊處於以下幾種狀態：

(1) 無所謂

這種狀態下，人們面臨的風險極低，凡事都視為理所當然。不管他們表現多麼差，都有安全感。

(2) 恐懼

身處恐懼中，風險或焦慮度太高，凡事謹慎。不管他們表現多好，還是沒有安全感。

(3) 努力獲得

這種狀態下，風險程度適中，人們面臨適當的挑戰而發揮最好。這是唯一真正富有成效的狀態，人們擔負足夠的風險，並珍惜自己的努力所得。

完成真正重要目標的結果，才是邁向成功。要引導人們放棄無所謂文化，一定要確保他們明白當今的經濟現狀中潛伏著許多威脅：客戶可能拂袖而去，企業可能倒閉，團隊可能失業。要說服那些充滿恐懼的團隊獲取安全感的最好途徑，是幫助企業實現最為關鍵的目標。沒有成功，就沒有企業，也就沒有工作。不時提醒你的團隊，企業可能會倒閉，他們可能會失去工作。這樣可以鼓勵他們盡其所能，不至於怠慢工作。

管理心聲
所有的力量

　　話說：一個小男孩在他的玩具沙箱裡玩耍。沙箱裡有一些玩具小汽車、敞篷貨車、塑膠水桶和一把亮閃閃的塑膠鏟子。在鬆軟的沙堆上修築公路和隧道時，他在沙箱的中間發現一塊巨大的岩石檔路。他開始挖掘岩石周圍的沙子，企圖把它從泥沙中弄出去。他是個很小的小男孩，而岩石卻相當巨大。手腳並用，似乎沒有費太大的力氣，岩石便被他連推帶滾地弄到了沙箱的邊緣。不過，這時他才發現，他無法把岩石向上滾動、翻過沙箱邊板。

　　小男孩下定決心，手推、肩擠、左搖右晃，一次又一次地將岩石弄起來，可是，每當他剛剛覺得取得了一些進展的時候，岩石便滑下去，又掉進沙箱。最後，他傷心地哭了起來。這整個過程，男孩的父親從窗戶裡看得一清二楚。當孩子淚流滿面時，父親來到了身旁。父親的話溫和而堅定：「兒子，你為什麼不使出所有的力量呢？」垂頭喪氣的小男孩哭著說：「我已經用盡全力了，爸爸，我已經盡力了！我用盡了我所有的力量！」「不對，兒子。」父親和緩地說：「你並沒有用盡你所有的力量。你沒有請求我的幫助！」。父親彎下腰，抱起岩石，將岩石搬出了沙箱。

　　何謂所有的力量？不但包括自己本身的力量，還包括你能獲得的幫助的力量。

思考問題

1. 何謂內部公關？
2. 內部公關有何重要性？
3. 美國捷運航空公司獨特的經營方式有什麼特點？
4. 成員都是主人，有什麼意義與作用？
5. 何謂無所謂文化？

Part 4

組織管理篇

Chapter 9
現代企業與組織建構

01　現代企業組織的基礎

02　建構企業的組織文化

03　發揮組織的系統功能

根據『現代企業與組織建構』的主題，本章提供下列三個相關主題：第一節「現代企業組織的基礎」，第二節「建構企業的組織文化」，以及第三節「發揮組織的系統功能」。

第一節討論「現代企業組織的基礎」，主要的議題包括以下四個項目：一、企業組織面臨挑戰，二、科層制度組織模式，三、參與式與現代組織，以及四、企業組織邁向人性化。

第二節討論「建構企業的組織文化」，主要的議題包括以下四個項目：一、企業的組織變革，二、新員工的組織化，三、員工的再組織化，以及四、營造有效企業文化。

第三節討論「發揮組織的系統功能」，主要的議題包括以下五個項目：一、組織系統改進，二、控制管理運作，三、設定品管計畫，四、設定失誤管控，以及五、全體員工參與。

01

現代企業組織的基礎

組織的優劣決定了企業的生命極限。日本知名社會觀察家·屋太一（さかいや たいち、1935年7月13日-）出版了一本備受矚目的新書《組織的盛衰》（『組織の盛衰何が企業の命運を決めるのか』（PHP研究所、1993年），詳細分析組織如何生存發展。曾是日本通產省官員的堺屋太一在這本書中，分析組織的盛衰之道並提出幾項關鍵問題：

1. 爲何日本過去的織田信長（おだ のぶなが）、豐臣秀吉（とよとみ ひでよし）等一代霸主可以取得天下，卻不能長治天下？

2. 爲何劉邦能統治漢朝長達四百年？

3. 爲何戰後曾一度是日本明星產業的石炭產業二十年後即成爲夕陽工業，數十年後就幾近消失？

因此，組織的基礎建構問題值得現代的企業管理者及經理人重視。根據這樣的背景，我們將討論以下四個議題：

1. 企業組織面臨挑戰
2. 科層制度組織模式
3. 參與式與現代組織
4. 企業組織邁向人性化

一、企業組織面臨挑戰

管理心理學家研究組織問題指出：氣氛、風格，以及它們影響員工的方式的關鍵，這些是現代企業組織所面臨的挑戰。它反應在以下五個項目：

1. 科層模式

首先，經典的組織形式是科層模式（Bureaucracy），又稱為官僚制或官僚模式。它的出發點是一個理性的組織結構，其中所有的行為規則和權力都是固定的，不允許太多的主觀性與個人意見。科層制度忽視了人性的需要，並且很難對外界的社會和技術變化進行及時調整。現代組織形式，員工高度參與的模式，更關注員工的智力、情緒和激勵特徵。

2. 工作－生活－品質

其次，工人參與各個層級的決策。工作－生活－品質（Quality-of-Work-Life，QWL）計畫重新建構工作和管理之間的關係，以鼓勵員工參與。在品質控制圈（Quality Control Circles）中，由工人組成的小團體會不定期舉行會議，以解決產量和品質相關的問題。在自我管理工作小組（Self-Managing Work Groups）中，一個工作小組控制工作中的所有問題。虛擬的自我管理工作小組透過電子方式鏈結在一起，小組成員幾乎不用碰面和聚會。

3. 組織發展

員工和管理者可能會抵制任何在工作方法、設備或者政策方面的變革。如果允許工人參加有關變革的決策，他們就很可能支持變革。組織發展（Organizational Development，OD）指的是引進大規模變革的技術。這個過程透過變革代理（Change Agents）得以完成，它們診斷問題、擬定合適的策略，並實施必要的干預。新員工經歷的調整過程叫做社會化（Socialization）。一個社會化方案應該包括有挑戰性的工作、適當的培

訓和回饋、善解人意的上司、高士氣和高配合度的同事，以及配套的職前培訓計畫。關於組織發展在下一節有更詳細的論述。

4. 組織文化

另外，組織文化（Organizational Culture）是指組織中能夠指導組織成員行為的信念、期望和價值觀模式。人員－組織匹配（Person-Organization Fit）指的是員工的人格與價值觀和組織的文化與價值觀之間的一致性。工作成員的身分會影響工作滿意感和生產效率，也會透過薪資、工作保障和額外福利滿足員工低層次的需求。工作成員身分也可以滿足員工的歸屬、尊嚴、身分和權力等需要。非正式工作群體存在於管理層的控制之外，會影響員工的態度和行為。依自己的標準行事，這些標準涉及生產效率以及勞資關係處於何種狀態而定。社會惰化（Social Loafing）指的是人們在一個群體中工作不會像單獨工作時那樣努力。團體凝聚力指的是一個團體內部的親密程度。

5. 電腦化使用

最後，電腦化的使用會將權力從主管轉移到普通員工，也給組織結構帶來了變化。現在可以在網上召開視訊會議，但同時也減少了團體凝聚力，並增加社會隔絕感。電子監視實際上會破壞員工對組織的信任。這是當代企業管理面臨最大的挑戰。

二、科層制度組織模式

在企業管理運作中，以科層模式最具歷史背景同時也被廣泛應用，隨後參與模式管理的模式興起，它們代表了兩種極端的組織形式。通常我們會用負面的詞語來形容科層制度，比如臃腫的、低效能的結構；龐大的管理科層制度（Bureaucracy）：是一種正式的、有理層，和具於各種束縛創造力的條例，有步驟的、以理性方式處理問題的組織形式。

1. 意義之所在

科層組織曾經和現代參與式風格一樣具有革命性。初期它也曾被視爲具有人本風範。科層制度本是用來改善工作生活品質，其確實也曾有過這樣的功能。科層制度的設計是爲了糾正組織形式的不公正、偏袒和殘忍性，這些特徵在工業革命開始階段很常見。那時，公司是由創建者私有和管理，公司的創建者完全控制了雇用過程的各個層面。雇用屬下完全是由雇主的想法、偏見和指令所支配。爲了改正這些弊端，德國的社會學家韋伯（Max Weber, 1864-1920）提出了一種新的組織形式，它可以消除社會和個人的不公正性。

科層制度被認作是一種理性的、正式的結構，它由非人格化的和客觀的規則組成，是一個有秩序的、可預測的系統，這種系統被比喻爲一台高效能的機器，不受工廠雇主的偏見所影響。工人們可以獲得晉升的機會，重要的是工人的能力而不是他們所處的社會階層或能否博得老闆的歡心。針對早期的體制，科層制度代表社會責任感的進步，並且在那個時期就提倡工作場所的人性化。

2. 推廣與善用

第一個科層組織形式應用的實際例子出現在美國，它甚至比韋伯正式發表科層制度思想還早。在1950年代形成的組織結構圖，也許是科層模式最著名的象徵。麥卡勒姆（Daniel Mccallum）是紐約－伊利鐵路的總管，爲公司準備了一張圖表，他堅持所有的職員必須遵守它。麥卡勒姆的思想：將所有員工的職位和現狀建構成一個層級結構。這方式很迅速的流行起來，很快就被許多美國公司採納。所以，當韋伯正式提出科層制度運作的規則時，他描述的實際上是一個已經在美國被廣泛採用的組織模式。

韋伯提出的科層制度的思想，正如在組織結構圖描述的那樣，包括了分散整個組織，使之成爲各個分部和執行模組。每個執行模組都在某個固定的等級順序上與其他執行模組相連。勞動分工的概念是由科學管理方法

培育而成，它簡化了工作，並且更專業化。每個模組的責任或權威將隨著等級的遞減而遞減，溝通會沿著同通道向上傳遞。這種安排切斷了員工與組織其他等級和部門的接觸。

分析典型科層制度結構，儘管組織結構圖看上去很不錯，並能帶給管理者一種感覺，那就是所有的員工都在適當的位置上，而且整個組織運行得很流暢。但是這些整潔的線和模組並不總能反映工作中每天的實際運作情況。組織內還有一種組織，那就是在圖表中沒有反映出來的、由員工組成的那些非正式的社會團體，這種非正式的組織能夠對大多數機構的大部分嚴格規則產生干擾。並且，經常是透過這些非正式的團隊才能夠決定工作的成功與否。

3. 問題所在

科層制度仍然存在一些問題。一個科層模式的管理系統往往會忽視個人的需求和價值。把員工當作圖表上刻板的、無生命的模組對待，員工就像自己操控的機器上那些可以替換的零件。科層制度不注重人本身的動機，例如個人成長的需求、自我實現的需要和參與政策制定的需求。

處在科層體制中的員工和組織中的高層管理者與低層的員工接觸很少，因此對個人身分、工作、工作環境和個人利益缺乏關注。許多會影響到工作生活品質的組織政策也無力控制。對於科層體制，理想的員工應該是溫馴的、被動的、依賴的和孩子似的。決策已經為他們做好，因為他們被認為沒有能力為自己做出抉擇。

由於員工的所有報告與溝通都指向或透過他們的直接上級，員工與高級管理者實際上被分離開來，使他們對影響其工作和利益的公司的實際問題無法提出建議。處於這種情形下的員工在工作滿意度和組織承諾兩項上的評分都很低。科層制度不僅在壓抑員工的積極性方面受到指責，而且還會對其自身造成危害。就像可能抑制員工個人的成長一樣，科層制度也大大減少了組織的成長機會，造成這種現象的部分原因是它阻礙了往上的溝

通。科層制度培育了僵化和持久性，不能快速適應社會狀況的變化以及工作場所中的技術革新因素。有序的科層體制機構是爲了保存已有條件而設計的，新的發展便被視爲威脅。儘管有著最初的工作熱情和人性化意圖，科層體制在適應人們的需求和時代的發展面前並不成功。

三、參與式與現代組織

我們對科層模式的主要批評是它傾向於把員工視作馴順的、被動的和有依賴性的人。現代的參與式組織模式對人的本性持有不同的觀點。

1. X 與 Y 理論

我們在本書第一章曾經講述到麥格雷戈（Douglas McGregor）的X理論與Y理論模型，其中的Y理論就概括表述了參與式的組織模式對人的本性的看待。X理論闡述了一個觀點：人的本性與壓抑個體動機和成長的刻板的科層制度相容。員工需要嚴格的監督和管理，因爲他們沒有能力主動行事。這種傳統的、低度參與的組織方式使得員工只負責做事，中層管理者主要是控制他們，只有高層的管理者才參與策略、計畫制定和長期的領導。

與此相反，Y理論認爲員工有尋求和承擔自己工作責任的動機。在這種觀點下，人們有高層次的創造性、承諾和個人成長的需求。支援參與模式的Y理論和其他激勵概念顯示組織必須降低員工的依賴性和服從性，這才能從員工潛能中獲益。工作和組織必須在設計和結構方面減少僵化的條例，允許員工參與決定如何才能最有效地完成任務。工作內容可以更豐富，以增加工作的挑戰性並激發員工的責任感。

2. 高度參與管理

領導者應該減少獨斷，積極對員工的建議做出回應。決策的制定應該把組織的所有層級都囊括進來。並且，組織應該變得更富有靈活性，對員工的需求，對社會、技術和經濟環境都要有能力作出相應的變動。這種高

度參與的管理方式建立在三個關於人、參與性和績效的假設之上：

(1) 人際的關係

人應該獲得公平的對待和尊重。人們願意參與，如果允許他們這麼做，他們會接受變化，對組織更滿意，對組織的承諾也更高。

(2) 人力的資源

人由於擁有知識和思想而成為有價值的資源。當他們加入決策制定，組織中的問題會更容易解決。組織必須促進員工的個人發展，因為這樣使得員工對公司更有價值。

(3) 人員的投入

我們應該相信，人會主動去提高本身的知識和技能，以做出能夠管理自己工作的重要決策。如果允許人們做出上述決策，整個組織的績效都將獲得改善。

這些由員工高度投入管理的工作行為被簡稱為「接管」。員工可以決定如何操作自己的工作，也可以主動重構工作方式。針對此觀點的調查中，一個以275個白領工人為範圍的研究發現，當他們察覺到管理高層對他們的建議是持開放態度時，這些員工會表現更多的接管行為。研究結果還發現，那些傾向於接管方式的員工的自我效能感較高，進行變革的責任感也更強。。

高度投入型的管理需要員工主動加入各層級的決策和政策制定，並且可以促成更多個人成長和實現，以及組織有效性的提高。

四、企業組織邁向人性化

在現代企業面臨的困境中，組織現代化是一項關鍵課題。從管理心理學觀點看，組織現代化的核心則是管理的人性化。因此，一些有遠見的企業讓工作與生活以及品質連結整合在一起，擬定一種名為「工作—生活—品質」的計畫。

1. 「工作－生活－品質」計畫

　　根據這個理念，在高層管理者和聯合汽車工人協會的支援下，通用汽車公司開展了雄心勃勃的「工作－生活－品質」計畫（Quality-Of-Work-Life Program，QWL）。公司和協會同意組成一個工人管理者委員會來評估QWL項目之後，這項計畫就正式啟動。所有的專案必須兼顧外在的（物理工作條件）和內在的（員工投入和滿意感）因素。公司授權由工業組織心理學家、經理人和員工組成的團隊來進行工作擴大化，重新設計生產設備，並對原有的員工低度投入的科層模式組織結構進行修改。

　　以加州費利蒙市（Fremont）的通用汽車為例，他們組了「工作－生活－品質」計畫：是一種基於積極的員工參與決策和政策制定的組織計畫。以該工廠為例，通用公司於1982年將這家工廠關閉，原因是這裡的汽車裝配品質非常差，缺勤率一直在20%，工作時間喝酒和使用違禁藥品的現象比比皆是，並且針對公司的申訴已有800多起。三年後，這家工廠作為新聯合汽車製造公司（NUMMI）重新開張，由通用和豐田合資經營，並致力於參與模式的管理。

　　NUMMI的員工是以四至六人組成的團隊工作，並且在一個工作週內需要承擔多種不同的任務。汽車仍然是在傳統的生產線上製造，但是工人經常從一個工作崗位輪換到另一個工作崗位，在這個過程中不斷掌握新的技能。他們以自己的能力解決產品問題，並且設計多種方法來提高生產力，這期間並不需要上司告訴他們該做什麼。在一個「工作－生活－品質」計畫中，人為的壁壘也消除了。工人和管理者在同一個工作小組定期碰面討論生產，一起到餐廳吃飯，每天都是團體運動之後再開始一天的工作。

　　這些在先前老通用工廠裡做過的大部分員工都喜歡這種高度參與的組織模式，汽車的品質得到了顯著的提高。根據報告，勞動生產率比其他通用公司的工廠至少高出50%，差不多和豐田的汽車工廠一樣高。

2. 品質控制圈

品質控制圈（Quality Control Circles）是基於馬斯洛（Abraham Maslow）和赫茲伯格（Herzberg）等人的研究，主要是致力於改善產品和提高生產水準的具體方案，而在工作生活的整體品質上關注較少。品質控制圈有助於提高員工滿意感和士氣，促進個人的成長與發展，儘管這些只是過程的副產品。它的總體目標仍然在於提高產品的數量和品質。品質控制圈要求員工在工作上被賦予更多的責任，並且允許他們參與會影響工作性質和工作方式的決策過程。簡單來說，品質控制圈是用來解決具體生產問題的員工團隊。

品質控制圈一般由來自同一部門的七至十名員工組成。成員來自於自願申請，通常每週召開一次會議。在處理與生產效率有關的具體問題以前，成員會接受人際關係技能和問題解決技術方面的培訓。儘管品質控制圈提供給員工向管理層建議和參與決策制定過程的機會，他們仍然不會影響長期的組織決策。他們通常只對自己的組織單位有影響，不會觸及組織的層級結構。管理者不用像在QWL計畫中那樣與品質控制圈分享自己的權力。

採用品質控制圈的公司都節省了金錢和時間，增加了產量和滿意程度，缺勤和離職現象也相對減少。與其他員工相比，品質控制圈內的成員通常獲得更高的績效評估，也更可能獲得晉升。對於品質控制圈的成員在工作上成功的解釋是，因為每週需要與上級和高層管理者接觸而增加了可見度。組織工業心理學家已經發現品質控制圈運作的時間越長，它越有可能產生對組織有益的影響。與工人發起的活動相比，由管理層發起的品質控制圈看起來能夠解決更多的問題，速度也更快。

品質控制圈的問題是並非所有符合條件的員工都自願參加到這個活動中。另一個困難是有些控制圈在較短暫的時期之後就解散了。中途停止的原因包括缺乏管理層的支持，或者無法接受下屬建議的中層管理者的抵制。沒有實施員工的建議會降低員工的期望和繼續參與的願望。其他一些

品質控制圈則變成了自己成就的犧牲品，既然已經解決了重要的問題，並且使產量最大化，品質也更好了，似乎也沒有理由再繼續下去了。

3. 自我管理工作小組

自我管理工作小組（Self-Managing Work Groups）允許成員自行管理、控制和監管其工作的所有行動，從招聘、錄用和培訓新員工，到決定休息時間。自我管理工作小組是一種允許工作小組成員管理、控制和監管工作中各項事務的員工團隊。這些自主的工作小組在現代的商業和工業領域非常流行。對於第一個自我管理工作小組的早期分析發現它們具有以下特徵：

(1) 員工對工作結果承擔個人責任。

(2) 員工監督自己的績效，並且就任務的完成情況和是否達成組織目標尋求回饋。

(3) 員工管理自己的績效，在需要提高自己和其他組員績效時採取糾正行動。

(4) 員工從組織中尋求工作需要而沒有的指導、協助和資源。

(5) 員工幫助小組成員和其他小組的員工改善工作績效，以提高整個組織的生產率。

自我管理工作小組需要成熟和願意承擔責任的員工，這並不是傳統的由上司來管理的小組所必須的。自我管理工作小組同樣需要組織下達清晰的生產目標，需要有專長的職員提供技術支援，以及充足的物質資源。有的時候，工程師和會計師也會加入自我管理團隊，這樣就可以自行處理各種問題和運作，實際上就像大組織中的小商業團體。自我管理工作小組仍需要依賴管理者的成熟度和責任感，管理者必須能夠放下權威。實際上，管理層的支援是影響自我管理工作小組的最關鍵因素，管理層支援的程度與員工的滿意度很有關聯。

有一個研究是以111個在不同行業（一個保險公司、一個高科技製造公司和兩個紡織廠）的工作小組爲範圍，分析結果確認管理層的支持在自我管理小組的工作成敗方面非常重要。透過問卷調查，這個研究還顯示，授權多的團隊更具生產力、更主動和更專注顧客的需求。這種授權多的團隊還具有更高水準的工作滿意感和對工作小組的承諾。

　　我們注意到自我管理工作小組在工作的各個領域都有涉入，包括招聘、錄用和培訓團隊成員。另外，他們也負責維護標準和紀律，並且被授權讓表現差的成員離開團隊。爲檢驗某個團隊成員是否願意去約束其他成員，也爲了了解與那些管理者相比，在這些行爲上的仁慈度或者說強硬度，有學者對4個組織中的41支團隊進行了研究，被試包括231個員工和他們的經理人。結果顯示，由經理人作出的紀律決定比由個別的團隊成員作出的判斷更爲嚴格。

　　但是，如果是測量小組中的多數意見，工作團隊會比經理們給更嚴格的評價。許多其他關於自我管理工作小組的研究驗證了其對生產率、工作品質、流動率和工作滿意度的積極影響。但是，自我管理工作小組也有些問題。從傳統的科層管理制度轉變到自我管理是困難的，需要花費相當的金錢和時間，並且很多組織低估了所需付出的代價。特別是，他們低估了所需培訓和會議時間的總量，並且對自我管理小組在多長時間內可能變得高效率抱有不切實際的期望。因爲需要監控和評估個人管理工作小組的進度，這也削弱了最初採用這種方式的動機。

 **思考問題**

1. 何謂科層模式？
2. 請簡述X理論與Y理論的差異。
3. 高度參與的管理方式的三個主要內涵是什麼？
4. 何謂品質控制圈（Quality Control Circles）。
5. 請簡述自我管理工作小組（Self-Managing Work Groups）。

02

建構企業的組織文化

　　組織文化（Organizational Culture）或者企業文化（Corporate Culture）是指組織有其共有的價值觀、儀式、符號、處事方式和信念等組成的特有的文化形象。可以觀察到的人員行為規律、工作的團體規範、組織信奉的主要價值、指導組織決策的哲學觀念等等。在現代管理學裡，這是企業主動透過一系列活動來塑造而成的文化形態，當這種文化被建立起來後，會成為塑造內部員工行為和關係的規範，是企業內部所有人共同遵循的價值觀，對維繫企業成員的統一性和凝聚力有很大的作用。這種新型管理理論得到了現代企業的廣泛重視。在這個背景下，我們將討論以下四項議題：

1. 企業的組織變革
2. 新員工的組織化
3. 員工的再組織化
4. 營造有效企業文化

一、企業的組織變革

　　企業文化與企業組織變革息息相關：由於企業發展而形成了該企業的特有文化，隨後在企業的充實與擴展蛻變之後，帶動該企業的變革，於是又形成企業文化的新面貌。

1. 變革的壓力

企業組織變革通常壓力來自外部或內部因素，在內部因素中以員工參與要求最普遍。但是，實質上科層制度下的組織非常不願意變革。當結構性的變革要被引進到組織當中，它通常會遭遇抵制、產量下滑、罷工、或者缺勤和離職增加。不管變革是涉及設備、工作計畫、流程、辦公室的佈局，還是人員的重新配置，在一開始，它都會遭到抵制。

許多組織的變革因為得到員工、經理的參與和支持，而得以順利推行。至於管理者積極接受還是消極接受變革，最關鍵的因素則是變革提出和推行的方式。如果變革以專制的方式強加給員工，而員工得不到任何解釋和參與機會，他們很有可能就會消極地對待變革。但是，如果管理者努力解釋即將到來的變革的實質、實施變革的原因、以及員工和管理者能夠從這場變革中獲得哪些益處，這時候員工就可能做出積極的反應並接受變革。

2. 組織變革研究

一個研究調查了173名員工，他們的工資已經被凍結了一年，士氣和工作滿意感下降。在一系列的座談中，一半的員工被告知他們工資凍結的原因，如果不是凍結工資，大家就得面對大量的裁員。公司向他們保證，這次計畫的行動對於所有的員工都是公平的。其他的一半員工（控制組）則沒有得到任何類似的解釋。那些從管理層聽到解釋的員工在工作滿意感和組織、承諾方面都有顯著的提升，而且減少了離職的傾向。在這個例子中，提供組織政策變革的詳細資訊產生了有益的影響，甚至在變革實施很久以後再提供原因的解釋，影響依然明顯。

另一個調查了130名公共住房管理員工的研究顯示，他們對變革的接受程度與他們從管理階層得到的訊息量和他們參與計畫過程的程度正向相關。那些對變革接受程度低的員工同時也表露了低的工作滿意感、更想離職，並且對於工作的方方面面表示更多的不滿情緒。也有一個研究調查了

一個醫院中的501名護士的組織承諾和對管理層的信任，這個醫院剛剛引進工作授權計畫。結果顯示那些在這兩個變數上打高分的護士比打低分的護士更可能相信管理層對於變革的解釋。

3. 組織變革效應

員工接受變革與否，並非僅僅取決於管理層是否提供解釋這種外在的因素。對變革的接受程度也受人格特質的影響。有些人天生就願意嘗試新的工作方式。我們可以從一個跨文化研究中看到這一點。這個研究涉及了分佈在美國、歐洲、亞洲、澳洲的六個公司的514名員工。研究調查了員工的的自我概念，包括控制點、情感（定義為幸福感、自信和精力）、自尊和自我效能。研究者也調查了他們的風險忍受程度，包括對經驗的接受度、對冒險的厭惡和對含糊不清的忍受性。在自我概念和風險忍受上得分高的員工，在面臨變革顯然要比那些得分低的員工應對得好。此外，他們在工作滿意感、組織承諾和工作績效上的得分也更高。

那麼員工參與變革計畫與實施所帶來的積極效應是否持久呢？還是等研究者離開辦公室和工廠，這些效應也會隨之消失？為了回答這個問題，兩位組織工業心理學家，在一家工廠經歷了從中央集權制到靈活、創新、鼓勵參與的民主制度的劇變之後，持續訪問了這家工廠四年之久。變革由公司的主席（是一位心理學家）領導執行，全體的員工都要求參與，以增加公司利潤、工作效率和員工的滿意感來講，這場變革非常成功。

這兩位心理學家在這個經典的研究中發現，四年之後，所有積極的影響依舊明顯，有一些影響甚至比開始變革的時期還要顯著。伴隨著工作滿意感增加的是大家更關注保持生產水準。如果能夠以恰當的方式引進，那麼工作程序或者整個組織氣氛的變革都可以產生持久的積極影響。

4. 組織發展

工業組織心理學家格外關注的是：全面組織變革中的問題和能夠導致有計劃組織變革的系統方法。組織的這種努力，就叫做組織發展

（Organizational Development，OD），它包括多種技術，例如敏感性訓練、角色扮演、小組討論、工作豐富化以及調查回饋和團隊建設等。在調查回饋技術中，會不定時地開展調查以評估員工的感受和態度。調查組織發展：對於有計劃的組織變革的研究結果會告知組織的員工與管理者，以利變革的推行。

在實施變革過程中，團隊建設技術是一個關鍵。團隊建設技術是基於許多組織任務實際上是由小型的工作小組或者團隊來完成。為增強一個團隊的士氣和問題解決能力，組織發展諮詢師〔也叫變革代理（change agents）〕會與這些小組一起發展自信、凝聚力和工作有效性。外聘的諮詢師通常比組織內部的管理者更能客觀地洞悉組織的結構、功能和文化。變革代理的首要任務就是診斷，採用問卷和訪談來確定組織的問題和需求。

變革代理評估組織的優勢和弱點，並且擬定出解決問題和面對未來變化的方案。但是，他們也必須小心謹慎，以確保在引進變革的時候，讓員工充分參與整個過程。實施擬定策略的過程，又叫做干預，通常由高層管理者先了解與啟動。除非能夠得到管理層的支援，組織變革成功的機會很小。具體的干預技術取決於問題的實質和組織氣氛。組織發展過程是靈活的，可以根據形勢需要進行調整。總體來講，不考慮應用的具體技術，組織發展過程有助於把典型的科層組織的僵化和程式化去除，允許更多的回饋和開放式的參與。

組織發展技術已經由許多公私部門所運用。儘管研究結果非常多，許多文獻都談到組織發展會帶來生產效率的顯著上升。但是工作滿意感似乎與組織發展呈負向相關，這可能是因為組織發展的重點主要強調提高生產效率，而不是對員工的關注。

二、新員工的組織化

組織由於在各個層級的勞動力中增加新員工而不斷經歷變化。新員工

有著不同水準的能力、動機和做好工作的意願。他們給為之工作的組織帶來了各種需要和價值觀念。同時，組織文化也會對新員工產生影響。除了必要的工作技能，新員工還有要學習很多東西。他們必須熟悉自己在組織結構中的位置、公司的價值觀、以及那些自己所屬的工作小組所認可的行為。

1. 組織化意義

組織化：是一種調整過程，使得新員工了解他們在組織層級中的角色、公司的價值觀以及被他所在的工作團隊所接受的行為。這種學習和調整的過程就叫做組織化或社會化（Socialization），它是一種「通過入門的儀式」，某個社會的成員必須從這裡邁入生活的新階段。如果能夠成功應對調整過程的人通常都是愉快、工作有效率的員工。一個不良的組織化過程——也就是隨意地向新員工介紹公司政策和慣例，可能破壞由精良的員工選拔系統所獲得的勞動成果。一個組織能招聘並錄用合格的人員，卻可能會在雇用的早期，因為不適當的對待而失去他們。不適當的組織化過程會使新員工沮喪、焦慮和不滿，進而導致低水準的工作投入和組織承諾，失去工作的動力，以至於員工被解雇或辭職。

2. 組織化過程

組織化過程涉及到幾種組織策略。理想狀況是，公司應該向新員工提供有挑戰性的工作，這個工作應該能夠提供成長和發展的機會、掌握新的技能、自信、成功的經驗、與上司的積極互動、回饋、士氣高漲，對組織抱有積極態度的同事。一項研究對295名商學院畢業生進行了調查，調查時間是他們踏上新工作崗位的第4個月末和第10個月末，結果證實正式的組織化項目能夠促使新員工接受和遵守組織的目標、方針和價值觀。儘管制度化的組織化策略在教育新進員工了解組織時非常有效，但是大多數的新員工在這個「通過的儀式」中並不是被動的學習者。他們中的許多人具有高度的主動性，會採取積極的態度來搜尋那些需要借助其來適應與其他

員工之間積極的交往，應該是企業社會化的必要資訊。

一項針對118名新錄用員工專案，研究不可或缺的部分特性。以員工三個月的工作行為進行調查，結果對新體驗高度外向和開放的員工，表現出顯著的主動組織化行為。外向型的員工更可能採取步驟來建立關係，並從同事和經理那裡獲取回饋。

一個研究對103名平均年齡27歲的經理人在最初六個月的工作進行了調查。研究發現，較之那些低控制慾的員工，那些高控制慾的員工會積極搜尋更多的資訊、交際更多、與其他部門的同事有更多的連結關係、得到更多工作豐富化的調整訊息。新手對於工作的期望能否得到滿足非常重要。一個對128名MBA畢業生最初兩年工作的研究顯示，隨著他們認識到組織在晉升、培訓和薪資方面不會實現他們的期望值，他們感到對於雇主的責任意識會逐漸下降。

3. 組織化效益

在員工期望方面的研究發現，與同事和上司建立積極的、高品質的關係能夠減少未滿足的期望所帶來的潛在傷害，減少離職的行為。提供真實的工作預期（用以澄清和降低員工期望）導致一家醫院和一家速食連鎖店的61名低層級員工在工作的第一個月出現了高流動率現象。可能是員工了解這份工作能夠提供什麼，而發現這不是他們所想要的。

當新員工和舊員工之間存在更多互動的時候，組織化過程發生得更快。互動不僅包括正式的活動，比如指導和績效評估，也包括詢問、非正式地交談、一起聊天等。但是，一些證據顯示組織化項目不能依賴那些正在被新手取代的老員工，因為那些即將離開的員工很有可能會教給新員工既有的並且可能是低效率的工作技能，這樣會打擊創新。

工業組織心理學家們已經發現與組織化相關的兩個因素：角色模糊（Role ambiguity）（沒有清楚建構或界定工作責任）和角色衝突（Role conflict）（工作要求與員工個人標準不一致）。角色模糊：指當工作職責

沒有形成結構且定義不清晰的時候產生的情境。角色衝突：指在工作需求和員工的個人標準之間產生分歧時的情境。高度的角色模糊和角色衝突與低水準的工作滿意感、對領導的滿意感和組織承諾以及高離職率相關。為了解決角色模糊和角色衝突，許多新員工自己行動起來，從同事和上司那裡獲取與工作和組織相關的資訊。

三、員工的再組織化

我們這裡引用的研究大多與新畢業的大學生進入第一份全職工作有關。但是在今天，大多數的人在職業生涯當中往往會換好幾次工作。這意味著在整個職業生涯中，每當進入一個新的組織，你都可能經歷新的「通過的儀式」，新的組織化過程又稱再社會化（Resocialization），一般被稱為「職前訓練」。

1. 再組織化意義

常識告訴我們，先前有過一次或者更多工作經驗的人在進入下一份工作時，組織化過程會更容易。同樣，那些先前有過工作的人因為有面對不同組織的調整經驗，他們的工作績效、工作滿意感和組織承諾也就更高。但是，這個假設在171位剛入行的精神醫師身上並沒有得到驗證。無論是工作績效、工作滿意感、還是組織承諾，在那些有工作經驗和那些開始第一份工作的人之間沒有顯著差異。這個研究顯示嚴謹的工業組織研究多麼重要。有時候我們的常識預期和直覺的信念並不為科學研究所支持。

2. 再教育訓練

那麼對於一直在同一個組織，但是從一個工作地點轉到另一個工作地點的員工情形又是怎樣呢？他們也需要再組織化嗎？對，因為組織中每一個部門會有不同的價值觀、期望和可以接受的行為標準。對於那些新調任的員工來說，可能通常並沒有正式的組織化過程，但是仍然需要一個非正式的過程，新調任的員工會從同事和上司那裡尋求回饋，以試探他們的工

作行為在新的工作場合是否合適。一個研究調查15個組織中的69名新調任者的回饋尋求行為，結果發現新任者的第一年從同事那裡尋求回饋的行為明顯減少，但是從上司那裡尋求回饋的行為卻比較穩定。這些結果顯示從上司那裡尋求回饋被視作是再組織化過程中更重要的部分。

四、營造有效企業文化

企業的文化是由企業裡所有人員對企業的願景、價值體系、英雄人物、禮儀的共享感塑造而成。當企業的組織文化（organizational culture）清晰明確時，它就能默默地指導員工的行為。

1. 企業認同感

組織文化是企業的自我認同或共享心態。它從顧客的思想角度對企業進行了識別。考慮一下，比如說，當你一想起諸如哈雷機車、賓士汽車、必勝客披薩或蘋果電腦這些品牌時，你的心裡會有怎樣的認同感。類似這樣的組織反映出一種受顧客歡迎的共享心態。

文化來自於員工所講的故事，來自於員工的衣著和行為方式，來自於讓員工有歸屬感的點點滴滴，也來自於他們對待顧客的方式。在內部顧客（員工）看來，諸如生日聚會、或是非正式的咖啡聚會，這些活動都能使組織文化得以增強。同樣地，當員工討論和傳聞的事情，他們反覆傳頌的故事，成為企業傳說的一部分時，組織文化也增強了；如果員工對某同事在放假日趕進度的熱血工作精神受到感動，那麼這正是強化企業的文化價值。

2. 諾思通百貨

一個被經常說起的故事是美國諾思通（Nordstrom）百貨公司的一位經理接受了某位顧客因對品質不滿而提出的汽車輪胎退貨申請；即使諾思通根本不賣輪胎！那位經理多年前做出的這個怪異決定卻為顧客們留下深刻印象：諾思通總是會回收顧客不滿意的商品，對廣大消費者大聲說明諾思通是完全值得信賴的。

管理者如果總是尋求事情來慶祝或是尋求行動來不斷予以獎勵，這也可以對組織的文化產生影響。在一次成功的業務推廣活動結束後，企業會用聚餐、娛樂和獎品來進行慶祝。這些行動讓企業的文化富有生機和活力，簡而言之，讓企業成為充滿樂趣的工作場所。

　　相較之下，試想在午餐時間到一家快餐店用餐的情形。輪到你點餐了，你微笑著向服務員問了聲好。而他對你的微笑和問候完全視若無睹，相反地，他面無表情地問道：「在這裡吃還是外帶？」你在等餐點時，看到餐廳裡的工作人員沒有一個是帶著笑臉的；很快你就看出為什麼了。一位年紀稍長的經理臉上也沒有微笑的痕跡，她正在嚴厲地督導工作呢！哪有時間做那些無聊的事情。快樂被剝奪了，整個餐廳的氣氛也被破壞了。

　　組織的文化能夠對員工的行為產生巨大的影響，經理們要多花心思以塑造組織文化。管理者們雖無法「創造」文化但卻可以影響文化。堅定不移地奉行企業願景，同時經常地提到英雄人物（對那些做出好成績員工的認可），這樣的行動都能強化組織文化。開誠布公的政策、聚會、野餐、收工後的社交活動等活動都能維護積極的組織文化。

3. 顧客的參與

　　當企業文化以顧客為中心的價值建立起來時，企業就踏上了塑造顧客忠誠的正確之路。隨著共享價值變為個人的價值，管理者會發現不大需要監管。員工完全可以按照支持組織願景的方式行事。讓顧客參與到增強企業服務文化的活動。美國前西北航空公司（Northwest Airlines）（現在合併為達美Delta航空）聯絡了一些忠實顧客，請求他們幫助獎勵那些工作傑出的員工。西北航空公司的管理階層給一些經常乘坐飛機的頂級顧客每人10張面額50美元的禮券，讓他們任意發給為他們提供了卓越服務的西北航空公司員工。透過這種做法，西北航空公司完成了兩件重要的事情，其一，它對那些工作表現好的員工給予了獎勵。其二，它讓忠實顧客積極地參與塑造企業文化的活動中。這種參與建構了顧客忠誠──顧客參與了分發500美元獎金的活動。

思 考 問 題

1. 企業的組織變革壓力有哪些？
2. 何謂組織發展（Organizational Development，OD）？
3. 請解釋再組織化意義？
4. 請舉例說明企業認同感。
5. 如何讓企業文化以顧客為中心的價值建立起來？

03

發揮組織的系統功能

　　組織不像人有壽命的限制，可以永續經營，也可一夕之間消滅。在本章第一節，我們曾引用日本前通產省官員堺屋太一在《組織的盛衰》中的概念，他另外也指出：企業與政府、軍隊一樣，都是為達成外在目的而設立的機能組織，必須著重目標的達成，將重要資源放在重要部門，以達成組織的目的，而不是全方位施政，只重視資源平均分配，毫無系統重點目標可言。換言之，發揮組織系統功能才是現代企業永續發展的關鍵。根據這樣的背景，我們將討論以下五個議題：

1. 組織系統改進
2. 控制管理運作
3. 設定品管計畫
4. 設定失誤管控
5. 全體員工參與

一、組織系統改進

　　從管理的觀點看，組織系統的改進必須先建立公司的品質改進計畫，然後從根源著手控制缺陷的失誤，最後，動員全體員工參與品質管制，組織系統改造是發揮組織系統功能的首要工作。

1. 改進系統本身

　　企業改造是一項重大又複雜的工程，其中最基本與優先的是需要改

進企業組織的系統本身。著名品質管制專家戴明（Dr. William Edwards Deming）曾做了一次生動的實驗來說明正確與錯誤使用品質管制控制手段的不同。他的「紅豆實驗」結果顯示，工人不能完成工作目標，常常是企業的系統所造成，並不是因為工人懶惰或缺少技能。

在實驗中，戴明使用了一個裝有4000粒豆子的大容器，其中800粒是紅色的，其餘3200粒是白色的。他給6名參加實驗者提供了一種工具，上面有50個孔可以用來收集豆粒。參加者代表企業，工人們把工具插入盛滿豆子的大容器。每次至少會取出容器中紅豆占20%。從統計學上講，我們每取出50粒豆，其中應含10粒紅色豆子。

然後，戴明讓每個工人利用手中的工具，輪流從豆桶中取出50粒豆子。他制定了一個品質標準，工人每取出50粒豆中應含2粒紅豆，比預計少8粒。這項標準成為該項工作品質控制系統的基礎。戴明作為監工檢查每一輪「管理」的結果。上述豆子管理系統由此形成一個包括兩項工作的管理流程：一項標準和一個監測流程。

2. 控制失誤

身為監工，戴明根據先前制定的質控標準來評估每個工人，即每次所取出的豆中，紅豆的比例不能超過4%（即50：2）。他根據工人的作業情況，對他們進行獎懲、升職、甚至解聘，以便控制住缺陷的失誤。戴明透過這種方式說明了獎懲制度的不合理性。因為在這一制度下，工人表現的好壞取決於企業管理系統的正常變數，與他們的個人能力無關。

在紅豆實驗中，幾乎沒有幾位工人的達到標準，他們工作表現之所以不同，僅僅是由於管理階層所創造系統內的正常變數所致。雖然工人們通常能夠對他們的工作成果具有較多的控制權，但任何流程都會受到此正常變數的影響，這種變數甚至會剔除掉最優秀的工人。這項實驗的結果使大多數人理解到，要求工人們加倍努力並不見得能提高企業組織的效率，而需要改進的是企業組織的系統本身。

紅豆實驗顯示，設計和管理系統應以改善品質為目的，而不是向工人提出難以達成或毫無可能的期望。控制是一項基礎的管理職責，與企業的計畫及組織流程緊密相連。它對企業員工的行為動力和團隊行為具有重要影響。控制既是一個流程：使各項工作按計劃進行，又是一種結果：使產品達到標準。

二、控制管理運作

企業應該採用正確的方法來控制管理運作，以便為企業創造遠景。控制運作適用於所有企業組織類型，而不僅僅是製造企業。提供服務的企業也必須關心對其運營及工作品質的控制。服務型態的企業控制員工業績的一種辦法是對員工進行培訓。管理者有無數控制手段可以隨時使用。他們必須決定在不同場合採取什麼控制系統。但是，所有控制方法都必須講求經濟效益且精確易懂。

1. 三種控制

管理者用於控制管理和運作的方法可以分為下列三種。這些方法導致品質和量的差異。

(1) 初級控制

人力資源必須滿足企業組織所規定的工作要求。員工必須具備完成規定任務所需的體力和智力。

(2) 同步控制

監控長期運作以保證達到目標。指導長期活動的標準來自職位說明書及各種政策。

(3) 回饋控制

注重最終結果。修正行動可以改善資源獲取流程或實際運作。部分回饋控制方法有預算、標準成本、財務報表、業績評估及品質控制。

品質爲主的控制系統必須建立在信賴和讓員工對工作感到自豪的基礎上。這種信任和自豪是員工自我控制的基礎。運用各種標準，員工可以採用品質爲主的策略，以確定對品質控制所必須的活動。一切活動都要圍繞品質控制標準，消除無關或不能增值的行爲。雖然員工在全面品質管制方案的實施中具有重要作用，但管理者應擔負起領導責任，並爲自己的企業創造遠景。

2. 管理者職責

管理者需要有耐心，以運用全面品質管制的原則及工具徹底改變企業組織。如果因爲缺少員工的理解或在新經營理念下工作的動力，就容易灰心失志，徹底改變企業組織就可能永無成功之日。一項調查顯示，企業實施全面品質管制之所以失敗，是因爲企業沒有給員工提供有效參與所需要的資訊和培訓。

削減成本及提高競爭力的巨大壓力，另一方面企業期望他們施行全面品質控制系統並因此提高產品品質。這種兩難處境可以透過控制系統的平衡得到解決，即企業組織存在著控制過度所造成的成本和控制不足所帶來的成本。

三、設定品管計畫

企業組織在組織系統改造與控制管理運作之後，需要設定品管計畫以便持續運作。

1. 效益與代價

像美國的福特（Ford）、奇異（GE）等大公司都很重視提高產品品質，提高企業效益。任何一家公司，只要不重視品質管制，就必定經不起競爭的考驗，最終必將走向失敗。任何一家公司，只要採用了品質管制的辦法就要持之以恆，堅持下去；否則，不能眞正改進產品品質。要實施某個質改進計畫，需要付出極大的代價，一旦計畫獲得成功，所獲得的收

益也是巨大的。建立品質管理改進計畫之前，就要有明確的計畫和操作步驟。

2. 四項建議

針對品質改進計畫，我們提供以下幾點建議。

其一，獲得公司高層的支持。由於品質管制活動使職員有權提出一些改進措施，這些改進措施經常涉及多個部門，使得一些老闆擔心自己的權力受到削弱。因此，要使品質改進計畫長期成功，就要想辦法讓公司大老闆積極支持，熱情參與。

其二，從公司的不同部門，不同層面選出員工組成品質管理指導委員會，制定一些體系和操作步驟，傾聽各方人員的改進意見並做出適當的分析，並予以評估，特別注意要保證品質管制指導委員會能直接與公司高層管理人員溝通。

其三，制定行動指南和操作規程。要注意認真聽取員工關於改進品質管制、提高品質水準的建議，鼓勵員工直接參與。由品質管制指導委員會對員工所提改進意見進行評估，然後提出解決方案。委員會應定期總結所收集到的眾多建議，將總結報告每隔一段時間讓全體員工知道。

其四，要讓員工了解，老闆已授權給他們，讓他們為公司的品質改進擬定對策，並凝聚共識，以便順利完成計畫任務。

四、設定失誤管控

在進行設定品管計畫的同時，也要設定失誤管控：從根源著手控制可能造成缺陷的失誤。企業組織無法承擔失誤，就算企業的失誤沒有轟動全國，如果顧客告訴他們的朋友說產品非常糟糕，這些失誤就會一傳十、十傳百地傳開去。這被稱為「墨菲法則」（Murphy's Law）。但有一種方法會令這種「墨菲法則」失靈，你可以控制住導致缺陷的失誤，使企業運作歸於正常流程、消除錯誤，並保證不再發生。這就是所謂的杜絕失誤。其

原理是透過每一項缺陷的背後，找出產生錯誤的根源。

1. 系統行為者

企業典型業務流程中許多文件，可能會讓診斷錯誤根源的工作成為令人眩目的大工程。不過，我們可以把這種工作限制在系統中的「行為者」和工具設備（機器）。機器故障，通常屬於機械性的，較人為錯誤容易查明。員工和顧客與企業的互動方式截然不同。這兩大錯誤不僅類型不同，而且在開發防錯程序時，需要特別區別。

如何才能實現零缺陷？要防止流程出現失誤的要訣：找對地方、瞄準時機、抓住失誤。找對地方就是確定缺陷和錯誤的檢查點時，一定要注意以下幾個重要時機：在收到原材料處、費用高昂的運作開始前。可能出現損失前、出現零收益前、貨物入庫前和轉交品質責任時。於是，要時時警惕錯誤。只是抽樣不夠，因為檢驗的只是流程產出中的一小部分，其基本的假定是產品中的其他部分與抽驗樣品類似，進而據此得出全部產品的品質結論。但「失誤管控器」它無法告訴你第幾件產品的品質有缺陷。

2. 失誤管控器

最有效的查驗方式是依靠環境線索來顯示失誤，這類線索就是所謂防錯裝置。例如：微波爐門上的開關便是一種「失誤管控器」，防止爐門未關好就啟動微波爐。這一系統提供了一種無回饋提示，就是不關爐門就無法運作。「失誤管控器」有四種類型：

(1) 基本「失誤管控器」

即依靠產品、工具和人的物質屬性，如零件更換工具與人工。

(2) 有序「失誤管控器」

依靠流程運作步驟的順序，或監控流程步驟的順序是否正確，或要求先操作某些易出錯、易忘記的步驟，再進行其他普通步驟。

(3) 編組和計數式「失誤管控器」

依靠流程中各項或步驟的自然分組或固定數碼，消除誤差。

(4) 資訊加強「失誤管控器」

即在不同時間、不同地點和不同的人之間傳遞資訊，以便留下追蹤線索。

企業組織建立防錯裝置和程序的關鍵是沒有速成的方式，應該按部就班，力求簡單易行。實際上，一些錯誤儘管有可能，但未必一定發生。而一些錯誤則顯而易見，即使沒有提示也能自我檢驗出來。

五、全體員工參與

上面討論過的四個項以組織系統與管控爲主，最後完成發揮組織系統功能還是需要靠管理者與員工的共同努力合作：動員全體員工參加品質管制。

1. 兩把利刃

美國著名經濟理論家彼得斯（Thomas J. Peters）提出「最佳管理法的兩把利刃」（Best Management Act two razor）的觀點。他指出：無論是在民營還是公家單位，也無論企業規模大小，如果從長遠的觀點看，只有兩個途徑可以創造和維持企業優異的經營情況。

(1)透過優質服務和優質產品來特別關心你的顧客。
(2)需要不斷地進行創新。

彼得斯把品質問題列爲第一優先，是非常有遠見的。經營管理的競爭最後還是由產品的優劣而決定，換句話說就是產品品質的競爭。在美國管理界流行這樣一句話「靠品質推銷，而不是以價格取勝。」完全講出人們對品質問題的新認識。正如彼得斯所指出：「任何保持品質的方法，品質小組，統計方面的品質控制－都可能有價值。」但是，只有各級管理者在工作中時時記住品質問題，注意品質。在品質問題上花時間，並由專心一志於品質的人來保持。由此可見，品質問題首先就是一個管理問題，品質

問題在當代經營管理中變得越來越突出和重要，與現代消費的趨勢傾向完全相關聯。

2. 貴與值得

在西方消費市場上，有一個時髦的口號「雖然貴，但是值得」（Though expensive，but worth）。美國品質管制權威克洛維斯（Philip Clovis）在佛羅里達州奧蘭多市近郊的冬季公園內開設的品質管制培訓班，掀起了一股熱潮。許多管理者在學習後，感覺獲益良多。克洛維斯早在1920年代就提出無缺點的品管理論，日本電氣公司（NEC）最早將它引入日本，形成了日本的全面品質管制系統，大大提高了產品的競爭能力。克洛維斯認為，不僅應該提出更應該推廣他的理論，讓它為廣大管理者所接受。於是他成立了一個諮詢公司：菲力普克洛維斯協會，以訓練班的形式來宣傳他的理論。最先登門求教的是國際商用機器公司（IBM）的管理人員，接著通用汽車公司（GM）的管理人員也來輪流聽講，接受全面品質管制的精神與內涵。

按照克洛維斯的理論，產品完全達到合格是可行的，而原先所流行的觀念則認為產出次級品是不可避免的。以前，管理100萬塊積體電路，次級品總不下1萬塊（1%），而今則已下降到一兩千塊（0.1-0.2%），個別廠家已達到100塊（0.01%）以內，甚至是挑戰百分百無瑕疵都完全可能。以前的企業對產品的品質管制，完全由品質管理部門來管。克洛維斯卻完全改變了這種做法。他認為上至公司總裁，下至普通的員工，每一個人都對產品的品質都負有責任，要達到不生產不合格產品的目標，就得動員全體職工參加。

克洛維斯的訓練班都是短期的，每天上課8小時，兩天半為一個單元，外地的學員另外還得付住宿費，儘管收費高昂，聽講者仍絡繹不絕，因為它能帶來更多的效益。如國際商用機器公司根據他的理論改變品質管制方法後，其收益高達20億美元。在這股追求卓越的熱潮中，美國著名管

理學家戴明的見解又一次受到了人們的重視。

3. 制度問題

　　戴明曾在1950年代向日本人講授他的極其嚴格的產品品質管制方法，為日本的振興作出了貢獻。當時日本天皇曾授予他一枚獎章，並設立了以他命名的獎金。戴明對品質問題的獨特看法是：廉價的品質問題不是工人造成的，而是制度，也就是管理造成的！他巧妙地抓住了品質問題的關鍵。戴明堅持認為，鼓勵工人提高品質用處不大，關鍵在於引進控制和改進工作程序，在每一個程序做好管制：

　　其一，**把新的科學思想和科學理論迅速轉化為應用知識、技術和工藝，並應用於管理**。根據企業選擇的發展方向，加強基礎研究和應用開發，才能及時掌握和發展最新科技成果，並提供科學依據。

　　其二，**根據最新科技成果改造原有的工藝和設備，力求做到定期更新產品，淘汰技術過時的產品**。把引進的專利用於解決產品品質和工藝問題，使產品的品質標準在技術資料可靠性、外觀設計、成本、價格、競爭能力等，都可以領先一步適應國內外消費者的需求。

　　其三，**加強各環節的經濟責任制**。用經濟方法而不是用行政方法明確劃分所有者和經營者的權利，對於根本改進品質問題具有重要意義。

 思考問題

1. 戴明的紅豆實驗主要的論述是什麼？
2. 管理者用於控制管理和運作的方法有哪三種？
3. 如何讓墨菲法則失靈？
4. 失誤管控器有哪四種類型？
5. 請舉例說明「貴與值得」。

Chapter 10

組織與組織效能管理

01   董事會有效管理

02   組織的績效管理

03   組織系統的維護

根據『組織與組織效能管理』的主題，本章提供下列三個相關主題：第一節「董事會有效管理」，第二節「組織的績效管理」，以及第三節「組織系統的維護」。

　　第一節討論「董事會有效管理」，主要的議題包括以下三個項目：一、董事會的組織與結構，二、對董事會效率的制約，以及三、發揮董事會創新工作。

　　第二節討論「組織的績效管理」，主要的議題包括以下三個項目：一、組織的績效與管理，二、組織績效評估方法，以及三、管理者的管理績效。

　　第三節討論「組織系統的維護」，主要的議題包括以下四個項目：一、組織的維護系統，二、組織維護的方式，三、組織系統調度維護，以及四、組織系統全面維護。

01
董事會有效管理

董事會（Board of director）是企業組織最高的治理機構，由多位董事組成，其代表者稱爲董事長或董事會主席。理論上說，有兩種實體可以控制公司：董事會和股東大會。實際上，不同的公司董事會的權力差別很大。小的私人公司董事和股東一般就是同一個人，所以根本就沒有眞正的權力分割。而大型的上市公司，董事會一般會有很大的權力，各個董事的職責和管理許可權也由個別專業的執行董事（常務董事）專門負責專業領域的事務。本節以「董事會有效管理」爲主題，討論以下三個項目：

1. 董事會的組織與結構
2. 對董事會效率的制約
3. 發揮董事會創新工作

一、董事會的組織與結構

大型上市公司的董事會有一個特點，就是董事會通常擁有實際的權力。機構股東通常在董事會有自己的代理人，在股東大會的時候，相對於小股東，董事會能掌握投票結果。但是，最近也有一些運動，希望推動提高機構投資者和小股東的發言權。由於台灣狀況多並在調整中（請參考經濟部及相關網站http://www.moea.gov.tw/），我們的討論目標將以歐美（包括美國、英國、德國）與日本爲主。

組織管理的目標在美國、英國、德國和日本各有不同特色。美國和英

國的董事會著力於提高股東的財務收入。儘管美國超過半數的州已經透過法令要求考慮非股東的其他受益人的利益，然而在美國和英國的董事會中股東的利益仍然被優先考慮。

1. 董事會的存在

按照國家法律，德國的董事會必須保證公司的長期健康發展，必須考慮保證公司業務順利開展的各個部門。日本的董事會只是沒有權力的名義組織而已，真正的組織管理是由產業集團來完成。但日本董事會還是有一個作用，即協調和增加組成日本公司的大家庭的各個部分的利益。以台灣目前的現況，比較類似日本。德國法律在規範董事會的結構和作用方面比英國或美國法律要具體得多。美國、英國和德國董事會在以下三個方面的主要功能上還是一致的：

(1)對公司經理人員和董事的選擇和連續性進行監控；

(2)檢查財務狀況，批准公司策略，對管理的總體監控；

(3)確保公司管理人員和雇員能夠達到法律和道德上的要求。

2. 董事會的模式

在美國、英國、德國和日本四個國家中，董事會被劃分為兩種模式：單一制和兩極制。美國、英國和日本的董事會是法律要求的唯一的董事會，它由各執行董事和外部董事組成。這個單一制的董事會結構是世界上絕大多數國家的公眾公司採用的典型的結構，只有德國和一些北歐國家除外。按照法律的要求，德國董事會有兩類：管理委員會和監察委員會，管理委員會的組成和職責與美國、英國和日本的執行委員會相似。監察委員會完全由非管理委員會的董事擔任，一半成員由股東們選舉產生，而另一半由雇員選舉產生。由於德國的監察委員會所扮演的角色基本上與美國、英國和日本的單一制的董事會相當，所以本文在以後的討論中只側重於德國的體系。

3. 董事會的組成

　　英國和美國的董事的數目和背景並沒有法律上的限制。英國董事會平均有12名董事，而美國董事會平均有13名董事。許多董事認為平均規模相對較小的董事會能夠組成聯繫緊密的工作團體，其行動遠比規模龐大的董事會顯得敏捷。英國和美國的專業性質董事們通常在三至四個董事會任職。儘管股東們有法定權力選舉董事會成員，但實際上他們總是對每年收到的董事會提交的代理證書上的提名表示認可。英語系國家的總經理傳統上運用私人及業務上的關係尋找較為熟悉且能和平共處的同事，董事會對總經理而言通常只是橡皮圖章。

　　英國及美國的董事會的組成從內部與外部來看都差異很大。在英國只有40%左右的董事是外來成員，近10%的大公司董事會中無外來人員。在外來董事中，62%為其他公司的總經理，另12%是工業、服務業和金融業資深的專家。美國董事會中平均有80%的外來人員，其中所有上市公司都必須有外來董事。許多董事會還包括律師、專業人員，或金融領域的專家。傳統上，董事會全是男性白人。近幾年來，美國董事會中開始漸漸消除種族及性別的歧視。

　　德國董事會的成員從12到22名不等，取決於法律的規定和公司所處的行業。德國法律規定董事會的一半成員由雇員選舉產生，而另一半由股東投票決定。雇員這一邊的董事會由該公司的雇員組成。某些行業，還包括一到兩名貿易聯合會的代表。股東組成的董事會通常由主要控股公司、銀行和其他金融機構的上級銀行決定。股東這邊的董事最多只能在10家董事會的任職，而這也是法律規定的上限。

　　日本大公司的董事會由20至30人組成，其中90%以上的成員是現任或前任內部高級經理。近80%的日本公司根本沒有外來成員，剩下的15%也不會擁有2個以上的外來董事。董事成員由公司的董事長挑選，董事會與股東對董事長的推薦而言不過是橡皮圖章。由於一家公司的大多數董事總是與另一家公司有著直接的關聯，所以低級董事會成員很少對高級官員的

決策提出質疑。

4. 董事會的領導

美國80%的上市公司中，董事長與總經理是同一個人。二者不是同一人的情況通常是暫時的，例如在高級管理人員發生變動時。因此，在大多數美國公司中，總經理與董事長有著相近的名望。美國人似乎對強有力的領導持讚許態度。美國公司中的總經理兼董事長可以主持會議，掌握議程及提供給董事的資訊。總經理傳統的權力也許與美國傳統上的制衡原則的作法不符，至少在理論上如此。事實上董事會中必須有多數外來成員就是為了約束總經理在董事會中的影響力。

在英國，80%的上市公司的董事長是非執行人員。英國的法律並不認可董事長的職位，但大多數董事會都指定一位董事長以領導他們的活動。由於英國董事會是由內部人員控制的，所以選一位非執行董事長意味著對管理階層的舉措進行監督。

德國則法律要求監察董事會的董事長與管理董事會的董事長（總經理）不能是同一個人。監察董事會的董事長由所有人選舉產生，法律上賦予他在董事會投票持平的情況下投兩票的權利：因此也就限制了董事會中一半成員的權力。

日本公司中，公司總經理擁有絕對權力，他領導著小型且組織嚴密的管理委員會。公司董事長通常是一位退休的公司總裁或退休的政府官員。他代表著年長的發言人，表現出公司的公共職能並維持公司與企業界和政府的關鍵關係。董事長很少對公司的決策制定過程施加影響，特別是當董事會成為正式實體後更是如此。

二、對董事會效率的制約

在美國、英國、德國和日本四個國家中，董事會都面臨著對行使其職權能力的一種制約。而最大的制約是董事們能夠投入到董事工作中的時

間，即使對精明且經驗豐富的董事來說，有效對付公司繁雜的工作也會佔用其大量的時間。

1. 時間的障礙

美國和英國的董事會是最專業的，因為他們比德國和日本的同行會面次數更加頻繁，同時比德國董事參與更少的董事會。美國董事會還從常設的董事會委員會中得到更多的好處。盡管如此，世界上所有的董事都發現缺少時間聚在一起是他們行使職責的最大障礙之一。

2. 資訊的障礙

對董事來說，都存在一個問題，就是如何搜集並消化行使職權所需的資訊。在所有的國家中，處於最高決策階層的人員是董事會資訊的主要來源。就算沒有故意歪曲事實的動機，上層經理們無疑也會在資訊中加入自己的解釋和偏見。而且，董事們在每次會前都會收到好幾百頁的資料。如何消化這些數據資訊對理解公司目前狀況最有關係，這對董事們來說無疑是一個巨大的挑戰。

3. 社會的規範

社會規範對董事會提供有效的監控和指導的能力來說，是一個並不太看得見但卻影響巨大的障礙。例如，1980年代的美國董事們發現社會上存在一種看法，即反對董事在董事會外與別人談論，以及反對董事在董事會上批評總經理。他們甚至對討論自己對所有受益人的職責，而不是對股東的職責這個問題猶豫不決。有些德國上層管理人員曾指出，那些代表所有者的德國董事在股東全會上，對提出策略和財務問題猶豫不決，這是因為雇員和工會的代表在場的緣故。相反地，詳細的問題經常會在所有者代表中非正式地或在特別召開的非常委員會上進行討論。

三、發揮董事會創新工作

在1980年代和1990年代之間，在美國、英國、德國和日本四個國家中的許多受益人不斷督促進行董事會的創新，以便使董事們更加積極、獨立與負責。然而，在美國和英國，對董事會的改革呼聲比在德國和日本更加緊迫和高漲。美國的機構投資者是改革的強有力支持者，在美國與英國，在提倡改革的過程中新聞界是有影響力的。

1. 創新驅動力

美國董事會變革的推動力不僅來自機構投資者，而且來自少數創始董事會。這種趨勢正在被越來越多的董事會所跟進，另一個顯著的驅動力來自通用汽車公司（General Motors）的董事會，它為自己制定了指導方針並採用了一系列創新措施。由於通用汽車公司是一個從許多困境中逐步建立起來的優秀公司，所以董事會改革的指導思想方面有著極高的威望。

有些董事會進行的改革之一就是削減董事會的規模。根據公司的大小和複雜程度，在任何情況下8到12名董事都被認為是合理的規模。像這樣數量的一群人已經足夠擁有合適的知識範圍和工作經驗，況且小型董事會還能擁有自由的討論並提高公司的內聚力，這將有助於增強董事會的力量。

2. 創新措施

許多董事會的第二個轉變是董事們如何使用有限的時間。富有創新精神的董事會都在密切注意如何才能節約董事的時間，以用來有效地監管公司及管理績效。許多類似的董事會得出結論為：

(1)以年報的方式制定公司策略。

(2)在執行策略的過程中，檢查公司的進展。

(3)明確和徹底地評價總經理和董事會自身的業績。

爲了便於推行和檢查這些策略，一些公司導入了年度的策略討論會，在這一到兩個整天的時間裡，董事會和最高管理階層的人士在一起，就公司的計劃和完成情況進行深入的討論，這樣董事會就可以了解總經理的想法。

3. 管理業績

　　另一個流行的做法就是對總經理的管理業績進行評價。這種評價給董事們提供正式的場所，在這裡他們將與總經理們一起共同討論其長處和短處，同時還可以討論薪酬與公司業績之間的相關性。總經理們對這種回饋非常感謝，因爲身爲公司的領導，這也許是他們能夠對其業績的唯一檢驗與說明的機會。

　　在美國，實施對經理業績檢查還與董事會的另一項工作息息相關，就是執行會議，外部董事單獨會面而沒有任何現任管理人員參與。如果董事們希望對總經理的業績作公開和一致的評價，參與執行會議是十分必要的，除了對總經理進行評價，他們也往往管理其他事務。許多董事會例行召開執行會議，也有一些董事會甚至在每個董事全會後就召開執行會議。

　　對於總經理兼任董事長的公司來說，如果要召開執行會議，外部董事們就必須從他們自己之中指定一名主席。由於少數美國公司採用了沒有執行董事長的英國方式，大多數總經理對此都表示不滿，而這在美國也是很少見的。總經理們擔心失去與董事長的頭銜相聯繫的權力和威望。而且，在那些確實將總經理和董事長的職務分開的公司中，董事長通常是現任總經理的前任。

　　在一般情況下，美國的總經理會因爲老前輩緊密地注視著自己的一舉一動而感到不安。另一個辦法是選舉一個董事會的主席，這人能夠主持執行會議並領導檢查總經理的業績，還能爲總經理就以下事務提供諮詢：董事會委員會成員和董事會成員的選舉、董事會的日程、董事們得到充分的資訊，以及董事會會議過程的效率。而且，如果獨立的董事由於總經理的

不稱職或者最高管理階層的失誤而帶來的非難時，主席就可以幫助他們及時地作出反應。

4. 自我創新

最後，美國董事會創新另一個更加廣泛的應用是董事會就自己的活動進行的年度評價。有些時候會與董事們評價自己的政策和活動的會議一起實施。而在其他情況下，董事們對由委託的第三方提交的書面的問題負責，並將其提交給董事會。有些董事會甚至檢查每個董事自身的業績。這可能會是一個敏感和有爭議的舉動，但這樣做的目的是鼓勵董事們去養成自我批評的作風，去探尋改善他們參與組織管理的方法，以及避免任命不能作出任何貢獻的董事。

英國和美國一樣，英國的機構投資者也致力於提高董事會對股東的責任心的活動。然而，在英國董事會的變革後面最強大的力量卻來自倫敦商業組織同盟的兩個團體中。非執行董事促進會是由英格蘭銀行會與其他銀行、股票交易所、英國工業同盟以及英國管理協會於1980年成立的。它致力於更廣泛地發揮非執行董事的作用，同時還支持擴大董事會外部代表的趨勢發展。

於是，一個由凱德伯里（Cade Bury）擔任主席的委員會在1992年被財務報告委員會、倫敦股票交易所以及一群會計師的專家任命，它關注那些可察覺的可靠性程度較低的情況，不管是在財務報告方面，還是在替公司報表的客戶提供所想到和需要的保證條款的審計人員的能力方面，該委員會已經深深地介入了由英國組織管理系統進行的調查中，同時其最終報告也成了董事會繼續改革的有力靠山。

5. 凱德伯里條款

凱德伯里條款提供了一套由最好的實踐，加上一系列附加建議組成的官方條款。該條款包括以下內容：

(1) 對公司最高層的責任應該有一個清晰的界定，包括與總經理與董事長由不同人擔任，也包括董事會要有很強獨立性。

(2) 董事會的大多數成員應該是外部具有專業性的董事。

(3) 至少由大多數非執行董事組成的報酬委員會應該對行政費用提出建議。

(4) 董事會應該指定一個至少包括三名外部董事的審計委員會。伴隨條款的附加建議包括董事會的政策和執行過程、各董事的主要職責的介面、以及對如何組織審計委員會以使其高效運轉的詳細考慮。

　　倫敦股票交易所要求上市公司在其年報中，要說明公司對凱德伯里報告的建議的遵守程度，必須解釋為什麼沒有遵守的地方。對那些沒有採納這些建議的公司並沒有什麼懲罰，但人們確信公眾良好的判斷力以及社會的壓力一定能促使大多數公司去遵守這些建議中的大部分條款。

　　德國和日本的董事會目前還沒有成為改革的對象。然而，或許變革的種子已經播撒下去了。許多德國人開始議論銀行在控制的股票數量和董事會席位上使用了過多的權力。某些德國受益人指出像戴姆勒-賓士（Daimler AG）和德國金屬公司這樣的公司沒能夠預測和避免危機是因為他們龐大而笨拙的規模。在權益資本上追求更高額紅利和資本收益的日本保險公司已向最高管理層施加壓力，藉此敦促其更注意業務。日本商業條款1993年修正案中，正式設立了獨立的董事會審計人員的職位；儘管大多數審計人員只是名義上的獨立，但不管怎樣，這個位子的設立就代表了朝著增強董事會責任的方向，邁出了象徵性的一步。

 思考問題

1. 美國、英國、德國和日本的董事會有什麼同之處？
2. 請說明執行董事和外部董事。
3. 什麼是董事會行使職責的最大障礙？為什麼？
4. 什麼是董事會的資訊的障礙？
5. 何謂凱德伯里條款？

02

組織的績效管理

繼續第一節「董事會有效管理」之後，我們要繼續討論「組織的績效管理」。有效的組織績效管理是絕對重要的工作。在個人的職業生涯中，績效將會被監控和評定；薪酬水準、級別和職責將取決於自己達到了事先設定的工作績效標準的程度。其實，績效考核對公司及個人都能夠帶來好處，可以知道自己處在什麼位置和在什麼地方需要提高績效，有效的績效考核計畫能夠幫助評定勝任特徵和個人的工作發展。績效考核能夠揭示出優點和不足，提高個人在某些方面的自信，並激勵與改進在其他方面的表現。我們要討論以下三個議題：

1. 組織的績效與管理
2. 組織績效評估方法
3. 管理者的管理績效

一、組織的績效與管理

組織的績效與管理通常以績效考核爲前提。其定義是：對員工績效進行的週期性的正式考核。儘管你可能在一個組織裡面很多年都沒有參加過正式的考試，但是工作的績效考核就跟在大學裡每學期的期中期末考一樣，是非常重要的。你的加薪、升職和工作職責不僅影響著你的收入和生活水準，而且影響著你的自尊、情感安全需要和一般的生活滿意感。績效考核還可以決定你是否能夠保住你的工作。一旦你被公司雇用，你的績效

將會被持續評估。

1. 績效考核的意義

　　績效考核的主要目的是：為評價一個人的工作表現狀況提供精確客觀的測量。以這些資訊為基礎，就能決定員工在組織中的前途。而且，實施績效評估（Performance appraisal）有兩個主要目的：

(1) 行政方面

　　主要用於人事決策，例如提高薪酬和升職。

(2) 研究方面

　　通常用作驗證人事晉升、轉任等的有效程度驗證。

　　考核的目的能夠影響考核結果嗎？換句話說，當主管知道評估和決定會直接影響下屬的職業生涯發展，而不是僅僅用於研究目的時候，他們會給員工不同的評價嗎？答案是肯定的。一項對財富500大企業的223名一線主管的研究結果顯示，當主管知道他們的評價將會用作行政目的或者人事決策進而影響下屬的職業發展時，主管對下屬的考核結果將會明顯寬大。

2. 考核基礎

　　讓我們更加詳細地考慮績效考核的基礎。

(1) 選拔標準的有效度（validation of selection criteria）

　　在員工的選拔方面，為了建立選拔工具的有效度，這些工具必須與工作績效的測量指標相關。我們是否注重心理測驗、面試、應聘資訊表還是其他技術，只有我們測量了基於這些技術而選拔或者解雇的員工隨後的績效後，才能夠確定它們是否有效。因此，績效考核的主要目的是為驗證員工選拔技術的有效度提供資訊。

(2) 培訓需求（training requirements）

　　員工績效的細緻評估能夠顯現出員工在知識、技術和能力上的弱點或者不足。一旦這些缺點或者不足被確定後，就能夠透過額外

的培訓來補強。有時候，能夠發現整個工作團隊或者工作部門在工作的日常事務中的哪些方面的不足。這些種類的資訊可以促使對新員工培訓計畫的重新設計，並且可以激勵員工的重新培訓，以改進他們的缺點。透過檢驗培訓後工作績效是否提高，績效考核可以被用來評估培訓計畫的價值。

(3) 員工改進（employee improvement）

績效考核計畫應該給員工提供有關如何勝任工作和員工在組織內進步的回饋。工業組織心理學家發現這些資訊對於維持員工的士氣非常重要。考核也可以為員工提供應如何改進行為和態度以提高自己的工作效率的建議。績效考核的目的與提高培訓效果的目的是一樣的。儘管如此，在這種情況下，員工的缺點可以透過自我提高來改變，而無需透過正式的再訓練。員工有權知道別人期望他們怎麼樣——他們在什麼方面做的好，或不足的地方應該如何改進。

(4) 薪酬、提升和其他人事決策（pay、promotion and other personnel decisions）

多數人認為，他們應該為自己超過平均的績效或者出色的績效而得到回報。例如，在大學裡，公平意味著如果你在測驗或者學期論文中的表現比其他修這個課程的人都還要好，那麼你應該得到更高的分數。如果每個人都得到同樣的分數而不管學業方面的表現或甚至於有沒有來上課聽講，他們就很難有努力學習的動機。

3. 回報與反對

在雇用型的組織裡，回報的形式有增加薪水、獎金、提升和轉到其他職位提供以更多的提升機會等。為了保持員工的主動性和士氣，這些決定不能取決於主管一時的興致或者個人偏見，而必須評估員工對組織的價值而定。績效考核為這些決策提供了有效的基礎，同時也能夠幫助企業識別

能夠爲發展做出貢獻的有潛力和資質的員工。

　　最後，對績效考核的反對。不是所有的人都支援正式的績效考核系統。許多員工，尤其那些受這種評估直接影響最大的員工——對評估並不怎麼熱心。批評者的名單中還包括工會和管理者。以美國爲例，工會大約代表40%的美國勞動力，他們要求以資歷，而不是對員工的能力評估來作爲升職的依據。儘管如此，單單工作時間的長短不能作爲是否有能力從事更高水準工作的指標。例如，一個有10年汽車工廠工作經驗的員工了解關於生產線的所有工作，但是，除非公司對員工在其他領域的勝任特徵有正式和客觀的評價——例如與別人相處的能力，或者撰寫管理報告的表達能力，否則無法認可這位員工可以成爲稱職的好主管。

4. 績效的測量

　　工業與組織管理心理學家發展出了一系列測量工作績效的技術。應用哪一種具體的技術取決於被評價工作的類型。適合在生產線上工作需要的能力跟銷售工作或者高級行政職位需要的能力是不同的。所以選擇的績效測量必須反映工作職責的性質和複雜性。例如，重複性的生產線工作跟一個銀行裡的主管人員相比，可以更客觀的被評價。

　　績效測量可以被客觀或被評價性地描述。製造業職位的熟練程度更容易透過對客觀表現和結果的測量來評價。評價非製造業的、專業性的、或者管理工作的勝任特徵的時候，需要進行更多的評價性工作和更多定性的測量。

二、組織績效評估方法

　　對製造業工作的績效測量原則比較容易。典型的方法包括記錄在限定時間內產品的數量。這種量化的測量方法在工業生產被廣泛使用，部分是因爲容易得到產品數量的記錄。但在實際運作上，對於製造業工作的測量並不是這麼簡單，尤其對於那些非重複性的工作。同時產品的品質也應該

被評估。

1. 結果的測量

以兩個做打字工作員工的工作效率來看。第一個人每分鐘鍵入80個單詞，另外一位50個單詞。如果我們把數量作為衡量工作績效的唯一標準，我們一定是給第一個人較高的評價。但是，如果檢驗一下工作內容的品質，我們就會發現第一個人平均每分鐘有25個單詞錯誤，第二個人沒有錯誤，所以我們必須調整績效評估來反映他們工作結果的品質，所以第二個員工應該得到更高的評價。

儘管我們修正了結果的資料來補償績效的不同，同時也需要考慮其他因素影響或者扭曲績效測量的可能性。也許那個有較多錯誤的員工是在一個寬敞的、開放的房間中工作的，並且周圍有很多員工和辦公機器的噪音。另外一個被評估的員工可能是在一間個人辦公室，很少受到干擾。又或者其中一個只是負責簡短的、常規性的商業信函，而另一個是轉錄來自工程部門的技術報告。如果不對辦公環境的差異和工作任務的難易度進行平衡修正，所做出來績效評估是不公平的。

另外一個可能造成偏差的因素是：工作經驗的多少。大致說來，員工從事工作的時間越長，工作效率就越高。如果兩個人從事同一項工作，其中一個人有2年的工作經驗，而另一個人有20年的工作經驗，他們的績效考核結果估計也會有所不同。因此，對於製造業的工作，評估績效的時候需要考慮許多因素。這些因素產生的影響越大，正式評估的客觀性就越差。越多因素會影響評價，更有賴主持評估者做出個人適宜的判斷。因此即使是那些有實際產品可以計算的製造業的工作，績效考核通常也不完全是客觀的。而對於產品的數量和品質的真實記錄將能夠作為對工作績效的測量。

2. 電腦化績效監控

電腦化績效管理是企業管理現代化過程中不可或缺的一環。在美國，

大約有超過3000萬人的工作環境中有電腦，主要進行文字處理、資料紀錄、保險行業和顧客服務的工作。許多企業編制了軟體程式來監控員工工作時的活動。生產線上的工作可以透過在規定時段內的產量就能夠自動記錄和儲存，為績效考核提供評估的依據。

客觀的測量。電腦能夠記錄每一個工作單位生產的數量、出錯率、轉換過程中的工作步調、工作出問題或者休息的次數和時間。「電子主管」：監視著員工的機器——持續的監控是工作績效的評估的得力助手，因為它檢查和記錄著一切。

一個總部在加州聖地牙哥（San Diego，California）的航空公司在各州工作時間內監控所有的機票預定代表，記錄他們打電話的時間並把他們進行諮詢所花費的時間和休息時間，跟公司設定的標準進行比較，超出標準的員工就會得到不好的評價。

3. 求職電腦測驗

許多企業求職者是在電腦上進行測驗，並以電腦來分析結果。請想像一下，是否喜歡自己整天工作的行為被監視和記錄？這會干擾你嗎？當你得知大多數員工，並沒有被這些電子績效監控所打擾，你也許會感到吃驚的。跟其他形式的績效考核相比，有一些人更喜歡這種考核方法。

管理心理學家發現，一個人對電子監控的反應取決於從工作績效中採集到的資料最終是如何應用的。當這些資訊被用來幫助員工發展和提高自己的工作技能（而不是用來斥責他們休息時間過長）大多數員工對這種電腦監控可以接受。許多員工喜歡這種高科技的績效考核技術，因為它能夠保證自己的工作被客觀地評價，而不管他們的主管是喜歡或者不喜歡他們。同時，員工相信這種客觀的測量方法能夠為他們加薪或者升職的要求提供客觀的支持。

壓力和電腦監控。需要注意的是，許多員工喜歡電腦監控並且喜歡它的程度勝過其他更主觀的績效考核方式，但是他們仍然覺得這種方式有壓

力感。的確，如果有員工對各種形式的考核帶來壓力而沒有抱怨，這反而會很令人感到奇怪（如果有人問你，大學測驗是否給你帶來壓力，你就很可能回答：是）。

對個人工作績效的監控會給這個人帶來相當大的壓力感。在後面的例子中，同時，現場研究和實驗室研究都發現，在電腦監控的條件下，獨自一個人工作比整個小組的成員工作會經歷更大的壓力，即使在小組裡面的工作也是每個人都被監控的。工作小組的其他成員提供的社會支援可以幫助降低壓力。

了解到被持續地監控、了解到所做到以及沒能做到的每一個行為都正在被記錄，這會使員工更加注重產出的數量而非品質。因此，電腦監控帶來的壓力會導致工作品質的降低，進而會對整體工作績效和滿意度產生負面影響。隨著工作場所中許多改變，電腦化的績效考核產生了許多優點和不足。優點方面，它提供了及時和客觀的回饋，降低了績效考核時評價者的誤差，幫助了解確認培訓的需求，有助於設立目標，進而提高生產效率。但是同時，它侵犯了員工的隱私，會增加壓力和降低工作滿意度，並且可能導致員工注重產品的數量而犧牲產品品質。

4. 資料保存應用

另外一種績效考核的客觀方法包括個人資料的使用，例如缺勤率、薪酬歷史、犯錯和提升的效率。通常分析整理人力資源部門的人事檔案要比測量和評估員工的現場生產來得容易。工業和組織心理學家發現，個人資料幾乎不能提供員工的工作能力的訊息，但是這些資料可以被用來辨別員工的優良與否。

受過良好訓練、經驗豐富，又經常請假並且動作緩慢的機器操作員，可能在實際工作中是一個出色的員工，但是他可能因為常請假而被認為是糟糕的員工。績效差的員工，因為公司不能指望他們正常上班，也不能依靠他們來對組織的效率有所貢獻。工作相關的個人資料在評估員工對組織

的相對價值的時候是有用的，但它不能代替工作績效的測量。

三、管理者的管理績效

對於管理人員的績效考核，與員工的考核不一樣。價值評估技術通常用於對中低層管理人員的評價，但是還需要其他的考核方法。但是，高級管理人員很少被評估，除非公司遇到了危機，否則他們很少得到關於自己工作表現的回饋或評價。事實上，高層管理的失敗通常導致公司的倒閉或大量虧損。對高層執行經理人員的深入訪談顯示，越高的管理層級，績效評估就越不系統也越不正式。

評價中心是員工選拔的一種技術進行討論，是績效考核中常用的一種技術。管理者參與模擬的工作任務，諸如管理活動、團體問題解決、無領導小組討論、文件技術和訪談。需要說明的是評價中心技術並不評價實際的工作行為，而是評價在工作中會遇到的類似活動。當用於績效考核目的時，評價中心的評估似乎很有效。

1. 上級評價

其一，應用得最多的上級評價（Evaluation by Superior）：對管理人員的績效考核技術是由組織中的主管進行評價。很少用到標準的評價表，典型的是評價者寫一個關於被評價者工作績效的簡要描述性短文。

其二，通常情況下，除了直接主管評價外，還要附上由更高管理層的評價。

2. 同事評估

同事評估（Peer rating，也稱為同伴評價）是在第二次世界大戰期間發展起來的。這是一種讓在同一管理層級的管理者對工作的一般能力或者特定性質和行為相互評價的技術。研究發現同事評估和隨後的晉升之間有正相關。同事評估同時也表現出很高的可信度，主要關注工作相關技能。人們對管理人員的同事評估的態度基本都是積極的，但是，當評價用於職

業發展或者提高工作技能而不是用於晉升的時候，管理人員就更贊成。

3. 自我評價

自我評價（Self Rating）。管理績效考核的另外一個方法是讓人們評價自己的能力和工作績效。管理者和他們的主管見面設立管理績效的目標——不是具體的產品目標，而是個人要發展的技能或者需要修正的缺點。過了一段時間之後，管理者再次跟主管見面討論他們的進步。自我評價傾向於比主管的評價高，對自己更仁慈。自我評價也更多集中在個人技能上，而上級評價更關注主動性和特定的工作技能。如果評價者被告知自我評價將會跟更客觀的指標對比，以確定有效度的話，那麼評價會變得更爲客觀。

4. 下屬評價

下屬評價（Evaluation by Subordinates）。這種技術，有時候被稱爲向上的回饋，和學生評價課堂上的老師相似。向上的評價在發展和提高領導能力方面是很有效的。在一個全球公司裡，1500多名員工需要完成對238名管理者的兩次相隔6個月的行爲觀察評量表。在第一次評價中得分很高的高級管理者，在第二次評價中並沒有提高，因爲他們已經發現自己表現很好。而那些在第一次評價中較低的管理者，在第二次評價中提高了管理效能。因此，那些需要提高的人的確會表現更好，就像從對下屬得到的向上的反應一樣。

5. 360度回饋

360度回饋（360-Degree Feedback）績效考核就是將各種不同來源的資訊整合成一個統一的評價。任何個人評價都可以被結合起來，但是最後的多元方法叫做360度回饋。它整合了所有資訊的全部環節的評價：上級、下屬、同事和自己，甚至還要由顧客和與受評者有業務關係的顧客進行。

6. 多源回饋

多源回饋（Multi-source feedback）可以提供一些從其他方法難以獲得的被評價者的資訊，因為這能夠提供獨特的觀點。例如，下屬或者同事跟管理者的上級相比，有著跟管理者不同的經歷和關係。來自顧客或者顧客的評價能夠提供對於管理者工作情況的另一種看法。一個評估153名管理者的研究發現，同事能夠提供最可信的評價，其次是下屬，最後才是上級。多源回饋也可以降低許多形式的誤差，如果所有的評價都被告知，他們所有的評價都將和其他人的評價做比較，他們就會在評價的時候更客觀。如果多源評價十分一致，那麼有關管理者在組織中未來狀況的決策會更加可信。同樣地，如果各方面的評價表現出高度的一致，管理者將更願意接受批評，因為這些批評是來自不同來源，而不僅僅是直接來自上級而已。但是當評價不一致的時候，管理者可能會不情願接受批評。

思考問題

1. 什麼是組織的績效與管理？
2. 實施績效評估（Performance appraisal）主要目的是什麼？
3. 為什麼有人會反對績效考核？
4. 電腦化績效監控的優缺點？
5. 對管理者的管理績效評估有哪些方法？

03
組織系統的維護

　　企業組織與人的身體一樣，需要經常維護才能夠保持健康，包括軟體的人力系統與硬體的結構設備。特別是指生產設備的維護，通常被人們看做是有效運行所必須的苦差事。由於系統操作需要特定人員來執行，因此，系統管理人員的心理建設也是重要的。我們將討論以下四個議題：

1. 組織的維護系統
2. 組織維護的方式
3. 組織系統調度維護
4. 組織系統全面維護

一、組織的維護系統

　　組織的維護系統是維護組織操作系統的優先工作，它容易被誤導或被疏忽。關於維護最困難的操作問題是：

　　(1)在設備出故障之前，採取預防性維護政策呢？
　　(2)等到設備發生故障，採取糾正性維護政策？

1.認識維護系統

　　一個是可以中斷生產線進行維護，一個是出現故障時生產將被中斷。在任一情況下，維護和停止生產的比較成本通常是決定因素。成本經常以涉及的風險來衡量，風險即出現故障的可能性。維護政策是在權衡基礎上

制定的，預防性維護成本，涉及到零件檢測、調整和更換，也涉及到進行維護所損失的生產時間。糾正性維護成本不僅包括生產損失，還包括用更有效的預防性維護可能可以避免的修理或更換。

考慮折衷成本的目的是為了及時決定維護及維護成本，把維護操作的總投資降至最低。要訂出最佳時間和成本水準並非易事，這需要每一台設備發生故障停機時間和修理成本的歷史資料，而且對將來發生故障的可能性必須予以計算。此外，還要根據每台設備的重要性排出優先次序，進而建立維護的優先次序。即使有這些資訊，維護政策仍難以制定。組織維護政策，基本上有下列三種：

(1) 預防性維護政策。
(2) 補救性維護政策。
(3) 有條件維護政策。

預防性維護是指在設備發生故障之前實施維護工作，可能是重大維護，如徹底大修或更換，也可能是小型維護，如簡單修理。補救性（糾正性）維護是指一台設備發生故障時進行的維護。根據設備的需要和重要性，維護工作可以在設備出故障後立即維護，或者根據計畫的間隔依次進行維護。如果有備用設備，不急需修理，則維護人員按規定的輪流計畫執行。有條件維護是另一種可能的維護政策，這種政策需要對設備的狀態進行檢測和評估以決定設備是否應該修理，這意味著一台設備連續運轉一定時間之後，在規定的時間停止工作，進行更換、修理或大修。

2. 選擇維護系統

要決定採取哪種維護政策，要先知道預防性維護的成本、故障修理成本以及一次大修或修理之後發生故障的可能性。為此，維護系統需要確實的歷史資料庫，以便可靠地預測維護需求。對機器歷史、零件庫存、運轉統計和工作概算的需要，已經由電腦支援維護系統的發展。該系統能夠管

理各種維護所需資料的儲存與整理。

　　如果維護的目的是減少設備發生故障，則選擇維護政策時，還必須要考慮預防性維護、操作員培訓、設備的利用不足、簡單化、過早更換以及維護系統和部分設計的可靠性。傾向於減小故障的嚴重性的維護政策是，加快修理服務，使維護工作簡單易行，以及提供備用的設備。

　　當公司選定了一種維護政策，則選擇支持維護政策的計畫系統和維護管理系統就成為關鍵。維護活動被定義並劃分為例行維護、預防性維護、大修及專案工作。顯然，這些活動中的每一類都比緊急維護工作或處理故障的工作要易於管理。具備有效的例行維護和預防性維護，會減輕緊急維護工作和處理故障的壓力，因為機器本身運轉更有效率，也大幅減少了生產順暢的難度。但在實際運作中，幾乎總會有應急或處理故障的維護需求，因此，選擇的系統必須要有靈活性足以應付處理。

3. 系統補充說明

　　以下提供組織維護系統的五項補充說明：

(1) 預防性維護是對設備的系統性檢測，包括定期或工作一定時間後進行，例如加油、潤滑和更換零件。飛機維護主要是預防性的，根據飛行時間或飛行距離進行維護。大多數製造行業在其年度預算中要考慮一些預防性維護。

(2) 例行維護是可以劃分為下列任務的維護活動：被認為是正常操作的一部分、或與例行啟動或關閉以及轉換有關的工作。許多例行維護任務本質上也是預防性的。在很多情況下，例行維護不需要專業的專業技能，可由培訓的機器操作員完成。

(3) 故障或緊急維護是由於設備失靈、發生故障或停機而產生的。這是一種會影響商品或服務的生產、安全、品質的維護問題，需要立即處理。

(4) 大修被認為是一種主要維護活動。它要求對設備進行拆卸、檢

查、整理或修整，並重新組裝。大修通常是以針對機器或零件磨損制定的定期時間表爲基礎的，或是爲了清理或轉換爲不同產品所進行的規定「拆卸」活動。

(5)專案維護是把設備修改爲專用設備，包括新設備或修改的設備的安裝和測試，新產品或工具的安裝和測試。

二、組織維護的方式

維護活動的管理對設備或工作過程的有效運行是非常重要的。維護活動的控制系統因活動本身而異，但大多數包括測量維護勞動生產效率的方式、工作小時數、材料和零件的成本以及不在計畫中的服務。例行的和預防性維護的部分工作以及初步檢查故障活動，都是由培訓的普通修理工完成的。專業修理、大修和專案維護過程中每一步都需要維護專長或技能熟練的人員。要求專業技能的修理任務經常是由培訓的（通常由獨立部門認定）合格的技術人員來完成，如電器修理、管道裝配或其他工藝、危險材料的裝卸或規定的調整或微調。

支援一個有效的維護系統需要大量資訊，因爲機器的生命週期、零件和運轉統計是決定維護生產率的重要因素。這些資訊不僅必須要準確，而且必須及時。由於存在資料要求，所以大多數維護系統是電腦輔助的。維護活動一直難以控制，部分是由大多數維護的非程式化所造成的。對維護的藝術和科學，已有許多爭論，一些人斷言維護需要策略和技術訣竅。對維護中的運轉的測量是困難的：維護任務中涉及很多判斷，而且由於維護的不重複性許多是不能精確計畫或安排的。但是，一次控制的維護操作比沒有控制的操作，在成本上更有效，這一點是已經被驗證的。

有效的維護操作通常是例外，而不是規律。效率低下的維護操作，其特徵是：過多的機器故障、頻繁的緊急維護工作、缺乏設備更新政策或計畫、預防性維護的不充分、維護人員培訓不足、廠房設施不良以及過多零件更新和修理。

「工作單系統」經常被用作估計要完成的維護工作的工作量，及安排維護工進行維護工作的一種方式。使用哪種維護管理系統取決於維護政策。維護系統由以下要九個要件組成：

1. 機器停機時間記錄

這是一份對由於機器發生故障而造成的每次停機事故的時間記錄，包括停機時間、開機時間和停機的原因以及採取的糾正措施，這份記錄構成機器歷史的一部分，用以預測未來發生故障的可能性和發現未來趨勢。這些預測還要以時間或產品生產類型，或與操作員技能或經驗有關的特定的重複出現的故障爲基礎。這份資料通常由機器現場或生產部保存，與服務或維護人員保存的服務記錄互爲參考。

2. 服務記錄

這是一份每次設備做預防性或例行服務的記錄，它列出了所有啓動例行工作，更換服務或大修，還有設備故障所要求的服務。這份記錄通常保存在服務或維護區。

3. 維護工作單

這是向維護成員安排、分配工作的檔案。它描述了要做的工作、估計所需的小時數以及所需的零件和工具，並標明工作的優先次序。工作單完成後要返回維護管理系統，寫明工作實際花費的時間、使用的零件以及工作情況。任何意見或遇到的難題也要記錄在工作單上，因爲這些資料構成機器歷史的一部分。

4. 維護待辦事項

收到的工作單上載明要優先完成的任務，沒有註明優先完成的任務是計畫完成的，使用「待辦事項」這個概念，這是能夠進行的工作；零件、材料和工具可以立即供使用。維護待辦事項的管理對控制維護成員的生產

努力是重要的，可用來減少空閒或非生產性時間。

5. 維護總計畫

維護總計畫確定了維護區域內所有的工作量，包括計畫的預防性工作、預計工時和已知的例行工作以及大修和專案工作方面的訊息。它還包括提供緊急維護工作。緊急維護工作一般是按計劃工作的百分比計算。當沒有緊急維護工作時，例行的或專案的工作則向前進行，直到完成。

6. 預防性維護計畫

當要進行預防性維護時，為避免與生產需求發生衝突，對預防性維護要進行計畫和協調。規定的例行維護經常是在工作之外或週末進行，或者在較慢的生產階段成為生產計劃的一部分。對於連續運作，如石油提煉或化學處理，在預防性維護過程中，有時要依靠後備系統以保證生產的連續性，但最常見的是在計畫的停工期間進行預防性維護。飛機和其他運輸服務業在預防性例行維護期間，將工具停止運轉，用其他設備來代替。

7. 專案計畫表

當需要維護專案工作時，使用方案評估和審核技術圖、關鍵路徑法或管理甘特圖，做一份項目管理計畫表。在這種情況下，該專案被分解成有效管理的組成部分，然後予以分派和監督，以完成維護工作。項目計畫表也可用於大修維護工作。

8. 排查故障記錄

例行故障檢修經常是基本維護系統的一部分，用來確定必須要完成的維護工作的本質，使用排除故障記錄要求，在維護人員被派到現場之前，應遵循常規程序，確定「問題」的範圍，或找出故障的根本原因。有效的故障記錄會篩檢出許多不需要特殊技能的修理工完成的日常故障修理工作。

9. 維護管理報告

這是一定時期內所完成的維護活動的總結，通常每日一報告，每週一總結，記錄工作情況，零件使用和工作待辦事項。報告說明勞動工時，按維護類型——預防性維護、例行維護、專案維護和應急維護，是如何分配的。當把實際工作與活動計畫的維護總計畫相對照時，維護經理能夠看出未來的趨勢，這在將來做計畫時是很有用的。來自維護系統控制的回饋用於更新維護資料庫中的資訊。

三、組織系統調度維護

組織系統調度維護是一種重要的預防性工作。操作人員，包括管理人員，除了技術熟練之外，由於需要處理例行性工作以及偶發性的緊急狀況，更要考慮其心理狀況，包括耐力與應變能力。

1. 計畫表與清單

預防性維護是採用「鐵路計畫表」（Rail Planner）和檢查清單（Checklist），是技術例行安排的。鐵路計畫表是要在一定時間內完成的活動的有序計畫，和典型的列車時刻表顯示每列火車到達目的站的時間一樣，「鐵路計畫表」依次列出了每一活動步驟以及要完成的時間。檢查清單經常作為完成例行任務的指南，尤其在一天中，不同的人，在不同的時間完成維護任務是按要求的順序完成的，而且具有一定連續性，每項任務完成後，應予以檢驗，通常由完成任務的人草簽。清單經常在啟動例行維護或切換過程中使用，保證在操作過程中沒有遺漏任何步驟。

由於清單通常表示過程相當短的任務。因此，任務是以時段安排的，而不是一分鐘一分鐘地安排。詳細的維護調度是透過分批分派進行控制。一段維護工作可能分派給某一類技工或分派給一個工作班組來完成。然後透過工作單系統進行監督。工作單系統對完成工作有定期監督。根據維護工作的本質，對維護工作採用備忘錄式監督，但定期審核採用計畫形式，

根據估計的完工時間來檢查。對計畫要四小時完成的任務，在估計的中途點，要進行例行檢查。如果此時還沒有完成50%，那麼如果沒有進行補救，就幾乎不可能按時完成。一個有效的維護經理需要培養一種管理溝通風格，鼓勵維護人員討論他們所取得的進展，適時決定是否需要額外支援。

2. 系統調度

系統調度一系列事件在順序上具有依賴性，時間又是完成這些事件的最關鍵因素時，應該採用關鍵路徑法。這種方法決定哪一種活動順序將使完成工作的時間最短，也會顯示出完成過程步驟，哪些位置可能需要額外資源和支援。

四、組織系統全面維護

組織系統全面維護在操作上以「全面生產維護」（Total Productive Maintenance，TPM）為主軸，它是一種旨在利用包含整個設備生命週期的全面預防維護系統，使設備發揮最大效率的維護政策。

這個概念起源於日本，是執行製造業中使用的全面提高工藝的一部分。全面生產維護和全面品質管制（TQC）一樣，涉及到設備和設施維護的各級人員，目的是透過小組和自願活動激勵人們進行設備維護。人們參與維護系統的設計、培訓和教育、基礎整理、問題的解決以及工作過程中包含的所有活動，減少故障或設備失靈的發生。

1. 培訓TPM

培訓是TPM的一個重要部分。培訓要以機器如何工作以及如何在工作場所進行維護為基礎。TPM的觀念是，要有效利用組織中的所有資源，不能僅透過人力資源或更好的系統，而且還要提高設備效率。當設備停機時間短、故障少、穩定地以最高生產能力進行時，就提高了設備生產率，這種方法對於減少零件開支、降低更新成本以及減少對維護政策的支

援系統的需求是十分明顯的。

　　當企業組織導入TPM是組織開始使其生產能力最大化、提高每個人員技能、提高整體技術水準並提高人員對工作過程的個人專有的一種方式。取決於透過培訓，透過鼓勵參與的管理態度、對人員、個人技能的開發。導入TPM一般需要做下列五項工作：

(1) 開發一個維護系統。鼓勵每個人參與自願性預防維護活動，消除效率低和損失生產力的主要原因。

(2) 提高維護區和整個生產中的人員解決問題的能力，特別是危機處理的應變能力。

(3) 採取預防政策。作為組織文化的一部分，並公開獎勵和認可系統與組織文化相符。

(4) 給人員提供必要的培訓和教育，使他們能夠在發展「零故障」哲學中完成任務。

(5) 把TPM概念擴展到引起故障的區域，簡化工作流程、努力使工作模組化或使多用途設備易於替代或易於修理。

　　從管理心理學的觀點看，操作一個TPM系統應鼓勵人員積極主動地愛護所操作的設備，當然包括簡單的整理工作。如果每個人都參加清理設備的活動，那麼沒有人會認為清理工作有失身分。乾淨的設備在出現滴漏、裂紋、堵塞、甚至潤滑孔在使用中可能出現堵塞時，易於發現問題。為保證清理和加油等例行工作的一致性，應制訂工作標準。標準需要建立，需要為整個預防性例行維護制訂清單，然後需要對操作員就清單的使用和設備機械進行培訓。培訓需要針對兩個關鍵問題：

(1) 哪裡最常出現故障？
(2) 原因又是什麼？

　　管理人員對這一項工作幾乎都希望做得更成功：如果一個操作人員知

道故障的原因，故障繼續發生的可能性就會減少。應該開發一種使各種事情井然有序的方法，成為標準的一部分。零件、工具、消耗品等應有固定存放地點。如果人員知道到何處去拿取他們需要的東西，或能立即拿到，就少做一些無效率的事，少一些尋找工具和零件的挫折。

2. 政策與執行

維護政策的形成和執行是全面生產維護的關鍵。維護政策必須鼓勵、支持人員的態度和技能，鼓勵並支持人員參與預防性維護工作。各種系統都必須支援維護政策，自願行為必須成為習慣。

舉例來說，日本某個工業公司Ayase工廠建立TPM時，目的是使工廠即使低於80%的能力水準上仍能獲利。為完成這一目標，他們使用了TPM。日本工廠維護研究所透過七個步驟對導入TPM提供幫助，人員在每一個階段都要參與。總共有七個步驟如下：

(1)整理：讓每個人參與清理工作。

(2)確定問題原因，標出難以清理的位置，採取必要對策。

(3)確定清理和加油潤滑的標準。

(4)審核整個系統。

(5)為自願檢查程式建立標準。

(6)保證每件事都井然有序。

(7)確定執行政策。

該工廠發現整理是最難的一步，主要是因為人們認為這種工作太低賤，相對來說又不重要，所以需要心理建設。讓操作人員，首先認識整理活動的目的是創造一個比較乾淨的工作場所，形成更加迅速地找出故障點的能力。除此之外，清理和打掃本身是形成貫徹整個過程所需紀律的一種方式。在第二步中，人員能夠看見故障點，並確定哪些位置要維護時予以注意，哪些故障他們能自己處理。以前的慣例是每件事都讓維護人員處

理。經過適當培訓，人員對機器如何工作有了了解之後，人員就能夠做簡易的判斷，也願意自己做些簡單修理工作。

在執行過程中，操作人員共檢查了240個螺絲母和螺絲栓，他發明了一種保證螺絲母和螺絲栓鬆緊適當的方法：在螺絲母和螺絲栓上畫上一道白漆表示鬆緊恰當。每天進行簡單的檢查就會找出任何不對齊的點。三年中，共同找出的故障點，並加以調整修理，於是增加了130件防止設備發生故障的裝置，機械故障從每月1000次降至200次，每月漏油從16公升降至3公升。維護人員能把他們的時間用於更具生產性的維護工作，用在比較複雜的設備維護上，而機器操作員透過自己做些簡單修理也受到鼓勵，提升工作人員的成就感，公司並給於獎勵，提高榮譽感。

Ayase工廠的例子是TPM的應用，導致各種改進的典型。從中獲得的好處有：勞動生產率提高、較少的設備故障、工具更新減少、設備正常運行時間的增加，提高了利用率、減少了更新和零件成本。間接的利益包括心理上人員激勵的提高、人員彈性的增加、人員能力的擴大以及人員在解決問題過程中更多地參與，並獲得成就感與榮譽感。

總之，設計維護系統是為了支援組織的生產性工作。維護政策是由組織中需要的維護工作的類型、範圍以及使用的控制形式決定的。有效的維護需要大量資訊，但關鍵在於完成例行維護工作所運用的紀律。全面生產維護是實現例行維護的一種方法，這種方法把工作負荷安排在能有效實施的最恰當的地點，用培訓提供完成維護工作必須的技能，維護系統的開發最初需要很大的努力。維護系統一旦建立之後，就取決於和它一起制定的紀律了。形成良好的正確的維護習慣是有效維護的關鍵。維護管理最好以形成這些習慣為目標。

思 考 問 題

1. 關於維護最困難的操作問題是什麼？
2. 組織維護政策，基本上有哪三種？
3. 維護系統以哪九個要件組成？
4. 「鐵路計畫表」（Rail Planner）特色是什麼？
5. 何謂「全面生產維護」（Total Productive Maintenance，TPM）？

Chapter 11

組織工程與管理心理

01 　　　組織工程心理的基礎

02 　　　組織工程心理的運作

03 　　　組織工程改革與再造

根據『組織工程與管理心理』的主題，本章提供下列三個相關主題：第一節「組織工程心理的基礎」，第二節「組織工程心理的運作」，以及第三節「組織工程改革與再造」。

第一節討論「組織工程心理的基礎」，主要的議題包括以下三個項目：一、組織工程的心理背景，二、組織工程心理的研究，以及三、掌握工程時間與活動。

第二節討論「組織工程心理的運作」，主要的議題包括以下三個項目：一、人機系統的整合，二、工程功能的分配，以及三、工作環境的設計。

第三節討論「組織工程改革與再造」，主要的議題包括以下三個項目：一、組織工程再造的意義，二、組織再造工程的檢討，以及三、讓再造工程與眾不同。

01

組織工程心理的基礎

現代企業組織一定會面對嚴酷的考驗，從宏觀的角度與經驗來思考組織工程問題成為必修的課題。假使能夠突破心理障礙的轉折點，就可以闖出另一番意想不到的事業。我們將進入第十一章『組織工程與管理心理』的討論。首先，第一節「組織工程心理的基礎」，隨後是第二節「組織工程心理的運作」以及第三節「組織工程改革與再造」。「組織工程心理的基礎」要探討以下三個項目：

1. 組織工程的心理背景
2. 組織工程心理的研究
3. 掌握工程時間與活動

一、組織工程的心理背景

在前面的章節裡，我們已經從各方面討論了管理與組織心理學家對達成提高員工生產效率、產量和工作滿意度等等組織目標所做出的貢獻。我們也已經看到具有最有能力的員工是如何被招聘、選拔、培訓、管理和有效激勵的。同時我們也說明了一些技術應用可以使工作生活和工作環境的品質更好。

1. 問題所在

但是，有一個因素很容易被忽略但卻很重要，就是：對員工使用的機器設備和工作場所的設計。換言之，工具、設備和工作環境一定要和使用

人協調與相容。就像一個人要熟悉正確操作機器才能發揮功能完成任務，人與機器分離就無法做好任何事。

2. 面對問題

回顧第八章第三節「掌握團隊的實力」我們討論過惠普（HP）公司設有14名環境工程師及現場服務人員置身於3000辦公隔間之中，爲面積達110萬平方英尺的研發部服務。他們每天工作在塞滿移動傢俱的開放式空間。他們的工作處所其實是一個強調團隊協作並儘量減少個人空間的自由空間。一條大道穿越整個辦公區。其他部門的電腦及工程人員可以在這裡碰面討論業務，隨興地探討實施新專案的想法和方案。這是個辦公環境研發項目，我們在爲各種團隊創造更多的開放空間，使人們能隨時互動交流，促進工作更有效率。

管理心聲
英特爾的故事

　　英特爾（Intel）是個人電腦中央處理器（CPU）的領導者，但在個人電腦還未流行的幾年前，這家公司卻還在生死邊緣掙扎，一直到一句話救了他們。在《只有偏執狂才能生存》（*Only the Paranoid survive*）中，總裁安迪·葛洛夫（Andrew S. Grove）以畢生經驗，提出他對企業組織改造的心得。

　　英特爾握有世界最大的市場、最高的營業額。然而，真正了不起的，其實是每次產業變動的時刻，英特爾都能夠及時組織改造與創新思考，躍過企業成長乏力的困乏期，轉登另一個事業的巔峰。這個改變的轉折點，葛洛夫稱為「策略轉折點」（Strategic turning point），在那當下，組織產業結構、競爭方式、市場佔有，都將歸零重整，只要能夠突破心理障礙的點，就可以闖出新的境界。

二、組織工程心理的研究

組織工程心理學研究的關鍵在於操作者與工具（機器）的匹配，因此，工程心理學也被稱作人因學或者人類工程學，英國心理學家使用「工效學」（Ergonomics），這個詞是來自希臘語「ergon」和「nomics」，前者的意思是工作，而後者的意思是自然規律。與工程技師合作，工程心理學家用心理學知識來闡釋關於工作的自然規律。因此，工程心理學是一門為人類設計機器設備的科學，也是一門設計規劃有效操作機器的人類行為的科學。

1. 主要任務

工程心理學的主要任務是：為人類設計使用的工具和器械，以及確定對機器進行高效率操作所需的適當動作。這個領域也被稱為人因學（Human factors）、人類工程學或工效學。直到1940年代，設計機器、設備和工業廠房都完全是工程技師的職責。他們以機械學、電學、空間和空間或體積大小的考慮為基礎作出設計決策，而很少把注意力放在操作機器的人員身上。機器是按照設計的固定的運轉操作，不能自行變化來適應人員的需要，只能讓員工去適應機器。不論設備是多麼的不舒適、易使人疲勞或不安全，操作者是人與機器系統中唯一的可變部分：都得調整自己，努力適應情境，使自己能夠適合機器的要求。

2. 心理學觀點

從管理心理學的觀點看，透過時間與活動分析，操作者參與對工作進行分析，來確定這些工作如何被簡化。當然，忽視操作者需要的機器設計方法是不能再被採用。機器開始變得過於複雜，需要操作人員有較高的速度、技術和專注力，這些要求可能會超出人們管理和控制機器的能力。第二次世界大戰中武器的發展要求軍人要具備更高的能力，不僅要肌肉有力量，還有具備感知、理解、判斷和決策等方面能力。

例如，一位尖端戰鬥機的駕駛員必須用極少的時間對危險情境做出反應，確定行動的過程，並最終採取適當的反應。雷達和聲納的操作者也需要有很高的技術水準。總而言之，這些戰爭設備有良好的性能，但是發生錯誤也是很頻繁。曾經發明很精確的炸彈瞄準器並沒有帶來準確的轟炸，盟軍的軍艦和飛機被誤認並擊毀，或是鯨魚被當作潛水艇。雖然機器看上去是運行良好的，但是很明顯人機系統就不夠好了。

3. 滿足需要

加速工程心理學的發展成了戰爭時期的需要，這就像在第一次世界大戰中，軍隊人員識別選拔的需要，促進了大規模心理測驗的發展一樣。管理者體認要想使整個系統運轉得更加有效，就必須在設計機器時，將人類的能力和侷限性考慮在內。心理學家、生理學家和內科醫生很快就與工程技師一起設計飛機座艙、潛水艇、坦克員駕駛室和軍隊的制服。有一個例子是關於幫助美國飛行員逃生。不同類型的飛機座艙沒有一致的標準顯示和控制系統，過去駕駛某種飛機的飛行員突然被安排去駕駛另一種飛機，他將面對一套不同的顯示和控制系統。新飛機上收起輪子的控制裝置的位置，可能正好與原來飛機上放下輪子的控制裝置的位置相同。試想一下你開一輛剎車和油門位置倒置的汽車。遇到緊急情況，你可能踩住了「剎車」，但其實你踩的卻是油門。

飛機的控制操作也都不相同，在座艙內，有的控制裝置向上撥表示開啟，而有的變成向下撥表示開啟，大量不同的控制裝置都採用同樣的按鈕，並很緊密排列在一起。以至於一個注意力不夠的飛行員很難只透過觸摸來對分辨不同功能的開關或旋鈕。設計人員意識到這些問題以後，就改進了缺點，但是仍有許多的飛行員喪命，因為飛機上機艙的指示器設計太糟糕了，而它的功能是指示和控制飛機的動力。

4. 指示工具

指示器的不良設計也導致了其他事故。1979年，一場災難性的事故發

生在美國賓夕凡尼亞州（Pennsylvania）三哩島核電廠（Three-Miles Island Nuclear Generating Station）。事故發生在夜班時間，那時值班工人較為鬆懈，但事故的部分原因是由於設計沒有納入工作人員需要的關注。在核電廠的控制室裡，設備儀錶和控制操作裝置離得特別遠。當操作者從一個儀錶的顯示中發現危險信號時，他必須跑到屋子的另一端操作控制裝置來排除障礙，而這樣就失去排除障礙的寶貴時間。為了防止類似的事故再次發生，核能管理委員會命令改善核電廠的控制室，一定要考慮到操作者的能力與舒適方便。

飛機事故的原因中有66%是駕駛員的責任，為了消弭由於人為原因造成的飛機事故，美國國家交通安全委員會（National Transportation Safety Board）聘用工程心理學家。他們的工作是調查機組人員的疲勞情況、換班時間表、健康問題、壓力和設備的設計，這些都是可能引發事故的因素。許多人類工程學的研究都是要使得載人交通工具更加安全。研究包括汽車和機車的前燈亮度、剎車燈的位置、顏色、和亮度等等，與儀錶控制和顯示板的佈置。1985年以來，美國的載人汽車就一定要在後窗安裝第三剎車燈。會這樣要求是人類工程學專家研究的結果，他們對8000輛汽車的研究發現，把剎車燈安裝在高處可以將汽車追撞事故減少50%。

工程心理學家一直在研究如何使交通指示標誌更易懂，在夜裡也更容易看到。他們研究酒精對司機行為的影響，還進行關於司機反應時的研究：司機如何知覺和理解風險情境，並做出反應。工程心理學家解決的另一個問題是車窗上的染色膜或遮光膜對能見度的影響，研究結果發現，如果後窗有覆膜，倒車時透過後窗發現行人或其他車輛的機會就明顯減少。在某些情況下，有覆膜的窗戶只能濾過一半的可見光。這個發現使許多州出於安全考慮而限制使用遮光薄膜。

工程心理學家的研究證明開車時使用行動電話會延長反應時間，尤其對年齡較大的司機更是如此。使用行動電話（Cell phone）對各年齡階段的司機來說，都容易導致事故發生。這些研究和一些相關的結果促使州政

府限制了行動電話的使用。一項對298名英國司機的研究發現，被認為攻擊性強的司機在超車時更可能發生駕駛錯誤，他們對於難以操作的控制裝置也會容易動怒，更具有對抗性。心理學家從研究中得出的結論，還包括汽車儀錶板及設備控制板的不良設計會提高交通事故發生率。

此外，工程心理學家也對許多其他產品進行設計，包括牙科和外科的器材、照相機、牙刷和汽車的座椅。他們也曾參與了郵差郵袋的重新設計，超過20%的郵差都有骨髓肌肉方面的疾病，例如背下部疼痛就是由於他們所背的郵袋是吊在肩膀上的關係，而附帶有腰帶的雙肩背郵袋已被證明能夠能減少肌肉疲勞。

工程心理學是一種交叉整合科學，因此研究者不同的專業背景就很正常了。人因學和工效學協會（Human Factors and Ergonomics Society）主要領域包括心理學家和工程師，但同時也包括醫學、社會學、人類學、電腦科學以及其他行為和物理科學方面的專家。多年來，工程心理學的發展仍然非常有活力，其研究也擴展到了多種組織類型，同時也為管理心理學的領域在組織管理的議題上提供了更豐富的內容。

三、掌握工程時間與活動

在組織工程與心理的前提下，我們討論了組織工程心理背景與組織工程心理的研究，接著要討論應用在組織工程管理實務上重要課題：掌握工程時間與活動（Time-and-motion study）。時間與活動研究是人們重新設計工具以及重新塑造操作人員工作方式的一項早期嘗試。這方面有三位先驅領導者，而這三位的研究中心思想都是如何使體力勞動的效率更高，這也是組織系統管理的一部分。

1. 泰勒的研究

第一個有系統地對工作任務績效進行研究的嘗試，開始於1898年，它是由弗瑞德瑞克‧泰勒（Frederick W. Taylor）主導進行的。泰勒是科學管

理學派的創始人，當時應英國一個大型鋼鐵製造商的要求，對「鏟」的動作規律進行了探究。他觀察發現工人們使用的鐵鏟有許多種形狀和大小，因此一個工人能鏟動的東西從1.5公斤到18公斤不等。透過對不同重量的實驗研究，泰勒確定了最有效率的鏟子，因為使用這型鏟子的工人的勞動效率最高：可以鏟起10公斤重物，高於或低於這個重量都會導致日總產量下降。泰勒還建議鏟不同的東西應該使用大小不同的鏟子，例如，重的鐵礦石應使用小鏟子，輕的煤灰則用大一點的鏟子。這些規則或許聽起來是細小瑣碎的，可是泰勒的研究一年就為該公司節省了78,000多美元，這在當時是一筆很大的數目。使用這種新鏟子，140個工人就能夠完成原來500個工人才能完的工作量。為了獎勵所提高的生產率，公司為工人們調漲60%的工資。泰勒的研究第一次證實了勞動工具與工人效率之間的關係。

2. 工具與效率

　　另外兩位先驅是工程師吉爾布雷恩（Fronk Gilbreth）和女心理學家麗吉爾布雷恩（Lillian Gilbreth）夫婦，他們大力推動對時間－活動研究。泰勒主要是專注工具的設計和計件工資激勵系統，而吉爾布雷恩夫婦更感興趣的是工作的成績，他們的目標是剔除所有不必要的動作。工程師吉爾布雷恩17歲時做過砌磚工的學徒，他工作的第一天就發現工人在砌磚過程中有許多不必要的動作，他就想要重新設計砌磚動作的順序與內容，以使其更快更簡單。一年內，他就成為了工作最快的砌磚工人。接著他說服了同伴也嘗試使用這種方式，使整個團隊都不容易疲勞就完成了更多的工作量。

　　吉爾布雷恩設計了一個可以升降的施工平臺，使工人可以在恰當的高度上完成工作。他分析砌磚過程中手及手臂運動的分析，將它們改進為最有效率的一組動作，達到一個小時可以砌350塊磚，而不再是以前的120塊。這種產量的增加不是透過讓工人更快地工作來達到的，而是減少了動作的數量，原來砌一塊磚需要18個動作，而現在只需要4.5個動作了。吉

爾布雷恩夫婦也使用時間與動作節省原理，來組織管理家務和個人生活。例如吉爾布雷恩先生扣汗衫扣子的時候是由下往上扣，因爲這樣能比從上往下扣少用4秒鐘的時間。

時間－活動工程師（有時也叫做效率專家）將吉爾布雷恩夫婦的技術應用於許多種工作，目標就是減少完成工作所需的動作。我們看到手術室中護士將手術工具遞給醫生手中的程序，就是時間－活動分析的結果。在以前，醫生都是自己拿手術用具，這樣增加了許多手術時間。下次看到聯合包裹服務公司（UPS）的卡車停下來進行遞送工作時，觀察一下那些司機的動作。每一個動作都是根據時間－活動分析進行，這樣可以確保最快的遞送。司機在他的左手臂夾著包裹，右腳先邁出汽車，行走的速度是每秒鐘0.9米，並用牙齒咬著卡車的鑰匙。所有不必要的和浪費的動作都被省略，這種程序可以使司機在不增加額外勞動和壓力的前提下，將工作做得更加快速而有效。時間－活動研究的最大意義在於對重複性、例行性工作的貢獻。在典型的動作分析中，工人的活動被錄影下來並進行分析，修改和剔除那些效率低的浪費動作（相同的技術被體育心理學家和教練應用到分析運動員的肢體動作上）。

從多年的研究中，心理學家總結發展出了高效率工作的準則。原則是爲了提高動作的簡易度、速度和準確度。其中包括以下幾點：

(1)要將工人取得工具、供給或操作機器所必須的空間距離最小化。

(2)兩隻手應該同時開始和完成動作，應該盡可能的對稱。右手取物時應伸向右邊，左手取物時應伸向左邊。

(3)除非在規定的休息時間，否則手不應該停下來。

(4)不應該用手做用身體其他部分，尤其是腿和腳可以完成的工作。我們可以經常採用腳踏的設計，這樣能使手減少許多動作。

(5)工作桌和工作椅應該有足夠的高度，使工作人員坐在高椅上或者站著的時候就能夠完成工作。位置的變化可以減少人員的疲勞。

你或許覺得這些簡化工作的原則會被人們熱情接受。畢竟，公司可以獲得更大的利益，員工也會更加輕鬆。雖然管理界總體上對時間－活動研究的成效是滿意的，但是工人和工會一向持懷疑甚至敵視的態度。他們聲稱進行時間－活動分析的唯一目的是迫使勞動者工作得更快些，這樣會導致收入降低和失業，因爲維持同樣的生產水準所需的工人數減少了。這些擔心確實也是有根據的。還有一些工人抱怨工作的簡單化造成工作乏味，缺乏挑戰性和責任，使得工作動機降低，從生產效率的降低可以看出。時間－活動分析適合於那些例行性的工作任務，例如生產線工作。當操作、設備和功能更加複雜的時候，人與機器之間的總體關係就必須被考慮進去，我們需要一種更加精密的人機互動方法。

思考問題

1. 英特爾（Intel）總裁安迪‧葛洛夫所說的「策略轉折點」（Strategic turning point）意義是什麼？
2. 人類工程學的主要任務是什麼？
3. 美國三哩島核電廠事故發生與人類工程學的關聯是什麼？
4. 心理學家總結發展出了高效率工作的準則。原則是為了提高動作的哪些方面？

02

組織工程心理的運作

一個企業的成功是漫長的艱難路程，但要弄垮它卻不需要太多的時間。以老大自居的AC吉爾特（Geert）公司，在市場變化的衝擊下，沒有調整所生產的玩具種類，就算調整了也跟不上流行的潮流，最終被市場淘汰了。吉爾特公司截至破產時，它已有58年生產玩具的歷史，多年來，它的名字在美國名聞遐邇，同時也成為高品質的象徵。該企業被市場淘汰，有許多因素，然而以管理心理學的觀點看，我們可以看出一些關鍵問題：市場環境認知，資源分配以及組織系統。就以這個問題背景，我們將在本節擴大討論組織工程心理的運作。內容包括下列三個項目：

1. 人機系統的整合
2. 工程功能的分配
3. 工作環境的設計

一、人機系統的整合

在組織工程管理的領域裡，人機系統（Person-machine system）是一項重要的議題。就是如何讓人與機器共同工作來完成企業組織的任務。一個人推著割草機是一個人機系統，一個人開車或使用電腦則是更複雜的人機系統。從管理心理學的觀點思考人機系統：一個人和機械共同運作完成任務。

1. 系統操作研究

組織工程的專家們曾經對超音速飛機和負責操作的駕駛員，對其進行更爲精密的人機系統操作研究。特別是飛機導航控制網路包括大量獨立的人機系統，其中每一個都是整體組合的一部分。如果某一部分故障了：不論是人還是機器——它都會對整個系統的其他部分造成影響。在所有的人機系統中，人類操作者透過儀表顯示獲取機器狀況的資訊。基於這些資訊，操作者使用控制裝置來操作設備。

開車的過程中，你接收到時速表的資訊而確定自己開得太快了，這時透過放鬆油門的控制行動，就可以使油料減少進入引擎，進而車速降低至適當後，踩在油門的腳就停止放鬆油門。以上的動作，已經有許多車子具備定速行駛功能，讓駕駛在高速公路的人，不需要時時注意時速表的指針或數字，而只要注意路況就可以，隨時準備變換車道或煞車減速等等。

2. 提供處理資訊

人機系統的重要功能是提供完整操作資訊。我們再以汽車爲例：每一輛汽車裝置有速度與引擎轉速兩種儀表。車速增加與下降由時速表顯示，司機也從外界環境中獲得資訊，例如通知限速改變的標誌牌或者擋在車道上開得較慢的汽車。你對這些資訊進行分析整理並給汽車下達改變速度的指令（調整油門大小、煞車、打方向燈、變換車道等）。機器狀態變化的證明：新的速度被顯示在時速表上。即使對於最複雜的人機系統，原理也是相同的。這一完整的系統就是工程心理學家工作的基礎。

人機系統隨著人類操作者介入的積極和持續程度而變化。如果是駕駛飛機或是機場導航作業，大部分時間都需要操作者介入。即使飛機是自動駕駛的，機組人員也要準備隨時處理緊急事件。在其他一些人機系統中，人的操作就沒有那麼頻繁了。許多大量物資生產過程，例如石油提煉是高度自動化的。一些產品和零件也可以完全由工業機器人組裝。雖然這些自動化的設備可以自行運作，但它們不能設計、製造和維修自己，也不能爲

自己更換零件。即使人類並不直接連續地操作機器設備，也仍然是這種自動化製造系統中的重要組成部分。

自動化使工程管理心理學家的任務更加複雜。負責監控自動化設備的工人發現操作自動化機器，比實際去操作機器的工作更容易使人疲勞和厭倦。工程心理學家必須要設計能夠使觀察者保持警惕敏感的監控設備，這樣監控人員才能夠發現錯誤和故障，並做出快速、適當的反應。不管工人在與機器的相互作用中介入程度有多高，人機系統的界定和要求是相同的，而目前還沒有人發明出一種能夠設計、製造和維修其他機器的機器。

二、工程功能的分配

設計人機系統的最初步驟是要確定操作者和機器之間的工作分配。為此，整個系統運行的每一個步驟和過程都必須被仔細分析，以便確定系統的特徵：速度、準確性、動作的頻率和產生的心理壓力。這些資訊被收集評估後，工程心理學家就可以將系統的需要與人和機器的能力相匹配。系統的每個組成部分：人和機器，都有各自的優點和侷限。

1. 機器的功能

心理學家、生理學家和外科醫生的研究都提供了大量關於人類優缺點的資訊，揭示出人類在哪些功能上優於機器，在哪些功能上又比機器居於劣勢。機器在完成以下六項功能優於人類：

(1)機器能夠察覺超過人類感覺能力的刺激，例如雷達波長和紫外線。

(2)機器能夠可靠地長時間執行監視，只要相關因素被預先輸入機器程式。

(3)機器可以進行大量快速、準確的運算。

(4)機器可以高度準確地儲存和提取大量資訊。

(5)機器可以持續而迅速地施加高強度的物理作用力。

(6)只要提供適當維護，機器可以執行重複性動作而不會有績效衰減的現象。

當然，機器並非完美，它們有許多缺點和侷限，包括下列三項重要的問題：

(1)機器不具有靈活性。即使是最複雜精密的電腦也只能做程式設計好的事情，當系統要求有適應環境變化的能力時，機器就無法自行改進了。

(2)機器不能向錯誤學習，不能基於以前的經驗來修正自己的行為。任何操作中的改變都必須在人機系統中建立，或由人類操作者來啟動。

(3)除了設定好的動作，機器不能自行作為。它們不能推行和檢驗未經設定的替代方案。

像一些未來學家說的那樣，要設計一個沒有人類成分的系統，在目前還是非常困難的。人可以執行許多機器不能做的重要功能，在某些情況下，至少機器能做的事情人也可以執行，而且會更加便宜。只要機器仍是缺乏靈活性和反應性，人類就仍然是系統操作中必須的成分。一些工程師相信他們應該把人機系統中每一個可能的功能都自動化，使操作者降到次要的位置。但是，完全自動的系統是會失敗的，有時還會帶來災難性的後果。

2.人工的操作

就拿現代大規模運輸系統來說。捷運列車上，司機是不負責列車速度的，也不負責讓列車在到達月臺時停住。這些行為都是由電腦控制。在二項對佛羅里達州邁阿密鐵路系統的研究中，火車有10%的情況下沒有停靠在月臺，迫使司機一定要按下緊急按鈕來快速停車。如果沒有司機干預，火車將自動駛入下一站，並讓乘客無法正確上下車。在這個系統中，司機

的作用已經被降低到比監視器的作用更小了，只是在機器出現故障時，才進行一些操作。他們覺得只有這麼少的事情做，讓他們很難保持警惕。這種工作是無聊的，缺乏挑戰性和責任的，也幾乎不需要司機使用專業技術。當操作者變得越來越依賴電腦控制設備的時候，他們在遇到緊急情況時，就會更加缺乏做出關鍵判斷的能力。不管受過多麼完善的訓練，如果他們的技術派不上用場，這些技術就會退化。

同樣的問題在客機中也被發現。因為歐洲製造的「空中巴士」（Air Bus）與美國製造的波音777（Boeing 777）背後的設計哲學是不同的，「空中巴士」幾乎全部是由電腦控制的，這限制了飛行員的行為。比較起來，「空中巴士」的駕駛員是不能凌駕於電腦進行控制的。在波音飛機上，飛行員能夠在任何時間取代電腦自己操作。然而，今天所有的大型客機都擁有高效能的飛行電腦系統、導航設備和自動飛行駕駛裝置，因此，飛機駕駛員的大多數時間都花在監視資訊顯示幕上，而不是花在主動駕駛和控制飛機上。結果，飛行員變得非常容易疲勞和容易分心。美國聯邦航空管理局（FAA）官方已經表示要注意飛行員飛行技術因為過多依賴電腦而退化的現象。

三、工作環境的設計

工作環境的設計是組織管理心理學家所關心的另一項議題。不良的工作場所設計帶來了許多的壞處。以美國軍隊的M－1坦克為例。坦克的內部是士兵們的工作場所，它的設計能夠影響坦克車炮手的作戰效率。

1. 工程心理學

這種坦克沒有依據工程心理學的研究進行設計，因此沒有考慮到操作人員的需要和能力。對這種坦克進行檢測的時候，參加檢測的29個測試員中有27人都感到嚴重的頸部和背部疼痛，甚至需要治療。而且，駕駛員也無法看到離坦克9碼遠的前方地面，這使坦克很難躲避路障，也很難跨越

壕溝。

當引擎和炮塔抽風機被啓動的時候，一半以上的坦克炮手、塡彈手和駕駛員都說他們不能足夠清楚地聽清楚對方的話，因爲機器的聲音實在是太大了。所有的操作人員都報告了他們工作環境中的視野問題。當駕駛員和坦克指揮官將艙門打開行駛的時候，他們發現坦克前面的擋板設計得太糟糕了，它們不能阻擋坦克開過時揚起的石塊、沙土和泥巴。很明顯地，M－1坦克的設計者沒有考慮到人的因素。

2. 有效設計

不論是爲電子零件裝配工設計座椅、爲報紙廣告撰稿人設計顯示器，還是爲司機設計駕駛室，這種操作者工作場所的有效設計包括以下已被時間－動作研究和工程心理學研究證實的原則：

首先，所有的材料，工具和工人所需的東西都應該按照其使用的順序擺放好，以便工人的動作軌跡是連續的。將每一個零件和工具都固定放在同一個地方，既可以節省時間，也可以減少因爲尋找而導致的煩惱。

其次，工具應該被安置好，以便於它們可以一拿起來就能被使用。例如，對於需要重複使用螺絲起子的工作，螺絲起子就應該被掛在線圈型彈簧上，懸掛在工作區域的上方。當需要工具的時候，工人就可以不用看，直接拿到它並把它拉下來使用。

第三，所有的零件和工具都應該放在一個舒適的，可拿到的距離內（合適的是71.12釐米），對工人來說，經常變換位置去拿取超出正常工作區域的東西很容易引起疲勞。

工人坐在裝有指示燈、指示器和開關的控制臺前。這種工作包括監視和控制複雜設備的運行，監控台的設計使操作者能看到並拿到完成工作必須的所有東西，而不需要離開椅子，也不需要採用非正常的姿勢。有時，改變工作場所設計來適應工人的特殊需求是很必要的。例如一個懷孕的女員工要是在高腳工作桌旁進行工作，那麼在懷孕的後期，大大的腹部會使

她站得離桌子更遠，或者變成側著的姿勢，這會使背部肌肉增加超乎尋常的壓力。

　　一項對法國875名懷孕的女性工人的調查，發現一半以上的人被要求站著完成工作。對荷蘭懷孕的手工裝配線上的女性工人所做的研究證明，當工作的桌子處於稍低的位置，懷孕後期的女性工人會覺得更舒適，工作也會更有效率。進行這項研究的心理學家建議所有工作臺表面的高度應該全部調整，不僅要適合懷孕的和超重的人，也要適合不同身高的作業員。

3. 使用與搭配

　　工作場所設計的另一個重要考慮是重複使用的手握工具的大小和形狀。應用工程心理學原理能夠使很基本的工具也得到改善，比如錘子，可以使它們更加簡單、安全，使用起來更加省力。手握工具應該設計為使用者的腕關節不用彎就可以使用，當手腕保持伸直，手就更不容易受傷。將標準的直柄錘子與手柄傾斜20度和40度的錘子進行對比的研究發現，做3分鐘的連續敲擊，有傾斜角度的錘子可以減少腕部受傷的機率，減少肌肉的疲勞，也讓使用者不舒適感的主觀判斷減少。

　　工程心理學原理在設計鉗子上的應用時，應避免鉗子手柄太硬，因手掌非常柔軟容易受傷。避免兩個手柄之間過於狹窄，因為手柄太短容易擠壓手。手握工具的適當設計可以影響生產效率、滿意度和身體健康。工作時彎著手腕持續地使用工具會導致神經損傷，例如，反復運動會導致腕管綜合症。腕管綜合症讓人十分痛苦和虛弱，這種疾病常發生在長時間彈鋼琴、編織和玩電腦或電視遊戲機的人群中也很普遍，有這類興趣愛好的人要慎重選擇。另外原子筆也被重新設計來減少可能導致腕管綜合症的發生。所謂的「Ergo鋼筆」有一個較厚的筆管，這可以讓使用者不必將手握得很緊。筆管上的凹槽很適合食指與中指握住，並且還有一個拇指皮墊用來防滑。

4. 人體測量學

工程心理學的一個分支叫做人體測量學（Human anthropometry）：它是關於人體生理結構測量的科學。完整的人體測量已經透過對大量從事各種不同活動的人口樣本的研究編制完成。具體的資料包括高度（站高和坐高）、肩寬、背高、胸腔深度、手腳長度、膝蓋角度等等。這些測量被應用在工作環境的設計上，例如，常規和最大的觸碰距離，工具和工作臺的高度及佈置，座位的大小和形狀。對於成千上萬要在桌前工作或要坐在凳子上工作的人來說，如果使用的座位設計不當，會引起背部和頸部疼痛，導致疲勞，也會影響生產效率。

研究結果，座位正變得更大更寬。除了飛機上的座位是個例外，體育場、電影院和地鐵的座位都變得更寬敞了。穿越華盛頓州普吉特海灣（Puget Sound）地區的渡船使用45.72cm寬的座椅承載250個人，但不得不安裝更寬的椅子，現在每艘船只能承載230個人了。

 思考問題

1. 何謂人機系統（Person-machine system）？
2. 機器在完成哪六項功能優於人類？
3. 機器的缺點和侷限，包括哪三項重要的問題？
4. 何謂時間－動作研究？
5. 人體測量學的關注重點是什麼？

03

組織工程改革與再造

　　「組織工程改革與再造」是『組織管理篇』的最後一項議題，同時，這也是組織管理相關問題的結論。前面討論過的議題包括：現代企業組織的基礎，建構企業的組織文化，發揮組織的系統功能，董事會有效管理，組織的績效管理，組織系統的維護，組織工程心理的基礎，以及組織工程心理的運作等八個項目。本節將討論以下三項議題：

1. 組織工程再造的意義
2. 組織再造工程的檢討
3. 讓再造工程與眾不同

一、組織工程再造的意義

　　企業組織的再造工程（Reengineering），或稱為業務流程再設計（Business process re-engineering，簡稱BPR）是現代企業組織賴以生存與發展的重要過程之一，同時豐富了管理思想的內涵。它於1990年代初期被首次提出。再造工程指出：透過圍繞流程與開發資訊技術的潛在威力，而不在於重新組織部門結構，企業可以大幅提高績效。這一概念在商業上的成功已經使得人們紛紛仿效。

　　再造工程被描述成：自品質運動以來最熱門的管理概念和1990年代最關鍵的管理學概念之一。它起源於麻省理工學院研究電腦科學的前教授邁克・漢默（Michael Martin Hammer，13 April 1948 – 3 Sept 2008）的一篇

文章，他認爲：如果工廠希望改善績效，能夠在日益激烈的全球競爭市場中生存的話，就需要停用現有工作流程，而不僅是用自動化來替代。這一概念立刻引起了人們的廣大興趣，並形成了一個新穎又蓬勃的諮詢市場。

1. 工程再造原則

漢默認爲，在以革新、速度、服務和品質爲主流的新世代，提高企業績效的傳統方式已不再有效，需要一個新的方法：再造工程。這是一種從實際的諮詢經驗中得出來的、而不是一種理論思索的結果，關於再造工程的討論，漢默提出七個原則：

(1)圍繞結果而不是任務進行組織。

(2)讓使用流程最終產品的人參與流程的進行。

(3)將資訊加工工作合併到眞正產生資訊的工作中去。

(4)對於地理上分散的資源，按照集中的方式來處理。

(5)將並行的活動聯繫起來而不是將任務集中。

(6)在工作被完成的地方進行決策，將控制融入流程中。

(7)在資訊源及時掌握資訊。

從以上幾點可以看出，再造工程的關鍵問題是圍繞流程而不是圍繞專家功能重新建構組織。漢默指出，這是對工業革命和勞動分工原理的反思，而現代組織正是建立在這一基礎之上的。

2. 資訊技術介入

新的企業革命的過程中，關鍵因素是資訊技術。再造工程原則的應用被認爲引起了以下十個項目的組織變革：

(1)工作單元的變化：從功能部門向流程團隊轉變。

(2)工作內容的變化：從簡單工作任務向綜合型任務轉變。

(3)人員地位的變化：從被控制向被授權轉變。

管理心理學

(4)工作準備的變化：從培訓向教育轉變。

(5)績效評價和報酬方式的變化：從行動過程向結果轉變。

(6)進步標準的變化：從績效向能力轉變。

(7)價值觀的變化：從保守型向進取型轉變。

(8)管理者的變化：從監督者向輔導員轉變。

(9)組織結構的變化：從梯型等級體系向扁平型體系轉變。

(10)高級管理人員的變化：從記分員向領導者轉變。

這項革命性的改造工程，它的關鍵特徵包括：團隊工作、雇員授權和柔性工作實踐。進行這樣的再思考和根本性的組織變革不是一件容易的工作。根據漢默的研究，可能會有不少的再造工程細項會失敗，但是再造工程可以達到的效果同樣給人們帶來吸引力。例如，漢默列舉了一些公司的個案，它們將生產週期從7天減至4個小時，將一個生產流程中的工人數減少了75%，並且將從設計到生產的時間減少了一半。漢默指出，要想實現這個改變，需要有具有遠見的最高管理階層的領導。管理人員必須有膽識以績效大幅度提升爲目的，以承擔後果爲前提，堅持到底，甚至要有狂熱的精神來進行再造工程的工作。

二、組織再造工程的檢討

儘管再造工程的概念在商業界和社會上獲得了成功，但不可否認，它也受到了許多批評。最普遍的批評認爲它是生命週期很短的一種管理時尚，它很可能與「追求卓越」或「目標管理」的命運一樣。

1. 初步檢討

早在1990年代初期曾有組織管理學者卡萊‧帕斯（Calle Paz）提出對組織工程再造的初步檢討。他對1950到1984年間的20多種管理的生命週期進行過分析，他認爲再造工程的生命週期過於短暫，而不能不注意對於再造工程的批評意見。也有學者認爲，再造工程並沒有什麼新的內容。例

如，它僅僅是一種對老式工作套上了一件新外衣而已。盡管這些負面批評對再造工程的意義提出質疑，但是它們對再造工程的基本原則並沒有提出什麼問題。一些針對再造工程基本原則的批評意見，僅指出了再造工程下列三個潛在弱點。

2. 流程識別問題

首先，人們談論最多的是有關再設計流程的識別問題。漢默曾報告過許多再造工程未能達到突出效果的失敗事例，主要歸因於不能使組織績效獲得根本性改觀的流程再設計。例如，正如斯圖爾特（Stewart）所指出的，再造工程可能對於特殊流程具有顯著效果，但是只能在經營單位產生有限的效果，因為這種變化對於顧客所能感覺到的績效來說並不重要。

3. 機械化組織模型

另外一種批評意見集中於再造工程的機械化組織模型。不管漢默的文筆和領導才能如何，他所選擇的再造工程看來正背離其初衷。BPR被描繪成泰勒的機械化思維方式，被認為促進另一種思想，就是你可以設計一個完美的流程，並完全按照計畫去實施，組織機器將可以無誤地使之完成。有關整個流程的可靠性問題是，它顯然忽略了流程運作過程中人的創造性的重要作用。另外，如果流程是完美的，則今後就沒有改進的必要了，這樣再造工程就變成了組織設計中的結尾。這一點和再造工程中強調的不斷變革和不斷提高競爭力兩者顯然是矛盾的。

4. 由上至下方法

對於再造工程的另一種批評意見是關於它的從上至下的方法。正如漢默所述，從組織變革的策略來講，最好有高層管理者的參與，但再造工程的成功也取決於僱員的主動性和靈活性。如果再造工程是以一種硬性的、機械的方式從上至下強加於人，它的成果就不可能是容易的。如果希望組織變革有效而持久，這也需要僱員的積極參與和學習，而不是他們對強制

性管理的盲從而暗地裡滿腹牢騷。

　　漢默可能對上述意見比較敏感，確實，其中有一些在他的書中也間接提到了。然而，如果進一步研究會發現，漢默對這些問題的許多評論都是比較含糊和不一致的，並沒有充分強調它們。另外，即使漢默能夠反駁這些批評，也不能保證這些批評是沒有根據的。BPR是否可以抵擋住這些衝擊還是一個未知數。

三、讓再造工程與眾不同

　　既然組織再造工程是企業現代化的重要選項之一，我們的任務是：協助有意嘗試的管理者順利進行具有獨特與眾不同的工程再造。我們可以在再造工程的文獻中，區分出許多不同的觀點。那麼，是否再造工程有特殊含義，或者它主要是一種可用於多個不大相關概念的時髦標誌。

1. 問題所在

　　有哪些問題呢？

(1)是什麼使得再造工程與眾不同和具有吸引力？
(2)有哪些類型的企業組織適合這項再造工程？
(3)我們的組織是否適合這種再造工程？
(4)如果是肯定的，我們要如何進行？

　　漢默曾經論證了再造工程是獨特的。它與其他經營改善方法幾乎沒有共同之處，在主要方式上也採用與眾不同的前提條件。因此，其他方法也就不是再造工程，而是其他組織變革類型的表現形式。另外許多學者卻主張提供確定的BPR方法，儘管他們的觀點可能與漢默的觀點相當不同。即使認為應該嚴格按照漢默的觀點來實施再造工程，在實踐中也可能會有不同操作的。沒有權威的準則能夠判斷哪一種關於再造工程的解釋應被認為是正確的和有效的。例如，儘管漢默藉以發展他的概念的諮詢公司，將企

業再造工程作爲一種服務標示，也並沒有限制其他人用類似的術語去描述他們的不同方法，或者使他們的顧客將這些方法作爲BPR的例子而接受。另外，試圖限制再造工程術語使用的人認爲，權威的說法足夠完整和連貫，任何偏差均會被清楚地確定，並且被定量地表示出來。

2. 工程核心特點

由於缺乏有關再造工程可靠的、可證實的定義，因此再造工程包含多種不同方法的看法。我們應該將注意力集中在再造工程的核心特點上，而不是放在各種方法的細微差別上。由此看來，最小的共同特性應當是以流程爲導向的再設計。我們也可以用漢默著作中的描述來識別再造工程，儘管實際上，漢默提出的建議並不完全可以遵循。

對BPR廣泛的定義意味著，對這一新奇的概念難以做出一個令人信服的實例。如果我們將其定義爲一種用於組織績效改善、以流程爲導向的方法，那麼許多其他方法也會被列入BPR，而這些方法並不自稱爲BPR。例如，正如許多有關再造工程的文獻所呈現的那樣，流程思考也是品質運動的中心內容。

因此，爲了更清楚地區分再造工程，不能只是按照流程思考來定義再造工程。將根本性變革和資訊技術的重要作用也結合進來，似乎是最理想的解決辦法，儘管這將使一些已經與這一概念聯繫在一起的方法被排除在外。然而，這一做法也沒有完全解決問題，因爲根本性變革過於含糊而不能作爲一種有效的區分標誌。同時，在管理觀念上，資訊技術有利於組織變革並不是一個新觀念。因此，即使將以上三者作爲一個整體來看待再造工程，仍舊很難證實學者們的觀點，比如漢默所說的再造工程是一個新的開始。因此，看來我們需要透過這個概念的某些直觀特性來理解它爲何曾經如此成功。從以上的討論中，可以推出許多可能的原因。

3. 潮流效應

其中作用最大的是潮流效應。如果我們承認，有一些關於再造工程的

事情，使它在第一個組織開始實施，那麼一旦它獲得成功，取得50%的市場佔有率的增長率，則由於宣傳的效果，其他組織也會紛紛跟進模仿。如果這可以幫助我們解釋，為何再造工程最後被《財星雜誌》（*Fortune Magazine*）描述成管理領域中最流行的趨勢的話語，我們還需要尋找其他原因，來對它最初的迅速發展作出解釋。這其中之一也許僅僅是再造工程出現的時機。

所以，漢默指出，傳統的組織設計方式已經不能適應由於1980年代中期的經濟興盛狀況逐漸消退所導致的競爭及日趨激烈的市場環境。也正是在人們，尤其是美國對全面品質管制等漸進性方法開始感到失望的時候，漢默提出了應該對組織進行根本性的重新思考。具有諷刺意味的是，有人認為他提供了一種方便的託辭，和一種吸引人的語言，來解釋由於經濟衰退所帶來的（或者說是被稱為正確的解決經濟衰退困境的）企業重新建構和減量經營的浪潮。

再造工程的成功可能來自於它的持續性和它與過去切斷關係。有一種看法是，BPR提供了一種解決過去有關資訊系統的重大投資中的缺陷的方法。這種看法可以幫助人們將BPR與早期主張進行組織變革的首創意見聯繫起來。達文波特和肖特（Davenport & Short）在其論文中對這一點曾作了重點強調。同樣，早期變革理論的經驗可以用來幫助今後的再設計，即使它們的一些特殊方法或原則已經過時不用了。

另一個已經間接提到的因素是漢默的修辭方法。斯圖爾特將他描述成是再造工程的施洗者約翰，一個慷慨激昂的說教者，他的福音傳教士式的風格和眼光對於推廣這一概念起了相當大的作用。當然，從漢默的著作中可以看出，他為了使讀者更專心一點，使用了一些巧妙的措詞。鐘斯（Jones）認為，這種透過痛苦和再生進行組織重建的特殊概念，也許可以產生較大的共鳴。

4. 工程的共鳴

格林特（Grint）也同樣注意到了對再造工程的共鳴。根據對上面所提到的各種組織變革的歷史發展過程的分析，而漢默爲何把這些變革都歸於再造工程？格林特認爲，再造工程既無特別新穎之處，內容也沒有非常連貫。所以，格林特建議，需要站在外部者的立場上，對BPR進行大眾化的解釋，考慮再造工程支持者和同時期其他概念支持者們的觀念之間的相容性，以及這些觀念的新穎性和歷史發展之間的相容性。主要有三種共鳴：文化和象徵性的，經濟的和空間上的，政治的和時間上的。

對於再造工程的文化和象徵性的共鳴，被漢默描述成它利用了美國的人才，激發了美國人的創造性。已經被覺察到的美國面對日本和遠東國家的競爭所表現出來的創造性匱乏，也因此成爲未來威脅的來源之一。漢默的論文中對此坦率地指出再造工程不是另一個從日本進口的思想……，它不同於任何使「我們」變得更像「他們」的管理哲學；它並不試圖改變美國工人和管理人員的行爲。所以，它被看成是恢復美國企業競爭活力的唯一希望。

經濟的和空間上的共鳴指的是再造工程和不斷增長的經營全球化趨勢，以及跨國公司不斷擴充的影響力之間的聯繫。對應該給將要時刻準備著做顧客所喜愛的產品的工人特別責任的強調，被看成是從對公司忠誠轉向和公司融爲一體的轉變的一種標誌。再造工程也被看成是將職員、顧客和供應商更緊密地聯繫在一起，以提高全球競爭力的一種努力。

關於再造工程的政治的和時間上的共鳴，被看成是對戰後經濟繁榮的結束，和國際平衡力量變化等作出新反應的需要。在戰後世界的許多必然性被翻轉、政治和經濟激烈動盪的時代，根本性的措施也許有特殊的感召力。格林特也認爲，共產主義的衰弱可能已經幫助我們重新認識雇員授權等概念和解決辦法的合法性，而不再認爲它們可能威脅資本主義社會。

思考問題

1. 請簡介企業組織的再造工程（BPR）？

2. 邁克・漢默對再造工程提出哪七個原則？

3. 再造工程原則的應用被認為引起哪十個項目的組織變革？

4. 再造工程有哪些潛在弱點？

5. 再造工程主要哪有三種共鳴？

Part 5

發展管理篇

Chapter 12

發展管理的除弊策略

01 組織結構管理弊病

02 人力資源管理弊病

03 企業策略管理弊病

根據『發展管理的除弊策略』的主題，本章提供下列三個相關主題：第一節「組織結構管理弊病」，第二節「人力資源管理弊病」，以及第三節「企業策略管理弊病」。

　　第一節討論「組織結構管理弊病」，主要的議題包括以下三個項目：一、組織效率弊病，二、管理心理分析，以及三、管理改善建議。

　　第二節討論「人力資源管理弊病」，主要的議題包括以下三個項目：一、不當解雇弊病，二、管理心理分析，以及三、管理策略建議。

　　第三節討論「企業策略管理弊病」，主要的議題包括以下三個項目：一、正視機會流失，二、管理心理分析，以及三、管理策略建議。

01

組織結構管理弊病

為了為進行組織結構管理除弊工作，我們要做下列三件事情：

1. 組織效率弊病
2. 管理心理分析
3. 管理改善建議

一、組織效率弊病

組織設立的首要目標就是要替整體組織帶來更順利的運作及最大的利益，所以任何作業流程都要講求效率。組織是一種管理制度，是實現目的的一種手段而已。因此，假使經營環境有所變化，那麼組織當然也必須適應變化而跟著修正。最常見的企業的組織弊病是慢性組織膠著病及組織不適應症。而慢性組織膠著病又分為「組織偏執症」、「組織改革中毒症」。

1. 組織偏執症

「組織偏執症」是遭受強大的外力，依然不著手改革組織，則該組織就無法正常運作。因為組織深信既然決定好的事最好不要再變更。

2. 組織改革中毒症

整年度在整頓組織的企業。這種企業深信只要改變組織，就可以提高業績，這就患了「組織改革中毒症」。

3. 組織不適應症

在組織不適應症中以動作不適應症最常見，它有二種：一是「理解型行動不隨意症」，二是「應用動作不適應症」。企業組織出現問題，若置之不理，經過一段時間後，問題有可能會不知不覺地消弭。可以稱為「理解型行動不隨意症」。在企業經營上，平時正常營運，一旦遇到異常情形時就無法適應，以致組織營運陷入混亂狀態，稱為「應用動作不適應症」。

二、管理心理分析

針對上面所討論的組織效率弊病：組織慢性膠著症與組織不適應症，管理心理學分析指出其關鍵問題在於：組織系統問題。從下列兩方面進行分析：與規劃對比，正常化編制。

1. 與規劃對比

檢查組織單位的弊病時，假使能回溯到業務的當初規劃目標，那就比較容易判斷。這與公司業務和規模大小無關。

(1) 經營者業務

這是謀求公司得以繼續生存的業務，也是經營方針、經營策略、經營計劃。公司的營運效率是否很好？能否維持、成長、發展？這些都與擔任經營者的能力有關係。

(2) 直接收益業務

企業的目的在於獲得收益，而收益則是透過購買、製造、銷售而獲得。只要能採購到價廉物美的貨品，公司就更容易獲利。製造是運用業務部門和採購部門所提供的資訊和物料製成的業務，生產過程中假使降低成本，那麼就可以使產品更具競爭力。

銷售是把所製成的產品運用各種銷售技巧送到需要的商店、消費者身邊，並且取得銷售金錢。至此，我們可以了解一個企業的經

營（尤其是製造業）必須先投資採購和製造等資金，然後把適當的利潤加在產品上，經由銷售來完成經營的任務——獲取收益。因此，「採購、製造、銷售」任何一項未盡全責，都無法有效產生收益。

(3) 未來收益業務

雖然它不像採購、製造、銷售等可以產生直接收益，卻是一種能產生未來收益的研究、開發、技術等業務。將營運重點放在未來收益業務的企業，必須不斷的發展新商品，積極創造商機，以獲得未來的業績。

(4) 間接收益業務

間接收益業務有：管理經營資源：「人、物、財」的業務。例如文書、統計、財務、會計、保管、交涉、調查、傳達等各項業務。這種間接收益業務所扮演的角色也十分重要，但是當企業尚處於小規模經營階段，其重要程度就會相對的降低。

無論如何，經營者必須長期專注於直接收益業務，加上間接收益業務的密切配合，才能增加未來收益業務的份量。

2. 正常化編制

注重進行正常化編制。認為既然是大企業，體質當然好，而把中小企業的體質認為不夠份量……，這是不正確的想法，體質和規模大小是無關的，絕對不能說因為是中小企業，所以體質比較不好。

另一個重要的觀念是，企業經營容易因「組織單位的編制」而分心，就組織策略而言，也無法使組織富於蓬勃的朝氣，更未必因此就能提高業績！企業的組織具有保護各部門的任務，其主要任務是：

(1) 組織單位的編制。

(2) 確立指示系統與命令系統。

(3) 確立報告（資訊）系統。

(4)明確劃清業務分擔界限。

(5)適當分派人事。

(6)明確劃清職務分擔界限。

(7)權能的分層負責。

(8)確立業務管理系統。

(9)確立會議機構。

(10)確立營運制度。

上列組織的十大任務中，第一項是屬於業務實務，另外九項則是建立組織架構的先決條件。治療「慢性組織膠著病」時，必須特別留意這十個項目。

管理心聲
風鈴

　　加強管理的除弊工作可被比喻成掛在窗前的風鈴，當風吹過窗戶時，鈴聲就會響起。組織結構能夠有效運作，需要預先了解組織可能產生什麼樣的弊病，除了在規範組織運作時，就要避開容易產生弊病的管理模式，也要在發生弊病的第一時間，採取有效的解決方法，讓傷害減低到最低程度。

　　因此，克服管理除弊的關鍵就是重新設置組織的警報系統，當沒有真正危險時，它就不會響起。但是，我們還要注意，即使最好的警鈴，也有可能在不當的時刻響起，所以，組織還需要學習一些應對產生錯誤警報的策略。

三、管理改善建議

根據上面所討論的組織弊病問題，我們提供以下五項解決的建議：
1.順應趨勢潮流；2.經營安全率；3.指示與命令系統；4.緊急通告系統；
5.適應組織結構。

1. 順應趨勢潮流

順應趨勢潮流是管理策略建議的首要學習的課題，包括以下四個項目：

(1) 職能性組織編制法

若將經營者業務以外的三大業務直接剖析，就變成「職能性組織的編制法」了。例如：「採購部」、「製造部」、「銷售部」，「研究室」、「開發部」、「技術部」。剩下來的通常是以「總務部」總括。若將總務部中的職能詳細區分，則分為「總務」、「人事」、「財務」、「管理」、「企劃」、「庶務」等。一般認為「職能性組織編制」在營運遭遇衝擊時非常有效。

(2) 機能性組織編制法

此編制法必須從橫切面來剖析三大業務的機能，也就是說將間接收益業務、直接收益業務、未來收益業務加以分割為「利益管理」、「品質管理」、「成本管理」、「交貨期管理」，「才能開發管理」、「業務推進管理」……等，以進行各種機能的組織編制。

(3) 按策略性產品市場區分的組織編制法

例如遇到無法正確掌握消費者所需求的商品時，總不能像高度成長期那樣「為了要求物美價廉而大量生產」。必須以「少量多樣」的方式製造有特色個性的商品，以及其他公司缺少的商品，由這個觀點，集結「人、物、財」擔任者、「文書、企劃、統計、交涉等」擔任者、「採購」擔任者、「製造」擔任者、「銷

售」擔任者、「技術、開發、研究等」擔任者，按照主題（產品市場）的不同各自編成小組。每一小組都是獨立的組織。

(4) 矩陣組織編制法

這是利用前項「按策略性產品市場區分的組織編制法」所編制的組織單位（小組），和「職能性組織編制法」所編制的組織單位（部、科）互相交織成宛如格子一樣的組織。

例如：製造部依「按策略性產品市場區分的組織編制法」成立「A小組」，而技術部也選派一位成員加入此小組。這位技術擔任者當然是在A小組的小組長指導下工作，但同時也必須聽從技術部的指揮行事。也就是說這位技術擔任者有兩個上司，可是這兩位上司的職務以及權限區分得很明確，不會混淆。A小組的組長有製造市場需求的新產品的完全責任而技術部最高主管的職責，是提供製造新產品所必須的技術。具體而言，就是要遵照技術部指示的技術來進行A小組的作業。

此組織編制在無法明確掌握消費需求的時代，由營業和技術智囊團通力合作，所以遇到必須詳細調查產品市場，進而開發市場時，可發揮無比的威力。

2. 經營安全率

若選擇與「經營安全率」（Operating safety factor）相關的組織編制法。首先，應該如何檢討組織單位構成的要點：

(1) 切莫讓目前最弱的部分更弱下去。

(2) 務必更強化目前最強的部分。

(3) 進行損益計算，藉以了解目前應補弱為強，或應再強化強的部分，兩者互相比較之後，進一步評斷何者為上策。

(4) 必須從現在立刻準備將來一定會成為需要的部分。

(5) 組織編制作業不但要考慮公司的管理效率，同時也必須為顧客設

想。

(6) 不要錯過投入第一流人才的時機。

其次，該在什麼樣的狀態下做好組織編制呢？其方法因見解與剖析法之不同而有不一樣的選擇。其中有一個見解非常重要，就是要建立和經營安全率相稱的組織。

(1) 若要採取積極性攻勢，應以「機能性組織編制」較為理想，因為這種編制基本上是「攻擊型」、「成長型」的結構。

(2) 若要著重「市場轉變」或「重建推銷力」，則可能必須採取「按策略性產品市場區分的組織編制」或「機能性組織編制」，甚至必須更換營業負責人。

(3) 若是關注在「縮減固定費用」方面。假使經營到這種情形，才採取「職能性組織編制」已無濟於事。再說，就算是採取「按策略性產品市場區分的組織編制」，也無法有效運用在經營的基本方針上。遇到這種情況時，原則上必須以「機能性組織編制」為依據，以最少數人力作最有效的運用。舉例來說：管理業務假使按照「總務部」、「人事部」、「經理部」、「財務部」分工，那麼以「間接收益業務」為準則，盡可能設法挽留有能力的人。同理，營業部也必須發掘出能夠搜集「重要客戶」的人才並委以專任職務。關於製造部門，要剔除主力產品以外的產品，以防止主力商品缺貨的現象。其他，如品質方面，必須做好防止客人抱怨、品質不良等萬全的準備。

(4) 若經營方針是「強化內部體制」。這是以財務為中心而謀求修正經營軌道的做法，在這種狀況之下，宜將重點放在「機能性組織編制」例如，「利益管理」、「經費管理」、「成本管理」、「銷售額管理」等等，都必須徹底分析所擁有的各項資產對銷售額附加價值有多大的貢獻，然後提示應該如何作為，並且盡可能

早一點把目標放在提高「資金安全率」上。

這裡仍要強調：假使認爲只要做好組織單位的編制，企業經營就會順利營運，這種想法是組織改變中毒更深入的現象之一，它只會使該組織單位更惡化，而無法再期待它的功能。

3. 指示與命令系統

要確立組織間的指示、命令系統。指示、命令和經營方針的徹底執行有密切的關聯。應該如何擬定經營方針，是決策者的任務，然後徹底讓組織了解經營方針。簡單來說，就是要讓公司全體上下都了解「是誰」以及「向誰？」下達指示、命令的途徑。

例如同一部門內的部長－科長－職員這種流程。原則上，各組織單位都要安置「主管」一人，該組織單位的主管爲了分擔業務，並且要貫徹執行，因而必須擁有職務上的權限。因此，組織單位內的指示、命令通常都由組織單位的主管來下達。

「組織單位間的指示、命令系統」也必須明確。指示命令通常是由一個組織單位內有上下關係權能的部門下達，也有可能是在組織單位之間下達。譬如說，經理部門有時候會監察組織單位是否有違法活動。也就是說以經理部門來監察業務部的一種分工方式。假使被監察的部門因缺少正當理由而拒絕提出帳冊供監察單位查閱，或有所隱瞞等情況時，得以經理部門主管名義，命令被監察的部門提出帳冊等有關資料備查。

由此可知，部門之間的指示、命令系統必須明確，否則組織就無法圓滿地運作。另外，組織單位之間的聯絡、傳達途徑也必須明確，這一點和「業務處理制度」有密切的關係。例如，營業部人員支出交際費時，營業部門主管有交際費支出權限，所支出的事由和金額，假使是自由裁量範圍內，那麼只要經理部門主管簽章認可，該傳票轉到經理科時，出納人員只需核對程序上是否有過失，就可支付金錢了。

可是，假使採用「預算管理制度」，則經理部門有預算統制權，倘若

該營業部門的交際費已經超過預算時，仍然有權拒絕支付經過正式程序轉過來的「營業部門交際費支出傳票」。假使這些指示、命令系統不能明確建立，即使再完善的組織單位，也無法使公司正常運作。

4. 緊急通告系統

要確立緊急通告系統。「通告」原則上是以和指示、命令相反的途徑提出。接受指示的人假使不向原來的指示者提出報告，業務就無法靈活運作了。可是，有時候發生的問題或情況特殊，假使向非原下達指示、命令者提出報告，會比較有效。譬如：遇到火警、失竊或車禍時，與其直接向上司報告，不如向負責幹部報告比較適當；又如，推出新產品之後，假使發現技術方面有嚴重缺陷時，營業部人員有時應該向技術部門主管提出報告，其成效要比向營業主管報告來得高。諸如此事，若沒有事先建立體系，必然會失去組織的靈活性。

5. 適應組織結構

討論適應組織單位不同的結構，內容包括下列四個項目；

(1) 業務分擔明確化

組織單位假使按策略編制妥當，則必須劃分清楚該組織單位所負擔的工作領域，因為組織單位是適應環境所編制的，即使早就已經編制的組織單位，遇到必要時，也必須能適應工作的領域。進行明確分擔業務時，必須注意下列重點：

A. 決定分擔業務時，組織單位之間不得有「空隙」。

B. 決定分擔業務時，組織單位之間不得「重複」。

C. 業務分擔事項有「重點業務」與「定型業務」，必須嚴格區分。

(2) 人力分配適應化

人力的分配是使組織機能符合目的而運用的重要關鍵。在人力分配方面，必須留意人才的適合性。為了要貫徹執行重點業務，在

分派任務時，必須選派具備專門知識、技術、能力者來擔任這項工作。人力必須根據經營方針和經營策略來分配，所以平常就必須「儲備」人才，而就有效運用現有人力資源來說，也必須培養人才。

(3) 職務分派明確化

「業務」是指每一個組織單位所分派的工作，而職務是分派於該組織單位的「人」所擔任的工作。因此，職務分派的明確化也許也該列入人事管理的範疇內。然而，職務也必須劃清範圍，它必須從經營方針、經營策略中抽出重點職務來，然後仔細驗證每一個職務是不是為了實現經營方針或經營策略而設立。

(4) 職權明確化

在組織運用中，如何規定權限是個重點。權限往往會被規定為「部長權限」、「科長權限」、「組長權限」……等，但問題在於這些職權是否符合最高階層的期望，以及符合貫徹執行業務與職務的需要。也就是說各部門行使權限的結果，假使營運動向和最高階層的意圖背道而馳，那就失去授權的意義了。因此，在組織管理中的職權，必須從經營方針或經營策略的觀點來衡量，假使會產生負面作用，或為求更靈活運用，則必須做某種程度的調整。

總之，為了要使各組織單位的運作更靈活，必須重視心理學的因素，利用業務管理制度來從旁協助。而為了促使一連串的營運能夠符合經營的目的，那就需要「營運制度」。基本上，「營運制度」本身和公司管理規則是有關聯的。但是，假使整個業務機構是由各種結構和組織單位結合而成，那就必須制定一個規範讓每個單位運作有所依循，這就是營運制度在組織裡所扮演的角色。例如，必須制定「分公司制度」、「業務分擔制度」、「職務分擔制度」、「職權制度」、「報告制度」、「會議制

度」、「各部門業績評估制度」、「成果分配制度」……等的營運制度。

此外，必須認知這些和「組織」有關的事項是爲了達到目的而採用的一種手段，遵循經營方針和經營策略，並不斷求新求變。唯有如此，才能預防並治療屬於公司無能病的「慢性組織膠著症」。

1. 何謂組織偏執症？
2. 何謂組織改革中毒症？
3. 何謂組織不適應症？
4. 根據業務的當初規劃目標，企業組織業務可以分為哪四種？
5. 企業的組織具有保護各部門的任務，其主要任務是什麼？
6. 有哪四種組織編制法？

繼續第一節「組織結構管理弊病」之後，我們要討論「人力資源管理弊病」。經營企業有許多事情都是圍繞在人的身上，包括不當的雇用，調職、升遷、降調以及解雇等人力資源管理問題。一般而言，企業組織會準備一套所謂標準作業程序（SOP）來處理。不幸的是，管理決策者，特別是高層（老闆）的私人偏見或偏好會讓SOP變成具文而擺在一旁，因此執行錯誤的決策。本節在進階管理的前提下，以福特汽車公司（Ford Motors）解聘「一位非常能幹的執行長（CEO）」爲例，不但送給競爭對手卓越的管理者，更使自己企業面臨巨大的危機，一來一回的差距之大超乎想像。我們探討的內容如下：

1. 不當解雇弊病
2. 管理心理分析
3. 管理策略建議

一、不當解雇弊病

話說，1978年10月15日，亨利・福特二世（Henry Ford II）突然宣佈：解除李都・艾科卡（Lido Anthony Lee Iacocca）福特汽車公司總經理的職務。消息傳出，許多人都議論紛紛，而了解內幕的人士斷言：福特公司將爲這個愚蠢的決定付出高昂的代價！

1. 艾科卡的人與事

李都·艾科卡，1924年10月出生於賓州的阿倫敦（Allentown，Pennsylvania），是義大利移民的後裔，畢業於美國著名的工學院利哈伊（Lehigh）大學，隨後又在普林斯頓（Princeton）大學獲得機械工程碩士學位。1946年8月艾科卡幸運地進入福特公司，這是艾科卡夢寐以求的工作。福特汽車公司對於那個時代的美國人來說，有著極大的吸引力。

在福特公司，艾科卡最初擔任實習工程師，隨後當汽車推銷員。他用出色的成績證明了自己的推銷才能，博得公司主管和職員的讚賞。1960年12月，艾科卡36歲，被提拔為福特分部總經理，成為福特公司高級管理層中的重要的成員之一。從此，艾科卡獲得了施展才華的好機會。1964年上半年，艾科卡領銜開發了新型轎車「野馬」（Mustang），年銷量達41.8萬輛，純利潤11億美元。「野馬」的成功，使艾科卡獲得了「野馬之父」的盛譽，旋即得到一連串的晉升。1965年1月，艾科卡出任福特公司轎車和卡車產品集團副總經理，並推出了福特公司最賺錢的「馬克」（Mercury Marquis）汽車系列。1970年12月10日，他榮登福特公司總經理的寶座，成為福特公司僅次於亨利·福特的第二號人物。

2. 嫉妒和猜疑

升任總裁後，艾科卡展現了他的高超管理才華：大膽革新、縮減開支、開發新產品、擴大銷售量，使福特公司的銷售額和利潤獲得空前成長。1977年，一年就替公司賺取17億美元的利潤，1978年又增加到18億美元，在汽車業創造了奇蹟。然而，艾科卡的成功，卻招致年老多病的亨利·福特的嫉妒和猜疑，他擔心自己死後福特家族會失去公司的主控權，便不考慮後果地解雇了艾科卡。時間是1978年10月15日，艾科卡54歲，艾科卡在福特公司整整做了32年，其中擔任總裁8年，對公司的有非常濃厚的感情。

艾科卡一直忍受福特二世的種種刁難，不願主動辭職，但沒想到最終

還是被解雇了。面對這個突如其來的打擊，艾科卡震驚、憤怒，又異常苦悶。他的家人、朋友和公司的許多同事也憤憤不平。全國報紙、電台、電視台都迅速報導了這條重要新聞。艾科卡留下了經營管理的名言：「老闆的致命傷是不懂錢是如何賺來的。」他在離職前對亨利福特二世說：「記住我的話，亨利，你永遠不可能一年再賺18億了。因為你根本就不懂我們是怎樣把錢賺來的。」

3. 你失我得

　　福特公司的流失人才卻造就了克萊斯勒（Chrysler）公司的成功。開除艾科卡，雖然是由於亨利福特二世的愚昧、專橫造成的，但對福特公司來說則無疑是一個重大錯誤，並為此付出了龐大的代價：造就了一個強大的競爭對手。當時，美國三大汽車公司之一的克萊斯勒公司正處於困境中，一年內虧損數億美元，兩萬餘名工人被解雇，瀕臨破產的邊緣。這當然為福特公司的發展有了廣闊的市場。

　　艾科卡被解雇後，他決心找一個可以充分展示才華的公司，向亨利福特二世「復仇」。於是，當克萊斯勒公司聘請艾科卡時，他決定放手一搏。1978年11月2日，艾科卡應聘為克萊斯勒公司總經理，1979年9月出任公司董事長。他憑著一股勇往直前的精神，運用他卓越的管理和經營才能，對公司進行大刀闊斧的改革。1980年，推出了K型轎車（K-car），1981年底，K型車的銷售量佔小型轎車市場的20%，並從此一路暢銷，共賣出了100萬輛。克萊斯勒公司起死回生，度過難關，1983年，公司純利潤達到9億多美元，1984年，利潤達24億美元，這個數字比克萊斯勒公司前60年利潤的總和還多。瀕臨破產的克萊斯勒公司在艾科卡領導下，又迅速活躍在美國汽車市場上；福特公司造就了這樣強大的競爭對手。

　　艾科卡出任克萊斯勒公司總裁後，第一個驚人之舉就是招募「福特人」。艾科卡被解雇時，帶走了在福特公司時用過的記事本，上面記錄著幾百名福特公司經理人員的名字以及他們的專業和特長。因不滿亨利二世

的獨裁和霸道，許多有經驗和一技之長的福特公司職員也紛紛進入克萊斯勒。人們心甘情願放棄豐厚的收入，跟隨艾科卡，結果造成福特公司人才大量流失。福特公司在這之後，就開始虧損嚴重，陷入困境。艾科卡被解雇後，在美國汽車市場上，福特公司市佔率從1978年的23.6%：跌到1981年16.6%。從1980年到1982年，僅僅3年時間，公司虧損30億美元。福特公司面臨著空前的危機。

二、管理心理分析

在企業機構資本的轉換與增值過程中，人的作用始終是第一位的，聯繫有形資本與無形資本的是「人」，「人」才是工業資本、金融資本與商業資本相互轉化的動力。生產資材與貨幣僅僅是靜止的貨物形態，若不能以創造利潤為目的表現出轉換與增值的過程，就不能展現資本的特徵。

1. 資本效能

就資本在社會實踐中所發揮的作用而言，人是直接和最終決定資本效能的關鍵。人就是構成資本重要的組成部分，而且是最積極、最主動、最活躍的部分。所以說，富於創造性的人才是企業的第一資本。

在現代化工業生產的條件下，企業通常是由金融資本過渡到商業資本這一中間過程發揮它的作用。就任何一個工業項目而言，從市場調查、到資金籌措，再到產品生產和銷售的全部過程，人具有決定性的作用。不論是其中的哪一個環節出現人的「品質」錯誤，企業發展都就會產生瓶頸。所以，對企業而言，資金（屬於資本範疇）往往不是主要問題，因為即使有了資金，沒有適當才能與素質的人，資金也不能增值，甚至還會害股東賠錢；相反的，有了適當的人，即使資金暫時短缺，也終究會找到解決資金困窘的辦法。

2. 兩種思維

為了強調企業的各級決策單位在人才問題上要擺脫傳統思維的束縛，有兩種思維：

其一，全方位地了解人才在企業發展中的作用。就企業發展而言，工程技術人才固然重要，但還是需要管理人才和銷售人才等等。隨著社會的進步，企業面臨的情況愈來愈複雜，因此，掌握各種學科知識的複合型人才，也將成為企業發展不可或缺的主要因素。

其二，以往我們過於強調人才引進，而忽視對人才的培養，在人才使用上也就不可避免地存在用錯人才的錯誤做法。重視企業內部員工的優勢主體地位，把啟發人的能量當成企業領導者的主要職責。

因此，管理者有必要讓所有員工認識到：市場經濟的現況是優勝劣敗。誰可以創新創造的勞動而創造社會財富，誰就可以獲得高報酬。可以制訂專門政策，對專利和管理創新帶來的經濟效益，給予發明創造者提供獎勵。還可以成立專門的專利事務部門，為專利發明者提供諮詢與服務。從「人才是企業的第一資本」為前提，企業決策者必須轉變觀念，把人才培養列入投資計劃。樹立「人才是企業的第一資本」的新觀念，要營造良好的用人環境。管理者要以一個人能做些什麼為基礎，而用人決策，不是如何減少人的缺點，而在如何發揮人的長處。

三、管理策略建議

回顧傳統的人力資源管理概念，是以管理與控制為前提。在適當的條件下，人在組織環境中可以發揮出最大的創造性能量。企業管理部門如何以簡單的、經濟的方式讓組織的成員都能發揮最大的潛能及創造性想像力，管理部門還需要進行長年的探索和花費極大的研究發展。

1. 確立任務

企業組織首要任務是確立管理部門的任務。管理者在確立管理部門的

任務之前，要先檢討傳統觀點。關於管理部門如何使人力服務於組織要求方面，傳統的觀點可概括三點：

(1) 管理部門爲了經濟目的，而把生產性企業的各項要素組織起來，如資金、物資、設備和人員。

(2) 就人員方面而言，這是一個指揮他們的工作、激勵、調整和控制他們的活動以滿足組織需要的過程。

(3) 假使沒有管理部門的積極干預，人們會對組織需要採取消極，甚至對抗的態度。因此，必須對他們進行勸說、獎勵、懲罰及控制。

總之，以上三點就是管理部門的任務。從管理心理學的觀點看，我們常常把這個意思概括爲一句話：「管理就是透過別人來完成事情。」

2. 解決問題

傳統的組織結構、管理政策、措施和計劃都反映了以上的假設。管理部門以這些信念和假設爲指導原則，在完成其管理任務時設想了一系列可能的方法。管理部門可能非常「嚴厲」或「強硬」，他們指揮人們活動的方法包括強迫和威脅（通常是經過了僞裝的方式）、嚴密監督以及對人們的活動緊密控制。另一個方向是，管理部門可能採用「溫和」和「柔軟」的手段。他們指揮人們活動的方法包括寬容、滿足人們的要求，求得相安無事。這樣人們便會溫順，而容易接受指揮。

人們曾經對這一系列的可能方法進行了全面的探討，管理人員也從中學到了一些東西。「嚴厲」式管理存在一些難處，壓力引起反壓力：限制產量、敵對、好鬥的工會、對管理目標進行巧妙而有效的破壞。在充分就業時期，這種「嚴厲」管理尤其難以奏效。「溫和」管理法也存在困難，容易導致管理的鬆散或放棄，或爲了相安無事卻對績效漠不關心；人們利用溫和管理的柔軟期望不斷地得到更多的東西，而奉獻卻愈來愈少。目前

流行的主題是「堅定而公正」。這是一種試圖集合軟硬兩種方式為一的作法，它使人想起羅斯福（Theodore Roosevelt）的話：「言語溫和，但手中拿著一根大棒子。」（"Speak softly and carry a big stick"）。

傳統觀點正確嗎？管理心理學中的見解，對這套有關人和人性管理部門任務的信念提出了挑戰。管理心理學家並不否認當今工業組織中，人的活動與管理部門的設想大約是一致的。但是，他們相當肯定地認為，這種活動不是人的先天本性，而是工業組織的性質、管理哲學、政策和措施的後果。傳統的X理論的作法是建立在錯誤的因果概念的基礎之上。

3. 強化激勵

反映傳統管理方法的不足的最好途徑，是探討管理心理前提下的強化激勵作用。這個理論是根據心理學家馬斯洛的需要階梯理論發展來的：從最低級的生理需要，然後進入安全需要，再發展到社會需要以及自我需要，最後達到自我實現需要。

雖然這一點並不廣為人知：在安全、交往、獨立或地位等方面的需要得不到滿足的人，也是一種病人。假使我們把他因此而形成的消極、敵對、拒絕承擔責任的態度歸結為他天生的「人性」，那就錯了。病因是社會需要和自我需要未能得到滿足。管理部門常常問：「人們的生產積極性為什麼不能再高呢？我們已付給高工資，提供良好的工作條件、優厚的福利待遇，而且不輕易解雇，但人們除了最低限度的努力外，似乎並不願多出一點力。」

管理部門提供了滿足生理需要和安全需要的作為，已經使激勵的重點轉移到社會需要和自我需要上。除非在工作中存在著滿足這些較高層次需要的機會，人們就會感到有所欠缺，而他們的活動就將反映出這種情況。在這種條件下，假使管理部門繼續把注意力集中於生理需要，其努力必然是無效的。接著，人們將不斷地要求得到更多的金錢。雖然在滿足許多高層次需要方面，金錢只會有有限的價值，但是假使它是唯一可得到的手

段，它就可能成為注意的焦點。

(1) 胡蘿蔔加大棒子

胡蘿蔔加大棒子的激勵理論在一定的環境中能夠合理地發揮作用。管理部門可以提供或取消用以滿足人的生理需要和安全需要的各種手段。雇用本身就是這樣一種手段，薪資、工作條件、福利也是一種的手段。只要一個人還處在為其生存而奮鬥的情況下，就能用這些手段對他進行控制。但是，一旦人們已達到了適當的物質生活水準，並主要是受到較高層次需要的激勵時，胡蘿蔔加大棒的理論就完全無效了。管理部門不可能給個人：自尊、他人的尊重或其他自我實現需要的滿足，但可以創造出一些條件，來鼓勵個人為自己尋求這些需要的滿足。

控制不是對活動進行引導的好辦法。現代的科學技術創造的高生活水準已使得生理需要和安全需要得到了較好的滿足。唯一的重要例外是，管理措施沒有營造對「公平機會」的信心，因而使部分需要未能得到滿足。但是，由於提供了滿足較低層次需求的可能性，管理部門使得自己不能再度應用傳統理論的各種方法來作為激勵因素，諸如報酬、承諾、刺激、威脅或其他強迫手段。

無論是採取嚴厲的或是溫和的做法，傳統的指揮和控制的管理哲學已不再適合於激勵人員，因為這已不是重要的活動激勵因素。對那些追求社會需要和自我需要的人來說，指揮和控制基本上沒有什麼作用。嚴厲方法和溫和方法目前都不起作用，因為情況已完全不同了。那些在工作中沒有機會得到滿足的人，他們的活動表現特點是懶惰、消極、反對變革、不負責、易於受人煽動，對經濟利益提出不合理的要求。

(2) 面對難題

想建立一個充分有效地應用這種理論的組織，不是那麼容易，因為目前還存在著許多需要加以克服的重大障礙。傳統的組織理論

把人們束縛在侷限的工作上，使他們不能利用自己的能力，不願承擔、被動，工作也失去了意義。在這樣的環境中，個人對作為組織的成員的全部觀念，比如習慣、態度、期望等都受到這些經驗的制約。

在目前的工業組織中，人們都習慣於受指揮、操縱和控制，而在工作之外去尋求社會的、自我的和自我實現的需要的滿足。許多工人是這樣，管理人員也是這樣。再藉用杜拉克（Peter Ferdinand Drucker）的話來說，真正的「工業公民身分」還是一個遙遠而不現實的想法。實際上，工業組織中的絕大多數成員，甚至還沒有考慮過它的意義。另一種解釋是，X理論完全依賴對人的活動的外部控制，而Y理論則很重視自我控制和自我指揮。值得注意的是，這種差別就是把人當作孩子來對待與當作成人來對待之間的差別。

管理心理學對提高組織的效率方面作出很大貢獻，並且要使這個信念成為現實而不是虔誠的希望。企業管理部門在追求經濟目標過程中的獨創性和堅定性，使得科學技術的許多夢想變成了日常的現實。把這些才能同樣應用於企業中的用人方面，不僅將大大提高科學方面的成就，而且將使人類的生活更幸福。

思考問題

1. 試簡述艾柯卡的人與事。
2. 要擺脫傳統思維的束縛，有哪兩種思維？
3. 管理部門的任務是什麼？又常用哪一句話來說明？
4. 羅斯福（Theodore Roosevelt）的話：「言語溫和，但手中拿著一根大棒子。」代表哪一種的管理方式？
5. X理論與Y理論各重視什麼？其差別又是什麼？

03

企業策略管理弊病

在前面的兩節裡，我們討論了發展進階管理的兩項弊病：組織結構管理弊病與人力資源管理弊病，現在我們要進入第三個議題：企業策略管理弊病。企業決策管理者需要在前兩項的弊病解除後，才能夠進行整頓經營策略管理弊病，同時，也要借重前面討論的經驗與方式，繼續探討以下三個項目：

1. 正視機會流失
2. 管理心理分析
3. 管理策略建議

一、正視機會流失

由於產品的競爭是越來越激烈，即使很久以前的經濟社會，仍然充斥商業產品的白熱化競爭；在每個產品熱銷與否的背後，都有其原因，知道這些原因可以作為產業更進一步發展的基本關鍵。讓我們回顧過去發生的個案經驗做為借鏡，以便檢驗我們目前的經營策略管理問題。

1. 形象效應

在還是用膠卷底片照相的年代，日本的業餘攝影的彩色膠卷市場被三家公司所控制，其中一家是日本公司占主導地位的柯尼卡（Konica）公司櫻花膠卷。而在1950年代初期，曾佔一半以上市場的櫻花膠卷，逐步被它的兩個競爭對手奪去。檢驗結果顯示，問題不在於產品的品質，而是櫻花

膠卷公司在產品的商標上用了不合適的名詞。在日文裡櫻花使人引起色彩柔和的投射，卻帶有輪廓模糊與粉紅色的脂粉聯想。

類似櫻花的效應，富士牌膠卷的名稱自然使人聯想起日本聖山的明朗的藍天和白雪。櫻花牌的嚴重失利在於它模糊的形象，儘管該公司透過廣告為消除這種不利局面做出了很大努力，但結果還是無濟於事。最後，櫻花膠卷公司開始從結構、經濟性和顧客的觀點出發，分析是否可能找到開發競爭優勢的機會。

2. 價格優勢

經過研究之後，柯尼卡公司發現，購買膠卷的顧客的成本觀念提高了。沖洗膠卷的店家反映，業餘攝影者一般在使用36張的膠卷時，總是剩下一至兩張未曝光的，但同時卻總是在使用20張的膠卷時盡力想多拍幾張。柯尼卡公司的機會就在這裡。公司決定生產24張一卷的膠卷，其價格與競爭對手的20張一卷的價格相同，這種產品所增加的成本是很低的。如果競爭對手降低20張一卷的價格，柯尼卡公司也已做好準備。柯尼卡公司這樣做的目標有二個：

第一，迎合消費者的成本意識增長。

第二，使人們的注意力從品牌形象轉向經濟方面。

最終目的，它將使人們的注意力轉向，這是他們具有相對優勢的地方。

二、管理心理分析

柯尼卡公司與富士公司的產品之爭，牽涉到四個重要的策略概念：形象，潛力，品質與價格。從管理心理的觀點分析，決策管理者如何作妥善處理，並加以策略性管理的應用。

1. 產品比較

企業生產的商品在消費者面前主要呈現了兩個重要指標：品質與價格，如果是屬於耐用商品則還要加上售後服務。雖然每個公司的產品完全不一樣，但幾乎對所有的公司來說，都會將它的產品與競爭對手的產品加以比較，設計生產出獨特的產品，以便確定能夠擴大市場佔有率。獨特的產品實力則包括：價格，品質，形象與潛力。從心理學的觀點看，產品的潛力通常最被忽略，然後是產品形象，甚至在價格競爭優先的策略中，其他項目通通被排除。

2. 價格與品質

產品比較的做法是將公司的產品與每一個競爭對手的產品系統地進行比較，即將一個已裝配好的產品全部拆卸，分析每一個零件的不同之處，以便確定哪個零件在成本上你能取得相對優勢。假設公司的產品的一個零件的價格較高，但它的品質卻比競爭對手好。你應該採取提高產品零售價的辦法來支付這個昂貴零件嗎？或者改採比較低廉價格的零件？你必須和負責市場的職員來商討這個問題。如果他們不贊成提高價格，那麼銷售人員應利用這個品質優勢作為推銷工作的重點；如果不贊成，該如何處理？此刻策略管理者必須考慮銷售職員的態度與心聲，並找出解決之道。

三、管理策略建議

當策略管理者陷入經營瓶頸的時候，找出可以突破的策略是經營者的重責大任。當然時時刻刻注意不要讓企業陷入「夾在中間」的窘境是最佳策略。「擺脫策略困境」是首先要做的事，而所有的作為有賴最佳的「企業策略的選擇」。

1. 擺脫策略困境

企業採用了每一種策略但卻又一無所獲，這叫做「夾在中間」。夾在中間沒有任何競爭優勢，這種策略性地位通常是經濟效益低於平均水準。

由於成本領先的企業比享有別具一格的形象的企業和集中焦點的企業，在各個市場上處於更為優越的競爭地位，夾在中間的企業將只好從劣勢地位上去競爭。如果一個夾在中間的企業僥倖發現了有利可圖的產品或客戶，擁有持久性競爭優勢的競爭廠商們就會挾其龐大的市場力量迅速地將新的商品利益全數捲走。在大多數產業裡，不少競爭廠商是夾在中間的。

(1) 夾在中間

夾在中間的企業只有在其產業結構極為有利，或者剛好該企業的競爭對手們也夾在中間時，才會賺到明顯的利潤。然而，這類企業通常比採取通用策略的廠商的營利少得多。產業的成熟程度往往會加深遵循通用策略的廠商和夾在中間的廠商之間效益上的差別，因為它會在競爭的浪潮中，將策略失誤的廠商淘汰。夾在中間的現象往往是企業不願意做出如何競爭抉擇的明證。

企業千方百計地爭取競爭優勢，結果一無所獲，因為取得不同形式的競爭優勢通常要採取互為抵觸的行動。夾在中間的現象也會考驗經營成功的廠商，他們為了擴充營業或面子問題，而不惜損害自己的通用策略。拉克航空公司（Laker Airline）是一個典型的例子，拉克航空公司起初在北大西洋市場上採用不提供非必要服務為基礎的成本集中策略，其服務目標是那些對價格極為敏感的特定旅客。然而，就在拉克航空公司開始增添一些花俏做法，增加新的服務項目和開闢新的航線，使它的形象模糊不清，使其服務和運輸系統降至較低的水準，最後導致拉克航空公司破產。

(2) 集中焦點

採取集中焦點策略的企業一旦控制了目標市場，進而使其通用策略變得混亂不清，以至於難以擺脫夾在中間的誘惑力。集中焦點包括有意識地限制銷售潛力，集中焦點的企業會因為成功卻忘掉初始目標，而看不到其成功的原因，並會為了擴充而損害自己集中焦點的策略。企業最好不要損害自己的通用策略，更要去開拓

使用通用策略或利用相關聯的新產業，這樣做往往會更有利。

(3) 擺脫困境

受困於中間地位的廠商必須作出基本的策略抉擇。它必須為獲得成本優勢，或至少達到相同成本而採取必要的步驟，這些步驟通常包含為了實現現代化而進行前瞻性的投資，及可能包含購買市場股票的必要性。它必須使自己適應特定的目標（目標集中點）或獲得獨特性（產品差異）。這兩者的選擇完全可能導致市場佔有率的減縮，甚至絕對銷售額的減縮。對這些可供選擇的方案所進行的挑選，必須建立在廠商的潛在能力和侷限因素的基礎之上。成功地執行各種通用的策略涉及到不同的財力、實力、組織措施，以及管理作風等方面。

一旦陷入中間地位，往往需要花費時間和持久的努力，才能使廠商擺脫這種不利的地位。如果在追求策略中包含有潛在的自相矛盾，那麼來回折騰的做法，幾乎總是注定要失敗的。

2. 掌握策略的選擇

這個課題對企業的策略管理者至為重要。希望幫助矯正弊病，以便重新規劃策略管理。這個過程包括以下三個步驟：策略的類型，策略的選擇，策略的確認。

(1) 策略的類型

第一個步驟：認識策略的類型。一個企業集團要制定發展策略，經營單位也要制定策略，而經營單位內各職能部門也要制定策略。因此，從不同層次的角度來看，策略可以分成公司策略、經營策略和職能策略。以下介紹公司策略的四種類型：穩定型，增長型，退縮型，綜合型。

第一，穩定型

穩定型策略適用於那些在相對穩定環境中成功經營的公司。穩定

型策略不要求公司有重大的變化，只要使公司利用其資源去擴大現有經營規模，保持現有產品和服務的優勢地位。公司不會改變自己的宗旨和目標，只是按照一個穩定的比例，立下企業每年的成長水準。

第二，增長型

現實的經濟環境不穩定，每個行業都迅速發展，競爭十分激烈。企業就算是前進的步調慢一點，都容易落後給別家企業。它們不得不採用增長型策略。有以下四種：

其一，**縱向聯合策略**。縱向聯合包括前向聯合和後向聯合。前向聯合是指佔有或加強控制為本公司銷售產品的分配機構或零售商。後向聯合是指佔有或加強控制為本公司提供原材料或設備的供應者。前向聯合有利於企業直接進入市場，搜集資訊，掌握定價，擴大銷售。後向聯合既能保證物資供應，又有利於降低成本。至於聯合的程度，應根據公司的需要做適度的調整。

其二，**橫向聯合策略**。這是佔有或加強控制相同行業的競爭的策略。它有助於企業減少競爭，拓寬市場和提高規模經濟效益。這種策略的持續實施可以使一個企業成為行業的壟斷者。

其三，**多樣化策略**。公司增加不同產品，開發不同市場，設立不同策略。多樣化又分為兩種：即相關多樣化和不相關多樣化。相關多樣化是指公司增加了相關的產品與市場。這種相關性可以是相關的技術、相關的用途、相關的市場、相關的管理技巧或產品。不相關的多樣化是指公司增加不相關的產品和市場。在年銷售和利潤出現下降或銷售量出現飽和狀態行業中的企業，當它發現別的行業有誘人的投資機會時，往往採取這種策略以減少風險，提高投資利潤率。

其四，**集中化策略**。這是公司把全部資源用於發展一種產品、一類產品、一個市場或一種技術的策略。採用這種策略的前提是產

品的市場還未飽和，消費者對這種產品的使用率會大量增長。其優點是可以使公司集中全部精力和資源發展有競爭力的產品，以取得領先的地位。

第三，退縮型

當公司遇到經營十分困難的時候，可以考慮採用退縮型策略。不能把退縮型策略完全理解爲消極的做法。在不利的情況下作必要的退卻，可以減少損失，或者是穩住陣腳，以圖東山再起。屬於退縮型的策略有：

其一，**轉虧爲盈策略**。這種策略強調的是提高管理效率。它適用於那些經營不善，但不是毫無希望的企業。實行這種策略要分三個步驟。首先是壓縮企業的規模、人員和不必要的開支；其次是穩定，採取措施使企業的局面穩定下來，找出解決問題的辦法，最後是重建，克服困難，使企業重新擴展。

其二，**出售所屬某個經營單位或行業的策略**。在兩種情況下使用這種策略：一是由於某部門的問題，使整個公司陷入困境；二是公司不可能投入更多資金發展某部門，使它能與競爭對手抗衡。這種策略有助於公司減少虧損。

其三，**清算策略**。當一家公司採用了轉虧爲盈和出售部門的策略，仍然未能擺脫困境的話，就只好採用清算策略。清算就是出賣公司財產。有秩序地、有計劃地清算，可以減少股東的損失。

第四，綜合型

公司可以根據實際需要，同時採用上述兩種或兩種以上策略，這就叫做綜合策略。比如說，公司可以對所屬的不同經營單位使用不同的策略。

專門從競爭的角度來考慮的策略，這就是邁克爾·波特（Michael Porter）的競爭策略。邁克爾·波特是著名的經營策略專家，他根據競爭分析的主張提出發展公司各個部門的競爭優勢的策略。

其一，**低成本策略**。這一策略要求利用高效率的設備，並透過提高規模效益和全面的成本控制來取得低成本的優勢。一旦策略經營單位取得了這種低成本的優勢，就可以使自己有效地防禦行業中的競爭，並在激烈的競爭中持續獲得一定的利潤。

其二，**特殊產品策略**。如果策略經營單位無法取得成本優勢，就要設法創造特殊的產品或服務。這種特殊性可以是產品設計、高技術、優質服務或銷售網絡等方面。特殊產品策略會使顧客增加對產品的忠誠度、降低顧客對價格的敏感性，進而獲得高於平均水準的利潤。

其三，**集中策略**。這一經營策略要求集中力量於某一特殊的購買團體、某種特殊產品或者某個特殊的區域市場。這種特殊性並不在於水準高超，而在於競爭者還沒有注意到。

以上三種策略的共同點在於力求使本公司在激烈競爭中佔據有利的地位。

(2) 策略的選擇

第二個步驟：正確的策略選擇。對於各種可供選擇的策略長處和短處進行比較，從中選擇一個「最佳」策略。這個最佳方案應該是最能抓住機會，又能發揮長處的策略方案。策略管理專家認為，策略選擇量化模型是一種比較客觀的選擇方法。

策略選擇量化模型的基本思想是根據關鍵的策略因素（包括外部因素和內部因素）來測定每一種可供選擇的策略方案的吸引力。與越多的關鍵策略因素相符合的方案，其吸引力就越大，也就是最佳方案。反之，如果某一方案與一些策略因素相抵觸的話，那當然是不那麼有吸引力的方案，就不會被選上。

建立策略選擇量化模型的方法是：第一步，把關鍵策略因素（包括內部長處、弱點以及外部機會和威脅）列在模型的左邊直行。第二步，分配權數，權數的含義如下，對內部因素：1＝主要弱

點，2＝次要弱點，3＝次要長處，4＝主要長處，對外部因素：1＝主要威脅，2＝次要威脅，3＝次要機會，4＝主要機會。第三步，把備選策略方案列在模型的第一欄上。第四步，確定吸引力值，吸引力值表示某關鍵因素來看，某方案被接受的可能性。吸引力值取值範圍是1至4的整數；1＝方案是不可接受的，2＝方案是可接受的，3＝方案很可能被接受，4＝最好接受的方案。如果某關鍵因素對某方案沒有影響。則不定吸引力值。第五步，計算總吸引力值，總吸引力值＝權數×吸引力值。總吸引力值表示某關鍵策略因素與某策略方案的適應程度和地位。第六步，計算各策略方案的總吸引力值之和，然後加以比較。總吸引力值最高的策略方案，就是最佳方案，是公司應選定的方案。

策略選擇量化模型的建立過程離不開管理者的主觀判斷，爲了正確地選定策略，企業的高層管理者應注意認眞進行調查研究，並聽取各方面的意見。

(3) 策略的確認

最後的步驟：管理策略的確認。選定策略之後，管理者擔心作出錯誤的策略決策，導致失敗。可以採取「問卷法」，即用下列二十個問題來幫助高層管理者考察所選定的策略是否正確。

1. 【　】檢驗公司的新策略是否與公司基本宗旨和目的相一致？
2. 【　】如果不一致，所涉入的新競爭領域是否公司管理者熟悉的？
3. 【　】公司策略是否與其外部環境相適應？
4. 【　】公司策略是否與其內部長處、目標、政策、資源和職員的個人價值觀等相協調？
5. 【　】公司的策略是否反映了一定的風險和利潤的平衡？這種平衡是否與公司的資源和期望相一致？
6. 【　】公司的策略是否與一個特殊的市場領域相適合？

7. 【 　】這個特殊的市場領域是否能被公司長期把持進而使公司回收投資並獲得預期利潤？

8. 【 　】公司的這一策略是否與其他策略相矛盾？

9. 【 　】公司策略與各個部門策略是否相互協調？

10. 【 　】公司是否經過嚴格的分析（風險分析、效益分析等）和審計（是否與過去、現在和未來的趨勢相符合）？

11. 【 　】公司是否通過制定可行的策略實施體系來檢查策略的可行性？

12. 【 　】公司策略是否與其產品的生命週期相一致？

13. 【 　】公司實施策略的時間安排是否恰當？

14. 【 　】公司策略是否使公司與某一強大競爭者正面對抗？

15. 【 　】公司策略是否使公司主要依賴於某種顧客？

16. 【 　】如果是，如何考慮是否妥當？

17. 【 　】公司策略是否要為全新的市場生產全新的產品？如果是這樣，必須認真考慮是否可行？

18. 【 　】公司策略是否屬於模仿其他競爭者？

19. 【 　】如果是這樣，如何重新進行仔細考慮？

20. 【 　】對於競爭者的評價是否真實和準確？

上述問題，沒有標準答案。希望幫助管理者周密考慮，以便選取最佳策略方案，但是由於個別管理者對風險的態度不同、工作的經歷和方法有差別，進而對上述某些問題的答案可能是不一樣的。因此，策略的選定在不同程度上受到高層管理者的主觀因素所影響。

思考問題

1. 獨特的產品實力包括哪四項？
2. 試舉例說明價格與品質的關係。
3. 請說明「夾在中間」的企業現象。
4. 企業策略的類型有哪些？
5. 增長型策略有哪四種？
6. 請說明建立策略選擇量化模型的方法。

Chapter 13

邁向高效能的管理者

01 加強管理決策能力

02 發展行銷管理能力

03 掌握有效公共關係

根據『邁向高效能的管理者』的主題，本章提供下列三個相關主題：第一節「加強管理決策能力」，第二節「發展行銷管理能力」，以及第三節「掌握有效公共關係」。

第一節討論「加強管理決策能力」，主要的議題包括以下三個項目：一、管理決策問題所在，二、管理決策理論背景，以及三、執行管理決策方法。

第二節討論「發展行銷管理能力」，主要的議題包括以下三個項目：一、行銷管理規劃，二、消費行銷管理，以及三、市場行銷管理。

第三節討論「掌握有效公共關係」，主要的議題包括以下三個項目：一、公共關係的重要，二、公共關係的職能，以及三、公共關係的管理。

01

加強管理決策能力

現代企業發展是全面性的工程，本書由於目標與篇幅限制，僅能縮小在「加強管理決策能力」、「發展行銷管理能力」以及「掌握有效公共關係」三項與管理心理學相關的主題範圍。

從管理心理學的觀點看，決策是進階或高階的管理工作，而這一工作的關鍵問題就是在不確定或是含混不清的條件下，如何選擇行動路線的問題，這與基層管理者所面對屬於「經常性」或「例行性」問題不同，因此這項經營管理決策對一家企業的盛衰甚至存亡扮演了關鍵角色。在這個前提下，本節將討論以下三項議題：

1. 管理決策問題所在
2. 管理決策理論背景
3. 執行管理決策方法

一、管理決策問題所在

從管理心理學的觀點看，管理決策牽涉到管理者的觀念與行為問題。前者，由於管理者對決策事件的看法（觀念）反應在態度上；後者，決策行為則是管理者由觀念發展出來的行動。以下四項因素影響決策問題：問題雙重性，背景不確定性，理解不確定性與環境侷限性。

1. 問題雙重性

一位高層管理者要作出重要抉擇時，首先，要將許多可能的策略都要

加以概括參考。這些策略是基於雙重考慮：一方面對已列入規劃，並在平時已成例行公事的決定，要由理性的管理決策者作出，他就會用一種精打細算的策略；另一方面對那些並沒有列入計畫，而且又並非平時習以為常的決定，就得使用一種步步為營的手法。涉及管理決策者與更高層以及管理決策小組成員之間的彼此影響與相互調整。

2. 背景不確定性

其次，管理決策行為只能在企業機構的具體環境中或在特殊的時空背景下出現，對確定問題、解決問題的辦法以及參與解決問題的人要提供一個時間與背景。在時間與背景框架之內，已經對此時的抉擇作出了諸多限制。反過來，這些限制又會左右其後的管理決策。如果要同時作出許多決策，就會產生競爭，以期獲得管理決策者的青睞。對付不確定性是管理決策的關鍵。在採取行動的具體途徑沒有不確定性的情況下，也就沒有必要進行決策。組織管理決策的主要規範作法是假定管理決策者一定要作出合情合理的決定。但是這個合理性會由於我們缺乏有關選擇機會以及任何與之相關手段的知識而受到限制。

3. 理解不確定性

第三，透過許多心理學和社會學過程的相互作用，使得對管理問題及其解決方法的理解變得不確定。管理決策的心理學處理方法傾向於強調由於資訊的不對稱以及建構作用而造成的固有偏差。社會學的處理方法易於走向具體描述，並強調權力的使用與不同利益集團之間的消長。對企業機構決策的經驗性研究，許多都涉及對日常生活實際情景的過程進行描述，從其變化中找出規律。這種研究，使用含蓄的言外之意，多於以經驗為依據的度量方式。它關注的是在特殊情況和不同類型的決策之中，發現適當的決策規律。一般結論是：在高度不確定的情形下，所謂的「時斷時續」的或者「終於理出頭緒」的過程是有效的；而更為有條理的過程對常規的、相對來說明確的決策是適宜的。而在這方面，一般而言，用來區分常

規與非常規決策的論點是受到支持的。

4. 環境侷限性

　　最後，管理決策問題受限於主觀與客觀性因素。管理決策過程與廣義的組織文化和企業所在的體制框架之間的聯繫，引起了越來越大的興趣。按照這個思路，管理決策正嚴重地受制於企業組織文化侷限和體制外勢力。這些文化侷限會影響確立問題及其解決方案的方法，而體制外勢力則要求企業透過採取某些結構步驟來證明它是應該受到支持的。

二、管理決策理論背景

　　前面我們討論過四項管理決策問題：問題雙重性，背景不確定性，理解不確定性以及環境侷限性。我們現在要討論處理上述問題的五項理論背景。

1. 合理決策過程

　　在企業及其管理的文獻之中，管理決策研究是個經常被討論的話題；合理決策過程，特別在1938年，當賈斯特·巴納德（Chester I. Barnard）的《企業經理的職能》（*The Functions of the Executive*）一書出版之後，更顯示其重要性。此書將決策及有關的資訊交流和合作過程放在企業管理工作的中心。在巴納德的著作出版之前，對企業及其管理的著作全都強調管理決策的合理過程：一個好經理應是一位明白事理的經濟學家，善於精打細算地進行規劃與組織。

2. 超越傳統模式

　　在巴納德之後，另一位學者西蒙（Herbert Alexander Simon）則提出超越傳統的管理決策模式。按照西蒙的理論，在不確定的條件下，管理決策看起很難達到最大效用，因為決策者並不具有足夠的、有關最末端選擇和獲得選擇的手段的資訊。而決策者經常遇到資訊不足，並對可能出現的

結果無能爲力。在這種合理性決策受到束縛的條件下，管理決策者只好依據粗略簡單的經驗法則，選取最先想到的令人滿意的解決方法就行了。

這種強調決策者本人如何行事的作法，打開了一個新思路，使得在經典經濟學理論中，所出現的企業決策者高度理性化的形象，只存在於備受限制的條件之中。由於條件越來越複雜，一種完全不同類型的決策過程開始出現。有一種行爲學的觀點將我們對決策的考慮超越了單純的傳統決策模式。

3. 決策者人爲因素

一些探討管理工作本質的著作，專注於決策的重要性及管理者在電腦程式幫助下，如何處理直覺反應和環境因素。有關管理決策的任何理論都必須考慮人的本性，以及人是怎樣作出抉擇。個人品格、冒險的嗜好以及事業成功的需要，都是已被公認會影響管理決策的重要因素。正如榮格（Carl Gustav Jung）的心理學類型一樣，一個人有許多特徵，但我們討論的只限於如何解決問題有關，特別是與理性這個概念有關的特徵。

合理性就是我們要做某事的理由。判斷行爲是否合理就是說這個行爲在既定的參考框架之內是否是可以理解的。一個行爲在某種形勢之下，看來對當事者是合理的，但在旁觀者看來就可能是不合理的。行爲如與當事人的參照框架相抵觸，就被認爲是不合理的，正如旁觀對某行爲感到無法解釋時，這個行爲就被看做是不合理的。甚至異常的行爲也可以給予解釋，例如佛洛伊德（Sigmund Freud）企圖給神經病和心理變態作出的解釋。

4. 風險與不確定性

在現代管理決策的行爲學理論之中，有兩個中心名詞：一是風險，一是不確定性。二者雖然緊密相關，但還是可以區別。當眾多不同的結局產生各式各樣的實效與可能，以管理決策來說是擔當「風險」；而當處於「不確定」的情形下，進行管理決策時，我們並不知道所有可能產生的後

果，以及與之相關的可能性和出人意料的事情。

　　大多數理論都認為管理決策者寧願冒較小的風險。當然與此相反的例外也是有的。在有關管理決策的文獻中，合理性這個詞可以有許多使用方法。經典經濟學理論認為對情況瞭若指掌的決策者，與具有理性的管理決策者可使決策達到最佳化。能夠繪製出完全決策樹的能力被經濟學家林德‧布羅姆（Linde‧Bromley）稱之為「摘要型的管理決策」。但是，除了提供一點參考價值，這個概念對我們考察複雜組織在不確定條件下進行決策時，並沒有什麼幫助。

5. 預期合理性

　　預期合理性在涉及決策者時，是最有用的基礎概念。因為我們必須假定：要作出抉擇，即使決策本身是無所作為。有些決策者意識到抉擇的可能性，而他們的行為是企圖達到某個目標，或者就是未必達到目的，但能改善他們的處境也行。預期合理性在文獻中有時可以看做是由兩部分組成的：一是本質合理性。它描述的是經濟運動的主要取向，借此決策者使用獲得的資訊來增強在某一個函數的有效性；而其二是過程合理性。它指的是承認決策者具有有限的計算能力而且他們並不具有對選擇有用的所有資訊。

三、執行管理決策方法

　　從管理心理學的觀點看，任何管理者都很難做出「完美的決定」。通常情況下，管理者在面對困難時會有許多種選擇，主要從過去的經驗中分辨其優劣好壞，區分出最好並選用最優先的策略。接下來的問題是：如何「客觀」地處理你要作的抉擇？希望管理心理學技巧能夠幫助你克服這個難題。我們會向管理者介紹四種技巧，旨在指導你在緊要的管理決策關頭、在難以抉擇的情況下盡可能作出較為合理、準確的決定。但千萬不要以為這樣就可以幫助你作出最完美的決定。要知道你越是抱著求好心切、

追求完美的心理，你的內心就會越痛苦，行動上就越會優柔寡斷、猶豫不決。

根據前面所討論的管理決策問題與理論背景，我們將從實務操作的技巧提出以下四種管理決策的方法提供參考：衡量利弊，事先預測，善用資訊，諮詢團隊。

1. 衡量利弊

衡量利弊這種方法可以優先運用到制定決策中，可以幫助管理者在各種決定之間權衡利弊。將一張紙從中間對摺，劃分成左右兩部分，分別列舉所做決定的利和弊。你可以在這張紙的頂端寫下你將要進行思考並對其做出決定的問題。例如：

(1)我是否應該進一步擴大現有事業的規模？

(2)我是否應該為自己預定一次進修學習？

(3)有空時我是否應該與其他部門的管理者分享管理經驗？

你不妨進一步在應該與不應該之間，或者在是與否之間全面地做出權衡。你可以從這兩大方面進行思考：我的決定會給自己以及其他人帶來怎樣的影響呢？既要考慮長遠的利益，又要想一想近期的好處；我的決定會有什麼重要的意義嗎？既包括對長遠意義的思考，又包括對近期意義的思考。你最好用筆寫下，這是因為人的大腦很難一下子記住太多的新想法、新資訊。如果能夠把自己的想法隨時記錄在紙上，你就不會對其有所遺忘了。

下一步，你就應該按照所列舉出的內容進行利與弊的權衡了。要知道有些項目會表現出明顯的優勢，在這種情況下你就能夠毫不費力地做出權衡和判斷了。你不妨按照百分制、根據重要程度賦予每一項優勢和劣勢一定的分數，然後分別予以加總。比如，有67分的利和38分的弊，這樣一來你就可以很容易做出決定了。假如你所列舉出來的項目較多，那你不妨抽

出兩項最爲重要或最爲明顯的利與弊進行比較，剔除掉一些次要的因素以後，權衡的範圍就相對集中了，你也就可以較爲容易地做出選擇。

2. 事先預測

事先預測管理決策方法，類似衡量利弊的方法，主要幫助管理者面對重大決策：先任意選擇其中的一種決定（例如，最後做出了辭職的決定），然後再在大腦中盡可能想像做出這一決定以後會出現怎樣的情景。想想事情是否會像你所預期的那樣朝著較爲有利於自己的管理方向發展呢？如果你所要做的這項決定事關重大但又不是特別緊急，你可以嘗試一下這種方法。

首先，從若干難以選擇的決定中選擇一種，設想一下在做出此種決定以後，自己的管理工作將會發生怎樣的變化。如果時間允許，你還可以採用其他的選擇再次進行體驗、這種方法能夠讓你預先感受，可以使你事先體驗以後，再對之前所做的的決定進行評價和調整。

其次，一般情況下，「親身經歷」之後你就可以較爲容易地做出判斷和決定了。假如你仍然優柔寡斷、猶豫不決的話，你還可以配合使用前文介紹的衡量利弊的方法。根據自己的「切身體驗」，在對「利弊表」進行適當的補充之後，再作進一步的比較、判斷和決定。

3. 善用資訊

資訊的充分與否對管理決策的制定至關重要。例如，你打算從某公司挖角一位幹部，那麼該人員的工作能力是你首先考慮的重要的因素。爲此你就應該收集有關該人員過去與目前的情況資訊。在做決定的時候同樣也是如此。你應該首先確定自己需要關注問題的重點，然後根據重點有目標地進一步收集更多的資料。有了較爲具體的目標之後，你就應該想辦法尋求那些確實有價值的資料。

資料收集之後，你就要對其進行審查和評估，進一步準確、有效地選取有用的資訊。相關的研究顯示，隨著經驗的累積，管理決策能力也會逐

漸地提高。比起那些經驗不足的人來，有經驗的決策者能夠輕易地忽略和遺忘那些無關緊要或者含糊不清、很容易引起誤解的資訊。例如，在從事商業活動的時候，為了確保所作決策的準確、有效，相關的工作人員都要進行專門的培訓。他們不但要學會選用相關的資訊資料，還要練習做出各種決定。否則在缺乏就職前培訓的情況下，他們是很容易在實際工作中犯錯。

4. 諮詢團隊

「集思廣益」，他人的意見可以有效地幫助你作出決定。有道是「當局者迷，旁觀者清」，局外人往往能夠更清楚、分析你所面臨的困難，往往可以對你想要做出的決定予以更客觀、更公正的評價。他人的意見和建議都是十分中肯、珍貴的，因此你應該重視別人的意見，應該善於徵求他們的建議。然而諮詢過多人的意見，也未必就是一件好事，當然也不一定能夠取得預期的效果。這是因為過多地收集他人的建議，必然會增多選項，反而造成資訊氾濫的情況，你就更不容易做出恰當、合理的選擇了。

管理者為了避免無止境的反覆權衡，你最好對智囊團的規模和範圍加以限定。在數量上，僅向自己最信任的三個朋友徵求意見就足夠了。在人員的選擇上，也要好好挑選一下：假如你只選定與自己的觀點接近的人尋求意見，你所能獲得的參考意見就會十分有限；假如你想獲得更客觀、全新的意見和觀點，你就應該向那些經常對自己的想法提出反對意見的人求助。例如，你可以選擇向那些態度較為客觀、嚴謹的人員求助。

或是，你可以選擇向那些賞識自己才華和能力、鼓勵自己按照個人興趣自我發展的師長求助。假如你在考慮是否應該重新佈置一下房間，以便作為年邁的公公、婆婆的起居室時，不妨先與自己的父母和其他家庭成員商量一下。如果條件允許的話，你還可以向老年人護理方面的專家諮詢，聽聽他們的意見，或者乾脆自己到圖書館查閱一些相關的資料。

思考問題

1. 管理決策的問題雙重性是什麼？
2. 請說明管理決策的背景不確定性。
3. 請說明超越傳統的管理決策模式。
4. 風險與不確定性有何差別？
5. 如何衡量利弊？

發展行銷管理能力

　　根據上一節的決策管理基礎，我們把行銷管理列為進階管理的發展興利部分第二項課題，是期待讀者能夠馬上應用決策管理的技巧在行銷管理上，同時也可以引用第三章的開發需要的策略概念。行銷管理觀念是建立在滿足消費者需要的基礎上，所以企業生產者了解顧客作出購買決定的環境是至關重要的。除了了解顧客的特徵以外，企業生產者也必須考慮外部市場的影響，這些影響會決定他們的經營能否成功。

　　高層管理者知道環境搜尋（Environment Search）對行銷的重要性。這個過程由公司管理部門進行，盡可能收集相關的資訊，以便獲得競爭優勢；公司建立資訊收集系統能夠有效地、經常地搜尋市場，以便識別各種未來趨勢，提前規劃企業發展。在這個部分提供下列三個項目討論：

1. 行銷管理規劃
2. 消費行銷管理
3. 市場行銷管理

一、行銷管理規劃

　　管理者在採用行銷管理觀念時，也要預先計畫，預測未來可能的顧客需要和所經營的市場環境。

1. 環境因素

　　在1980年代早期，對歐洲的總裁（CEO）的一項調查得到一個統計結

果，他們認為直到一千年以後管理部門仍然會面臨的八種環境因素，這些因素包括：

(1)品質的需要和產品計畫的建議。

(2)走向服務文化。

(3)強調專家的作用。

(4)縮短策略時間範圍。

(5)強調方案計畫替代預測。

(6)縮小上層辦公室的職能。

(7)擴展廣泛的國際視野。

(8)嚴密的法制和規則。

以上這些商業趨勢，不僅會影響一個企業如何運作，而且會促進如何有效地滿足顧客的需要。

2. QEST

在試圖準確地預測未來發展時，有許多被設計用來幫助預測過程的模型和概念。有一個概念是快速環境搜尋技術（Quick Environment Search Technology簡稱QEST）。這種方法開發了一種結構化的架構，它能輔助決策制定和後續的行銷管理計畫，其中一個關鍵的要素就是行銷管理職能。執行QEST分析的步驟如下：

(1) 影響和要素

一個企業的行銷管理運作和行銷管理計畫的要素，包括程序和政策的影響。作為制定策略的管理者，行銷管理者的目標應該是了解這些影響和要素，以便選擇恰當的方式來達到總體目標。

(2) 分析和開發方案

在進行任何未來計畫工作時最重要的問題是，有一致認可的起點和目標。這樣的模式就能夠廣泛的討論和採用主觀性方法。使用

這樣模型的價值是，如果把它放在正式環境的分析活動內，其價值會大幅地提高。任何分析活動的主要目的是為決策制定者提供準確的資訊，以便系統地提出恰當的行銷管理策略。

(3) 環境分析

其主要工作是創造一個動態商業環境最新資訊的資料庫，使管理部門對市場、行業和其他事情保持警覺，並且給策略決策的關鍵人物和組織內較有影響的人提供資訊和進行分析。經驗顯示，如果用標準化的格式製作文件，其內容是每隔一段時間提供資料給預測人員，那麼搜尋報告、更新、預測和分析會有很大的影響。

在1980年代早期對美國公司的一項調查顯示，透過環境動態的管理，正式的環境分析增加全面性的了解，更好的策略計畫和決策制定，與政府更密切的關係，更好的行業和市場分析，更好的海外業務，分散投資、收購和資源分配的提高，更好的能源計畫；也就是說，促使業績的全面提高。不進行環境分析的公司會清楚地發現自己處於嚴峻的競爭劣勢。

二、消費行銷管理

消費行銷管理主要牽涉到四個關鍵因素：心理因素、生活方式因素、社會因素、群眾行為因素。

1.心理因素

影響購買決策的五個主要的心理因素是理解、知識、動機、個性和態度。理解被定義為對獲得刺激的解釋；每個顧客都會對一定的刺激作出不同的理解，行銷管理者必須努力了解他們對市場的理解，然後指導銷售策略來促銷刺激。知識是指人們怎樣學會把一定的反應和具體的刺激聯繫在一起，這些已經成為習慣；知識會以不同的方式發生，但是在購買決策時，對產品的知識或經驗會影響消費者對特定的刺激怎樣作出反應。

所有的消費者都有購買的動機或需要。這種需要包括物質需要、安全需要和感情需要。要正確地了解消費者的購買原因，行銷管理者必須努力預期購買者希望滿足哪一種需要。動機會影響消費者的購買的慾望強度。個人的個性、特性和品質不僅決定所購產品的類型，而且主導決策過程。最後，態度是行銷管理裡一個最常引用的行為科學概念：個人對某種產品或公司的態度或信任，對購買行為會產生正面或負面的影響。

2. 生活方式因素

這是個綜合的概念，它是在1970－1980年代發展起來的，由消費者行為研究人員把經濟的、心理的和社會的作用綜合起來。實際上，觀察生活方式概括了我們是怎麼生活的，就是觀察人們在生活中尋求穩定或平衡，並因此安排行為以努力達到穩定或平衡狀態。知道行為反應的這種傾向以後，如果能夠找出一種特殊的消費者生活方式，那麼我們就更應該能根據這種情況作出判斷，並預測不同生活方式的購買者在不同的環境裡會採取什麼行為。

3. 社會因素

第三個主要的社會因素是文化、社會階層和參考群體。文化可以定義為一套信念、價值觀、態度、習俗，以及特定的社區共有的並且代代相傳的行為方式。文化背景的主要差異不僅在國際市場裡有重要影響，而且在地區和次文化裡也有重要影響，都會產生重大差異。

4. 群眾行為因素

行銷管理除了心理因素，生活方式以及社會因素外，群眾行為被認為是最重要的影響因素。群眾行為在管理心理學稱為「組織購買行為」（Organizational Buying Behavior, OBB），它是個人消費行為的擴大化，因為組織或機構的消費行為還是由個人來做決策。但是，人們在進行個人購買和組織購買時的行為方式是不同的。組織的文化也會強烈地影響進行

購買決策；個人是作爲「決策制定單位」（decision-making unit，DMU）的一員進行購買。因此，實際的購買過程與前面講的個人消費者是一樣的，但是群體可以比大多數個人用更加正式和嚴密的方法。

除了特定產品，包括原料，零組件或半成品經由組織購買方式外，其他的商品（終端成品）的消費對象雖然以個人消費者（包含家庭）爲主，也不排除組織消費方式。過去的研究引用大量的資料說明一些組織的購買行爲，最早的嘗試是在1960年代進行的。爲了區分重要變數和它們之間的關係，建議分成四個關鍵區域：

(1)問題識別。
(2)購買責任的委託。
(3)搜尋過程的特徵。
(4)選擇過程的特徵。

結論是，在整個購買過程中這些步驟是連續的。對OBB文獻的重要貢獻者是羅賓遜（Robinson），他公佈了由行銷管理科學研究院的專案結果。經過兩年多時間，對三家美國公司的深入研究，羅賓遜等人提出，工業購買可以認爲是由八個連續步驟或「購買階段」組成的過程，也就是：

(1)對一個問題或一種需要的預期或識別，包括對存在的問題的識別、知道解決辦法可能是透過購買一件工業商品。
(2)測定需要的品質和特性。
(3)具體的說明。
(4)潛在供給交易的搜尋和適用性。
(5)來源的測定，引導關於如何購買的決策。
(6)建議的評估和供應商的選擇。
(7)訂貨規則的選擇。
(8)執行的回饋和評估。

另外，羅賓遜等人區分了三種不同的購買階層，可以定義如下。

(1) 新的購買，或意識到購買問題是以前沒有遇到過的。

購買者會面對很多不確定性，希望獲得盡可能多的資訊來降低這種不確定性。

(2) 變更的重新購買

購買者有原先的購買經驗，但是根據新的資訊和環境重新估計購買問題，例如從另外一個供應商那裡獲得更低的報價。

(3) 直接重新購買

購買者對現有的供應來源很滿意，沒有發現要改變的理由。在這種情況下，上面所列的購買過程的後面幾個階段可能一起省略，而只是匆匆地注意其他供應商。

與最近開發的其他模型相比，這樣的框架是比較簡單的。但是基本思想仍然是，組織購買行為是個人與正式組織裡的人相互作用所進行的決策制定過程，而組織是受到各種環境力量影響的。因此，衝擊和影響OBB的因素可以分為個人的、社會的、組織的和環境的。反過來，這些因素都包括與工作有關的因素，它直接與具體的購買問題有關。

OBB在管理上的專業化，在於公司內購買群體的特性，它已經發展成另一種專業化，也就是採購。最近這些年來，一些公司也已經開始注意關係的要素，這種關係已經發展到跨越一定行業的購買單位群體之間。關係行銷管理，已經開始被大家所了解，它很依賴於購買行為理論和網路理論，這些理論注重公司之間的群體網路。這種建立起來的關係可能是決策制定過程中的另一種影響因素。

三、市場行銷管理

企業在發展行銷管理的課題上要有所突破，必須重視市場管理。在此管理心理學要引用行為科學的研究，利用行為科學的另一個行銷管理理論

的領域是市場區分概念。識別了消費者的特徵以後，行銷管理者要努力識別有共同特徵的消費者群體。然後這些群體可以用市場區分來看待，並爲此制定總體的行銷管理策略。

1. 市場區分觀念

根據恩格爾（Engel）等人的觀點，市場區分的觀念以如下三個論點爲基礎：

(1)消費者是有差異的。

(2)消費者之間的差異與市場需求的差異有關。

(3)消費者的區分市場可以從整個市場中分離出來。

如果這三個論點是非常合理的，那麼必須根據古典的經濟理論，即供給和需求是類似的。因此直到1930年代以後，張伯倫（Edward Chamberlin）的《壟斷競爭理論》（*Theory of Monopolistic Competition*）和羅賓遜的（Joan Violet Robinson）《不完全競爭經濟學》（*Economics of Imperfect Competition*）同時發表，對所觀察的事實才有了清晰的認識，即在絕大多數市場裡供給和需求是不同類的，而且，直到1950年代中期，史密斯（Smith）才指出，對需求和供給多樣性或不均勻性的認識是怎樣啓發兩種不同行銷管理策略，就是產品差異化和市場區分。根據史密斯的說法，產品差異化迫使需求去適應供給，透過改變供給的形式改變了市場需求的特性。市場區分更直接的基礎是需求的特性，市場區分迫使產品適應需求和消費者的特性以及用戶的總體需要。

2. 消費者類別

正如前面提到的，行銷管理者在使用市場區分方法時是爲了調整好這個特定群體的行銷管理策略。根據恩格爾的觀點，行銷管理經理爲了制定行銷管理策略常常把消費者分成三個類別：

其一，所有的消費者都是類似的，而且標準化產品基本上能使大多數

消費者滿意。儘管在消費者之間存在年齡和收入的差異，但是這些差異在影響一個具體產品類別的購買方面，並不認為是很重要的。

其二，所有的消費者都被認為是一樣的，而消費者之間的差異使得標準化的產品或服務難以接受；市場供給必須按照每個個體消費者的需要來修正。

其三，差異和類似之處都是存在的，它們對市場需求的影響都是很大的。這些差異可以看做是消費者需要的差異，容易根據需要的性質將消費者分成區分群體。行銷管理者使用一種市場區分方法，在行銷管理計畫中把每個區分市場與特殊需要結合起來。

市場區分的模型隨著特性的複雜程度而發生變化。最常用的變數是地理性的（國家大小、城市、人口密度和氣候）、人口統計的（年齡、性別、家庭大小、收入、職業和教育）、消費心態的（生活方式和個性）和行為主義的（購買機會、用戶狀態和尋求的利益）。因為市場區分，一些變數會比另一些變數更有影響。這些變數因此可以按重要性分為兩種：一般變數，這對消費者可以按廣泛的特徵分類例如人口統計的、個性特徵或生活方式，以及情景特殊變數，這時消費者按照消費類型分群例如使用頻率、品牌忠誠、產品利益或感應圖。

顯然，很多變數對個人消費者比對組織購買者更合適。但是，前面OBB的討論應該已經很清楚，即人口統計的、消費心態和行為主義的因素都會影響組織購買者理解資訊及其對資訊反映的方式。（行銷管理研究）如果要努力清晰地區分不同的市場，以指導面對這些市場的具體策略，那麼行銷管理者需要盡可能多搜集區分市場的資訊。相關的最新資訊是很重要的，這是為了成功進行行銷管理活動。因此這種資訊需要引起行銷管理研究的需要。

3. 商品行銷研究

行銷管理研究與觸及商品和服務的行銷管理的所有因素都有關係，因

此包括研究廣告的有效性、分銷通路、競爭性產品、行銷管理政策和消費者行為的整個領域。常用的一個詞"市場研究"的範圍要小得多，因為它往往只應用有關某個市場的資訊而不是整個行銷管理活動。

布雷克（Blake）把行銷管理研究定義為，根據正確的理論原理所作的行銷管理問題（也就是，商品和服務從生產者轉移到消費者）研究；研究的目的是降低不確定性，並且使企業在制定決策時有機會運用更多的知識。這些定義都顯示它是更大範圍的職能，而不是十分有限的市場概念和市場分析。實際上，行銷管理研究是要回答關於交易的六個基本問題。

(1)潛在的顧客是誰？

(2)要研究的具體目標市場是什麼？

(3)研究委託人的主要目的和目標是什麼？

(4)這項研究具體在什麼時候進行？

(5)這項研究要在哪裡執行（在調查目標的家裡或其他地方）？

(6)這項研究怎樣實行？具體要採用什麼方法？

有關人們為什麼購買的問題，把調查延伸到了社會心理學領域，有時作為單獨的領域即動機研究。此外，行銷管理研究通常集中於有限數量的重複發生的問題。這些包括：

(1) 市場研究

包括市場的規模和特性、顧客的地理位置、競爭的市場銷售額、分銷管道的結構、組成和組織、以及經濟的和其他環境趨勢的特性。

(2) 銷售研究

包括測定地區銷售量的變化，建立和修訂銷售區域，銷售訪問計畫，測定銷售人員的有效性，評估銷售方法和激勵，有形分銷系統的成本效益分析和零售審計。

(3) 產品研究

包括對自己的產品及競爭者的產品的競爭優勢和劣勢分析，識別現有產品的新用途，產品觀念測試，產品測試，包裝研究和縮小多樣性。

(4) 廣告研究

包括文字說明研究、媒體研究和競爭性廣告技術。

(5) 企業經濟學

包括產出分析，基於趨勢分析的短期和長期預測，價格和利潤分析。

(6) 出口行銷管理研究

它可以包括上面相關的任何或所有部分。這個檢核表決不是綜合的，但是它確實概括了研究活動的可能範圍。

在以上進行任何一部分的研究時，不管它是特殊的還是連續不斷的，進行研究的人必須完全知道，獲得更多資訊的主要原因是要幫助決策制定過程，而且資訊必須給需要的人。

這些似乎已陳述得很清楚，但是很多公司並沒有把它們的研究活動系統化，而很多時間和努力都白費了。為了盡可能有效地安排研究工作，很多組織，不管規模大小，都建立了大家熟知的行銷管理資訊系統。這樣的系統所做的是，確保相關的資訊回饋給組織內的相關人員，其目的是幫助他們的決策制定。這樣的系統並不需要非常複雜才會有效，而是應該處理通過組織內的所有資訊，不管它是特殊的還是連續不斷的研究。

研究涉及到的資訊可以用多種方法來搜集，這要看研究委託人和要研究的樣本而定。間接的研究，綜合了現有的資料來源，而且這些總是首先要調查的。但是，間接的資料往往是一般性的，而且常常需要用原始資料來補充，這些原始資料是由研究人員承擔的原始研究得來的。原始研究往往比較主觀具體和深入。原始資料的搜集可以有多種方法。

一種常見的方法是電話調查，而面談是對一個特定的樣本進行。這是一種比較低成本的選擇，而問卷常常應該是很短的；但是，一些軼事的證據可以用這種方法搜集。電腦輔助的電話訪談是另一種方法，這種訪談是用一種電腦化的問卷格式進行的；資料在訪談中或訪談後馬上直接轉換輸入電腦。

　　另一種低成本的選擇是郵寄調查，它是把問卷郵寄給一個特定的樣本。用這種方法可以問一些更加詳細的問題，但是主要的缺點是，回收率非常低；有30%回收率就認為是不錯了。比較耗成本和花時間的是面對面深入地和研究目標交談，它可以搜集大量的定性資料。但是，它也有缺點，有時會受訪問者偏見的影響。

　　最後，有一種所謂德爾菲技術（Delphi technique），即徵求和搜集一批專家的意見，以便找到一段時間內的共識，推測未來可能發生的事件。這種方法必須在較長的時間內進行，但是其優點是使社會心理的影響最小化。最優的資料搜集技術的選擇依賴於研究委託人的性質、目標樣本、時間和可獲得資源。通常一個公司會使被迫折衷而選取最花費得起的而不是選擇最有效的技術。

　　以上提供市場行銷管理規劃的參考，實務操作管理者可以根據企業本身的特殊需要加以應用。

 思考問題

1. 根據調查，管理部門面臨的八種環境因素是什麼？
2. 請說明執行QEST分析的步驟。
3. 組織購買行為的特點是什麼？
4. 請說明工業購買八個連續步驟或「購買階段」組成的過程。
5. 消費者分成哪三個類別？

03

掌握有效公共關係

公共關係是高階管理的重要工作之一，同時也是一項重要的工商管理活動職能。一般來說，公共關係可以與組織的行銷職能聯繫起來，不過它的範圍一般比行銷的範圍要寬一些。行銷主要是幫助企業與顧客打交道，而公共關係則幫助企業與許多具有利益關係的團體打交道，包括股東、員工、監管者等等。討論的議題包括以下三個項目：

1.公共關係的重要
2.公共關係的職能
3.公共關係的管理

一、公共關係的重要

公共關係（Public relations，簡稱PR）是一個越來越複雜的管理工具，可以用於許多方面。我們特別向公共關係權威Roger Haywood的著作《公共關係入門》（*Getting started in public relations*，2013）取經。本文主要從管理心理學的觀點探討公共關係的一些關鍵性問題，並分析一下更有效地管理職能的各種方式。

從管理的基礎看，沒有哪個大公司願意在沒有外部團體的公共關係顧問的幫助下，獨自經營與那些對企業經營息息相關的利益主體之間的關係。公共關係在有效溝通方面的作用和重要性，在第二次世界大戰後，迅速得到了廣泛的承認。當時公共關係幾乎沒有超出宣傳概念的範疇，而如

今，從事公共關係的人到處可見，即使他們的概念並不是很正確。

1. 公共關係的意義

英國的公共關係協會（IPR）將公共關係定義為：有計劃地、持續地建立和維持一個組織的商譽，以及它與民眾之間的相互理解。公共關係是管理一個組織地位的學科——組織做什麼、說什麼、以及對它的評價，其目的是獲得別人的理解和支持，影響他人的觀點和行為。此外，還有一些不太正式的定義，盡管都不是很全面，但都具有一定的價值。比如說，公共關係有時被稱為試圖消除組織的形象與它想達到的形象之間差別的活動。

有人透過組織領導人不在場時，由別人對組織的評論來衡量公共關係的有效性。但不管怎樣，公共關係是一個雙向的過程：它具備介紹的作用，也注重聆聽；它與組織的行為有關，而不僅是組織自己的宣傳；它讓組織贏得民眾好感和支持的戰略性學科，而不僅是策略性的職能。公共關係作為一門正式的商業學科的歷史算起來是短的。

從1950年代以來，公共關係的理論體系和案例研究已經有了很大的發展，這一方面的理論性和實用性的專著也有了一些，也成立了許多專業團體。在美國，許多大學都將公共關係列為一門課，一般是在雜誌或媒體傳播系下。在澳洲、加拿大、德國、印度、荷蘭、英國等許多國家中，公共關係也都有類似的發展。

公共關係一般是被視為工商管理活動，主要附屬於工商管理組織中。在商業領域，最高層的資源都被利用了，同時，公共關係的一些原則，也可以應用於任何要與他人或其他團體建立關係的組織團體（甚至個人）。非營利性組織都紛紛求助於公共關係的職業人士，來管理他們與其他團體的溝通；工會、慈善機構、地方政府、政府部門、大學、醫院和貿易、職業團體都是經常應用公共關係的組織。

對利用公共關係的需要，主要受下面幾個因素的影響，包括透過教

育、媒體向民眾提供的訊息量的增加、大部分民眾對民主與民權的充分理解影響了事件的發展，而不再僅是旁觀者（至少在上面談到的國家中如此），對市場行銷的接受，而其重點在於那些具有選擇權的顧客，激烈的競爭和在市場上創造與維持競爭優勢的需要。但是，對公共關係管理的主要的壓力來自消費者的認識。

2. 公共關係影響因素

自從1970年代末期以來，就有越來越明顯的趨勢，這部分是受消費者協會、環境協會等組織的刺激，即消費者都極力理解向市場提供產品和服務的組織的動機。比如在英國的調查顯示，有60%以上的民眾相信一個有著良好地位的公司不會銷售劣質產品；企業的名聲越大，它的產品就越好。1989年在英國進行的一項研究顯示，在一組購物者中，當將食品製造者標為「一個大的食品企業」時，有47%的人準備嘗試新型的冷凍食品，而當將企業標為「亨氏」（Heinz，著名的食品製造廠商）時，這一比例上升為61%，理解這些現象之後，企業就可以利用公共關係來幫助促銷產品、提高商標價值，而在公共關係上的技術（和其他溝通策略）就可以用銷售額的增長率來衡量。

二、公共關係的職能

一般而言，公共關係的主要功能是以管理的手段維護公司企業組織的地位與發展的空間。因此，公共關係既具有尋求建立長期地位的戰略角色，同時又具有發展性的策略角色。

1. 基本的職能

根據上面討論的前提，公共關係至少具有兩個獨立，而且又有相關的基本職能：

其一，公共關係是作為組織內部的戰略力量。

其二，公共關係是幫助管理者制定能贏得民眾支持的政策。

在策略層次上，公共關係是幫助組織與民眾溝通的關鍵職能。這樣就很容易看出這兩個職能之間的關係。許多因素，例如一些關鍵性的外部團體對相關政策的反應，都是在決策時必須考慮的。比如，行銷部門為提高競爭優勢而降價的建議，就不是一個獨立的決策；如果這個企業捲入到降低工資或裁減員工的活動中，這兩個因素在員工和外部觀察者的眼中就會被視為是有聯繫相關的。

顧客可能就不願意購買一個對自己員工非常苛刻的企業的產品。從策略的角度而言，有好幾種方法可以用來解決這種問題，當然這要取決於這兩者是否真正有聯繫。可以透過發佈相關公告來改變民眾的態度，也可以採取一些積極的行動來表明降價政策是用來保護和穩固現有員工的工作，與以前的降低工資或裁員的行動無關。

行銷專家和人力資源專家都不能獨自做出這些決策或執行這些職能；這些問題消除了這兩門學科之間的界限。公共關係專家應承擔起管理與外部、內部民眾之間關係的責任，而管理者從一開始就應該涉入，幫助決策和管理輸出結果。戰略角色公共關係部門的功能是作為組織的眼睛和耳朵，而不僅僅是聲音：它應該傾聽別人感覺如何，在說些什麼，期待什麼行動。從這個角度來說，顯然所有重要的商業決策都有一些公共關係的成份。

2. 媒體關係功能

從媒體關係可以看出公共關係的職能。媒體對組織的地位是相當重要的，但組織與它的關鍵民眾之間的關係也是極為重要的；換句話說，媒體並不是溝通的唯一管道。關於公共關係的戰略、策略角色之間的關係，和平衡媒體關係與非媒體關係的一個有趣的個案就是法國化學業的跨國公司羅納普朗克（Rhône-Poulenc）在1988年和1989年期間，決定將它的名字和風格擴展遍佈世界各地的經營機構。

在此之前，這一公司在歐洲、美國、南美、亞太地區和其他市場都保留了許多地方性的名稱，其中有些公司自1920年代以來就是Rhône-Poulenc的一部分。但由於他們使用的是大家熟悉的本國的名字，而母公司的狀況和資源就不為人知。這一點也得到許多研究的證實。當公司要私有化時，它準備策劃一些重要的併購活動（例如在這一期間，它購買了一家化學公司的大部分股權），並確定了自己宏偉的發展目標，這樣一個統一的、廣泛使用的名稱和身分就很有必要了。

該公司利用一種很簡單，但很重要的戰略來策劃這次名稱的變更。公共關係部門就派上用場了，充分利用廣告、張貼、直接郵寄、文化娛樂和其他活動來進行宣傳。宣傳的關鍵戰略因素是向與這次名稱變更利益相關的每個人，都面對面地但很簡單地陳述一下變更的具體情況。很顯然，變更總是有一些敏感性的問題，公司的雇員和顧客都很忠誠於原來的名稱，他們很多人並不知道他們的公司屬於誰的，還有些人抵制變更，因此所有的介紹活動都包括爭論、提問和回答問題。團體公共關係專家在本國的公共關係工作人員和顧問的支持下，計畫了一系列針對所有民眾的發表會，有的甚至有上千人參加。

在所有這些活動中，媒體宣傳只有一個簡單的目標。週一向員工、顧客、股東、政府官員、工廠鄰居、行業協會的領導人或工會召集人簡單地介紹了變更名稱的情況後，這樣當他們在週二看到公告的時候，他們就會感覺到自己是圈內人士；否則他們就會很生氣。媒體盡管很重要，但還是處於次要的位置，有的時候媒體公告僅是在關鍵人物發表會之後的幾小時後進行（有時甚至是幾分鐘），以防止洩漏消息。很明顯，行銷方面的民眾（顧客、經銷商、股票商、生產專家、行業媒體）都具有很重要的地位，但向這些人介紹情況涉及的面就更廣。在整個行動中，公共關係、人力資源和市場行銷必須緊密地合作。

3. 行銷性功能

公共關係如何與市場行銷聯繫起來？公共關係職能的責任應超出對行銷職能的需求，特別是在戰略層次上。一般來說，行銷並不對與非行銷方面民眾的關係負責，如股東、員工、工廠周圍的居民、供應商、當地政府和國家政府。

公共關係職能的責任經常由它在組織中的地位決定。如果公共關係部門的主管直接向總經理報告，那這一職能就具有比較廣泛的公司角色，而銷售則只處於從屬的地位。但是在一個非常強調行銷活動的企業中，如一個快速推動消費者商品的製造商，市場行銷可能就包含公共關係的許多層面，佔有很大的預算和其他資源，是整個公共關係活動的重要部門；在這種企業中公共關係的主管可能會向行銷主管彙報。

但是，如果公共關係部門的主管保證向市場銷售主管彙報，會有一種危險，即公共關係可能就不會在與非行銷方面的民眾的決策上施加影響。這時如果公共關係部門負責與非行銷方面民眾之間的關係，例如與員工或住在工廠周圍的居民之間的關係，行銷主管可能就會感覺到用於行銷方面的資源有一部分被用在與他無關的領域，而所產生績效並不會作為部門的效益來評價。

行銷與公共關係在非行銷方面的平衡是很重要的。許多行銷功能很強的龍頭企業，例如可口可樂（coca-cola）、伊萊克斯（Electrolux）、福特（Ford）、通用電氣（GE）、IBM、飛利浦（Philips）、松下（Panasonic）等等，解決這一問題的辦法是，既設置一個直接向總經理彙報的企業層次的公共關係主管，又設置一個向行銷主管彙報行銷方面公共關係的專家。

在有些情況下，這些行銷方面公共關係專家屬於企業的公共關係小組；更普遍的情況是，他們屬於行銷部門，對企業的公共關係職能只有非正式的責任，其聯繫也只是為了保證企業向外界人士傳達的資訊具有一致性和協調性。大多數擁有國際市場的大公司都將公共關係視為一個有效的

管理模式。

三、公共關係的管理

　　不管在何時、何地與民眾發生關係，一個企業都應該對公共關係實行職業化的管理。換句話說，公共關係會在許多介面上產生作用，例如組織與它所依賴的各種大眾和個人之間的關係。例如，公共關係專家可能不負責保證企業工廠的安全、清潔和保持令人愉悅的狀況。但是，公共關係職能的一個提議或溝通審查，都會顯示出這些問題對工廠周圍居民的重要性。因此應該向那些負責安全、維修、清潔的人強調最佳的經營環境的必要性，並可以檢查這些措施的有效性。所有這些措施都可能需要公共關係專家的大量投入，而這些人反過來可以利用這些作為證據向有關人士表示，公司是負責任的。

1. 有效的計畫

　　對任何有效的公共關係計畫而言，一個關鍵要素是公司雇用的人或與之有關係的人，都必須是公共關係政策的有力支持者。一場耗資數百萬美元的電視廣告活動可能就因一個冷淡的商店店員不能幫助顧客尋找產品、不能促成交易而毀於一旦。

　　一個人也可能會影響資訊的品質，因為資訊是觀眾接受的；一家日報整版的廣告可能還比不上董事會的某個成員低調的、有規律的行為資訊批露，對股東的影響更大。海伍德（Haywood）為策劃公共關係提供了一個簡單的清單。他稱之為「誰、什麼、為什麼、哪裡、何時、如何、多少、效果」清單，下面是著名的拉迪亞德·吉卜林（Rudyard Kipling）的名言：

("I keep six honest serving men (they taught me all i knew); Theirs names are What and Why and When And How And Where and Who." ? Rudyard Kipling)

(1)誰：需要面對的民眾。

(2)什麼：已有的印象和將要發佈的資訊。

(3)哪裡：民眾的地點和溝通的管道。

(4)何時：時間表和/或關鍵路線。

(5)為什麼：所要達到的目的。

(6)如何：這個技巧清單需要進一步補充。

(7)多少：預算和資源。

(8)效果如何：項目如何監控。

一旦回答這些問題之後，就需要更好的轉變程序以確保公共關係專案可以達到它的目標和公司或組織的目標。

2. 有效性評價

一條適用於公共關係職能，以及公司其他任何職能的建議就是「如果你無法評價它，那就不要去做它」。衡量公共關係的有效性既可以是正式與非正式的，有時候可能非常不正式。有些度量個人行為及其目標的方法非常簡單，例如，如果一個公司在一個冷清的大廳內歡迎股東或員工，音響很糟，燈光昏暗，演講者話語不清、資訊準備不充分、沒有飲料，這就不需要什麼科學的度量方法來測量不滿意度。

衡量公共關係有效性的簡單而又不正式的方法包括：媒體的銷售質詢（透過新的覆蓋率增加的銷售會產生讀者質詢）、銷售成績對新公告的反應、申請某一職位的人數、工廠周圍鄰居抱怨的實情、批發商在參加商業展示會時表現的興趣，或者是每次年會上提問的口氣。儘管這些方法不正式，但如果分析之後，發現它們與產生正負面效果的影響力量相關，那每種方法還是有一定的作用的。但最好的方法是那些具體的、在統計上有效的方法。包括獨立地衡量媒體評價的口氣和內容，或調查對公司溝通有反應的批發商或零售商，或詳細介紹公司的產品或服務。

衡量有效性的方法中可能最易為大家接受，並廣泛使用的方法是觀點

調查，這一方法的設計與公共關係中最初對民眾、資訊和目標的定義有關。理想的調查應該分兩個階段進行。在第一階段應該看一下活動前指定民眾的觀點，而第二階段是看一下這些民眾在活動後的觀點，並衡量一下觀念的轉變。活動的成本－效益就可以透過測量這些變化計算出來。

3. 未來展望

總之，公共關係對於商業企業和其他組織的重要性已經獲得了承認。在大多數公共關係有大幅度發展的國家中，公共關係得到了那些為見習者頒發資格證書的專業團體的支持。比如在美國，世界上最大的公共關係專業團體：美國公共關係協會（PRSA），為見習者安排考試，並努力維持高標準。PRSA還為資深的執業人士認證。這些方法也被其他國家的專業團體採用，在這些國家裡，包括澳洲、加拿大、德國飛荷蘭、英國，公共關係普遍被視為是一項可以訓練，可以傳授的技術，而且可以通過考試來檢驗。儘管歐洲公共關係協會（CERP）可以作為歐洲各國公共關係職業團體的聯盟，但唯一真正國際化的團體是國際公共關係協會（IPRA）。

英國的公共關係顧問貿易團體：公共關係顧問協會（PRCA）也與國際上相似的專業團體聯合，或促進那些還沒有類似機構的國家組建立類似的團體；這些組織都是在公共關係貿易組織國際聯盟的名義下成為聯盟而互相協作的。在各種公司和組織中公共關係的運作技巧也得到了很大的發展。更好、更有技巧、更熟練的專業人士都透過教育或培訓計畫或從其他相關的學科進入這一領域。在不久的將來，職業人士必將繼續有益於企業的管理，包括他們建議的品質和提供支援的層次，這不僅會加強人力資源和行銷職能，而且可以加強整個組織的戰略管理。

思考問題

1. 公共關係的意義是什麼？

2. 公共關係兩個獨立的基本職能是什麼？

3. 公共關係與市場行銷的差異是什麼？

4. 如何做到行銷與公共關係在非行銷方面的平衡？

5. 請列出海伍德（Haywood）為策劃公共關係提供的一個簡單的清單。

參考書目

Balzac, Stephen R (2013) *Organizational Psychology for Managers* (Management for Professionals)

Cascio, Wayne Fand Herman Aguinis (2010) *Applied Psychology in Human Resource Management* (7th Edition)

Gilbreth, Lillian Moller (2011) *The Psychology of Management.*

Ginebra, Gabriel (2013) *Managing Incompetence: An Innovative Approach for Dealing with People*

Goleman, Daniel. (2011) *HBR's 10 Must Reads on Managing People* (Harvard Business Review)

McRae. M. and Ellen L. Short (2009) *Racial and Cultural Dynamics in Group and Organizational Life: Crossing Boundaries*

Pounds, Keith (2008) *The Psychology of Management: Different Ways on Different Days*

Robbins, Stephen P. (2012) *The Truth About Managing People* (3rd Edition)

Rousseau, Denise M. (2014) *The Oxford Handbook of Evidence-Based Management (Oxford Library of Psychology)*

Williams, Hank (1994) *The Essence of Managing People*

Williams, Hank (1996) *The Essence of Managing Pgroups and Teams*

Schultz, Duane 20010) *Psychology and Work Today* (10th Edition)

Schultz, Duane (2013) *Psychology & Work Today: An Introduction to Industrial and Organizational Psychology*

Zack. Devora (2012) *Managing for People Who Hate Managing: Be a Success By Being Yourself*

國家圖書館出版品預行編目資料

管理心理學：發揮人員團隊與組織績效／林仁
和著. 一 初版. 一 臺北市：五南, 2014.07
　　面；　　公分.
ISBN 978-957-11-7667-3（平裝）

1. 管理心理學

494.014 　　　　　　　　　　　103011041

1FTF

管理心理學：發揮人員團隊與組織績效

作　　者 ― 林仁和

發 行 人 ― 楊榮川

編 編 輯 ― 王翠華

主　　編 ― 張毓芬

責任編輯 ― 侯家嵐

文字編輯 ― 陳欣欣

封面設計 ― 盧盈良

出 版 者 ― 五南圖書出版股份有限公司

地　　址：106台北市大安區和平東路二段339號4樓

電　　話：(02)2705-5066　　傳　　真：(02)2706-6100

網　　址：http://www.wunan.com.tw

電子郵件：wunan@wunan.com.tw

劃撥帳號：01068953

戶　　名：五南圖書出版股份有限公司

台中市駐區辦公室/台中市中區中山路6號

電　　話：(04)2223-0891　　傳　　真：(04)2223-3549

高雄市駐區辦公室/高雄市新興區中山一路290號

電　　話：(07)2358-702　　傳　　真：(07)2350-236

法律顧問　林勝安律師事務所　林勝安律師

出版日期　2014年7月初版一刷

定　　價　新臺幣500元